KINDERGARTEN

幼儿园建筑设计

ARCHITECTURAL

DESIGN

西安建筑科技大学
王芙蓉　主编

中国建筑工业出版社

图书在版编目（CIP）数据

幼儿园建筑设计 = KINDERGARTEN ARCHITECTURAL
DESIGN / 王芙蓉主编. -- 北京：中国建筑工业出版社，
2024. 12. -- (高等学校建筑学专业系列推荐教材).
ISBN 978-7-112-30350-2

Ⅰ. TU244.1

中国国家版本馆CIP数据核字第2024GW0356号

为了更好地支持相应课程的教学，我们向采用本书
作为教材的教师提供相关教学资源，有需要者可与出版
社联系。

建工书院：https：//edu.cabplink.com
邮箱：jckj@cabp.com.cn 电话：(010) 58337285

责任编辑：王　惠　陈　桦
责任校对：赵　力

高等学校建筑学专业系列推荐教材
幼儿园建筑设计
KINDERGARTEN ARCHITECTURAL DESIGN
西安建筑科技大学
王芙蓉　主编

＊
中国建筑工业出版社出版、发行（北京海淀三里河路9号）
各地新华书店、建筑书店经销
北京点击时代文化传媒有限公司制版
北京市密东印刷有限公司印刷
＊
开本：787毫米×1092毫米 1/16 印张：14¼ 字数：252千字
2024年12月第一版 2024年12月第一次印刷
定价：**59.00元**（赠教师课件）
ISBN 978-7-112-30350-2

　　　　（43702）

— Preface —

国内建筑学专业的教学，从照抄照搬西方的模式到逐渐建立自己的教学体系，经历了漫长的历史阶段。20 世纪 80 年代，一批专家教授组建研究小组，开展了对建筑学科方向的研发工作。在我就职的西安冶金建筑学院建筑系，有传统民居、旧城改造、建筑节能、历史建筑遗存、文化教育建筑等研究团队，学术研讨氛围浓厚，成果显著。本人参与最多的是文化教育建筑研究团队，领衔研发的专家有刘宝仲（文化馆、幼儿园）、张宗尧（中小学、文化馆）、赵秀兰（幼儿园、中小学），参与研发的中青年教师及研究生很多，本教材的主编王芙蓉老师就是其中之一。王芙蓉老师任教二十多年以来，长期负责西安建筑科技大学"幼儿园建筑设计"课程建设，持续带领幼儿园建筑设计小组的教学研发工作以及硕博研究生培养工作。

建筑设计是国内高等学校建筑学专业的核心课程，通常在引导初学者了解建筑基本知识，并进行形态构成、表现方法等方面训练的基础上，从二年级开始正式引入建筑设计系列课程，一直到毕业。各高校会根据各阶段学生的认知水平，遵循从简单到复杂的认知规律，选择适宜的设计题目，逐步加强学生建筑设计能力的培养和训练。幼儿园建筑因其规模不大、功能较为简单，被众多高校建筑学专业选定为二年级的设计题目。

西安建筑科技大学在基础教育建筑设计研究与教学领域有着较深厚的基础，1987 年成立文教建筑设计研究室，21 世纪初开始将幼儿园建筑设计作为建筑学专业二年级的设计题目，电子课件获全国建筑类多媒体课件大赛一等奖，学生作业多次获全国高等学校建筑学专业指导委员会评选的全国大学生建筑设计作业观摩和评选活动优秀作业和日本建筑新人赛奖项。本教材《幼儿园建筑设计》在 2013 年完成的《托幼建筑设计》（清华大学出版社）电子教材基础上，结合近年幼儿园教育方式方法的更新带来的幼儿园建筑空间变化，对幼儿园建筑设计的理论和方法进行了完善，遂逐步成书。

对建筑设计能力的培养是一个循序渐进的过程。二年级的建筑设计课程，由于学生对建筑的认知有限，所以适于从空间、行为、尺度的基本关系入手，针对具体使用者，了解其在空间中的行为及其特点，以及这些行为对空间提出的要求是什么，从而设计符合行为活动要求的空间；在此基础上，进一步探讨空间的组合关系。作为承载幼儿园保育和教育活动的场所，幼儿园建筑空间与其主要使用者——幼儿和保教人员的行为活动密切相关。想让学生设计出幼儿的真正"乐园"，首先要搞清幼儿与保教人员在园的行为活动，包括教育教学活动、游戏活动、就餐、睡眠、如厕等行为的具体方式和特点，尤其是教育教学与游戏活动。近些年随着我国学前教育从"以教师为中心"向"以幼儿为本"观念的逐步转变，活动的类型与方式发生了较大的变化。这些变化，必然对建筑空间提出新的要求，带来建筑空间的更新。同时，2016年教育部颁布的《幼儿园工作规程》，要求将环境作为重要的教育资源，幼儿园建筑空间环境不仅是其中的使用者行为活动的载体，而且已被纳入"教与学"活动的资源中，成为教育资源的重要部分。基于此，该教材将幼儿园建筑各空间要素的设计与发生在其中的行为活动相关联，图文并茂地阐述了保教活动的类型、特点、行为方式及所需的空间布置、平面尺寸、设置方式等，合成"空间·行为·尺度"的完整图景，让学生能够更好地了解幼儿园建筑空间、行为、尺度的基本关系。在此基础上，教材阐述了当前较为常见的幼儿园建筑空间组织方式。

本书内容可以分为四大部分，共6章：第1章绪论部分主要分析了我国的幼教变革及幼儿身心发展规律对幼儿园建筑空间环境的影响，介绍了当前教育部对幼儿园教育的任务、内容、原则和要求的界定，这些都是幼儿园建筑空间环境设计的重要依据。第2章~第4章为幼儿园建筑本体空间设计，阐述了支持当前幼教模式下行为活动的幼儿园建筑各空间构成要素及其空间组织方式和建筑形态的设计。第5章为幼儿园总平面布置和室外空间环境设计，阐述了幼儿园的适宜选址，与当前保教活动相适应的总平面布置内容和类型，以及室外活动场地、绿化景观的类型和要求。最后一章为幼儿园"建筑实例解析"，期望通过中外优秀案例作品引导学生在学习的最初阶段树立起对"好"作品的语境。

本书是由我校建筑学院长期从事幼儿园建筑设计教学与研究的团队

集体合作分工完成编著的，是集体智慧和劳动的结晶。既可作为在校学生幼儿园建筑设计课程的教材、教学参考书，也为当前保教要求下进行幼儿园建筑设计的建筑师和工程技术人员提供参考。

2024 年 1 月 5 日于西安建筑科技大学

—— Foreword ——

一前言一

近年来，国家加大了对基础教育投入，坚持优先发展学前教育，持续增加学前教育资源供给，遵循幼儿身心发展和教育规律，创造了中国特色的幼儿园教育发展经验，实现了幼儿园教育跨越式发展，给幼儿园建筑空间提出了新的要求。相关部门先后印发了《幼儿园教育指导纲要》《3～6岁儿童学习与发展指南》等一系列重要文件，先后修订出台《幼儿园工作规程》《幼儿园建设标准》建标175—2016、《托儿所、幼儿园建筑设计规范》JGJ 39—2016等规范性文件；一些省市根据教育发展的需要，结合本地区的经济条件，也制定了不同等级的办园标准。在国家优化学前教育资源供给、大力促进幼儿园教育高质量发展之际，对幼儿园建筑设计教材的相关内容进行更新、完善也势在必行。

本书以幼儿身心发展、幼儿园教育对幼儿园建筑空间的要求为出发点，在现有幼儿园建筑设计教材的基础上，结合国情，分别从幼儿园建筑空间构成、空间组织模式、建筑空间形态、总平面布置及室外空间环境等方面对幼儿园建筑设计的理论与方法展开探讨。尤其是根据教育部和幼教变革"支持幼儿自主选择和主动学习"的要求，在著者多年科研、教学和对大量实例调查研究的基础上，对现有幼儿园建筑设计教材欠缺的"支持幼儿自主探究行为"的空间，以及由此带来的幼儿生活单元内部及整个幼儿园的空间构成、空间组织的变化进行了补充、完善。最后对最新幼儿园经典案例进行了收集、整理和解析，以期呈现适应当前我国幼儿园教育模式的幼儿园建筑设计理论和方法。

全书共分6章，图文并茂，形象直观。各章节内容及具体撰写人员如下：

第1章，王芙蓉、秦晓梅、李立敏编写，首先阐述了幼教变革影响下的幼儿园建筑空间环境变化及发展动向，探讨了幼儿身心发展的特点与规律对幼儿园建筑空间提出的要求，并根据教育部印发的《幼儿园教育指导纲要》和《幼儿园工作规程》的内容对幼儿园教育的任务、内容、原则和要求进行了汇总，对幼儿园的分类、规模及设计的基本要求进行了概述。

第2章，王芙蓉、秦晓梅编写，内容为幼儿园建筑空间构成，包括：

①根据我国实际，对每个幼儿班自成一体的生活单元的空间要素进行了再探讨，尤其对近年来增加的支持幼儿自主探究行为的区域活动空间及由此引发的单元内部空间组织的变化进行了进一步探究；②对"支持幼儿自主选择和主动学习"的专用活动空间（科学发现空间、图书阅览空间等）内的活动及其功能需求、所需空间布置方式进行了探讨，并对全园共用多功能活动室的位置、设置方式、空间形式等进行了补充、完善；③更新、完善了服务管理用房和供应用房的功能构成、面积指标及主要用房设计；④结合幼儿园教育的需求，对适合幼儿使用的交通联系空间进行了再探讨。

第3章，秦晓梅、党瑞、王芙蓉编写，阐述了幼儿园建筑的功能与流线关系，并结合近年的案例探讨了多元化的幼儿园建筑空间组织模式。

第4章，吴冠宇编写，主要内容为幼儿园建筑空间形态生成的影响因素、基本特征及构成类型，并从幼儿视觉和心理感知的角度，探讨了适合幼儿的建筑色彩与材料设计方法。

第5章，李建红、成辉、王芙蓉编写，主要在现有幼儿园建筑设计教材的基础上，从基地选择、总平面布置、室外活动场地设计、绿化与景观等方面对幼儿园场地环境的内容进行了更新、完善，并补充了"支持幼儿自主探究行为"的室外各种主题游戏和科学探索活动场地等。

第6章，王怡琼编写，筛选了国内外各具特色的经典幼儿园，并对功能空间及各自的典型特点进行了分析，以期树立起对"好"作品语境的共识。

希望本书能对读者的学习和工作有所帮助，对幼儿园建设有所裨益。限于时间和水平，书中不足之处，还望读者不吝赐教。

王芙蓉
2024.1.5于西安建筑科技大学

——Contents——

—目录—

第1章 绪 论

"人生百年，立于幼学。""幼儿园教育是基础教育的重要组成部分，是学校教育和终身教育的奠基阶段。幼儿园应为幼儿提供健康、多样的生活和活动环境，满足幼儿多方面发展的需要，使他们在快乐的童年生活中获得有益于身心发展的经验。"[1]

在学前教育资源供给不断优化，幼儿园教育已形成中国特色的发展经验并实现了跨越式发展之际，立足国情，提供符合幼儿身心发展和教育规律的幼儿园建筑空间环境，对促进幼儿园教育高质量发展具有重要意义。

为使幼儿园建筑设计与幼儿园教育模式的变革实现同步发展，首先要了解我国幼儿园当下的教育理念、保教形式、教学内容以及幼儿身心发展规律对建筑空间环境的切实需求。

1.1 幼教变革下的幼儿园建筑空间变化

纵观幼儿教育及幼儿园建筑设计的发展史，不难发现，幼儿教育模式是影响幼儿园建筑空间环境设计的主要因素。

我国古代的学前教育以封建的家庭教育为主。到了近代，学前教育机构主要有两种类型：一类是全盘西化的宗教式幼稚园，另一类是日本式的幼稚园（清末称蒙养院，民国后改为蒙养园）。"五四运动"后，西方教育理论、教育学说在我国得到了广泛传播。在西方教育思想的冲击下，一方面，学前教育从过去的主要学习日本，转向主要学习欧美；另一方面，我国早期的学前教育家开始了中国化、科学化探索。

中华人民共和国成立后，在"以俄为师"思想指导下，教育方面开始全面效仿苏联。

1.1.1 "分科教学"影响下的幼儿园建筑空间

1952 年，在苏联学前教育专家的指导下，教育部制订并颁布了《幼儿园暂行规程》和《幼儿园暂行教学纲要》，规定了学前教育课程包括体育、语言、认识环境、图画手工、音乐、计算六科，要求教师运用讲解、谈话、练习、直观（观察、示范、演示）等方法来完成教学目标，促进儿童的发展。教学上实行分科教学和分科课程模式，强调"以教师为中心"的集体教学的重要作用。

这一时期建立的幼儿园，大多是模仿苏联的模式，如图 1-1，采用严格的分班管理制度，以分班为基础，以教师为中心，严格按年龄分组分班活动，不同班级间幼儿很少共同游戏和交往。此外，20 世纪五六十年代，我国的人口规模整体处于增长状态，出生率整体高位运行，并于 1963 年攀升至建国以来的最高值 43.37‰。

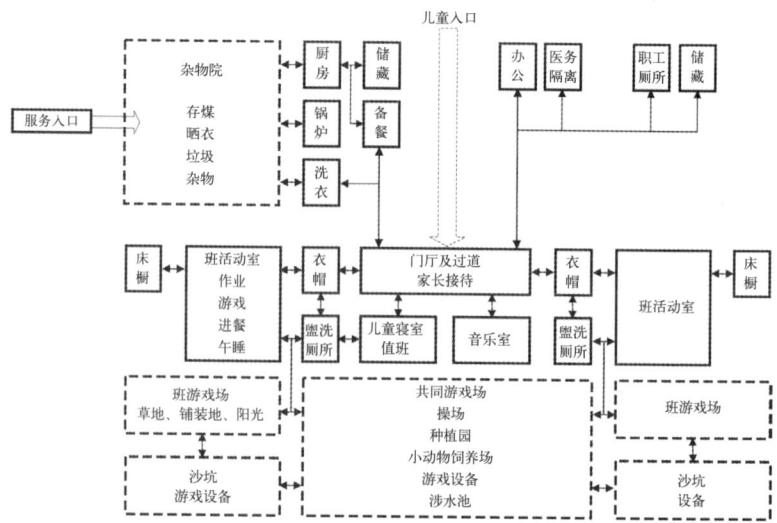

图 1-1 幼儿园功能空间关系图
资料来源：改绘自周文正.整日制幼儿园的设计 [J].建筑学报,1957 (7).

针对当时的国情和发展需要，为了使有限的投资解决更多的问题，在幼儿园建设方面，通常会压缩幼儿园的设计定额，减少或取消一些可大可小、可有可无的辅助面积，减小过道交通面积所占比重。因此，这一阶段建设的幼儿园建筑的典型特点是：孤立、封闭的班组空间，纯交通联系性能的走廊和大厅。

幼儿园采用活动单元设计方式，活动室和寝室的设置以"教寝分离"为主。幼儿生活用房构成简单，划分不甚细致，甚至不设音体室。规模较大的幼儿园设有音体活动室，供全园幼儿集会、上音体课或家长座谈等大型活动用。

幼儿园规模以中小型为主，总平面布局主要有"集中型"和"分散型"两种，层数一般不超过两层。集中型布局，常见有分枝式平面、长条形平面、院落式平面等，其中尤以分枝式平面最为普遍。分散型布局以班为单位每班占一栋，当为二层时，楼上楼下各一个班。因为建筑体量太小过于分散，常以两个班为一栋，如曙光幼儿园（图1-2）。

曙光幼儿园（1952年设计），是一所独立设置的市级机关干部子女的专用寄宿制幼儿园，共有8个班，其中小班（3～5岁）4个，中班（5～6岁）2个，大班（6～7岁）2个，每班有幼儿25人，共计可容纳儿童200人。房屋建筑主要由行政管理部分、儿童使用部分和杂物部分三大部分组成。其中行政管理部分包括行政办公人员宿舍及传达接待等；儿童使用部分主要包括幼儿园（相当于现在的幼儿生活单元）、大活动室（礼堂）和隔离室；杂物部分主要包括儿童厨房、库房、大人食堂、浴室、洗衣房、晒衣棚等。

幼儿园每两班为一栋，共四栋。每栋有两层，一层设置为儿童室，两班并列设置。儿童室主要由储藏室（放置作业用的台、椅及玩具等）、盥洗室（内设浴盆）、厕所、作业及用餐空间、游戏及休息空间五部分构成。二层为儿童寝室、保育员室及保管室等（图1-3）。

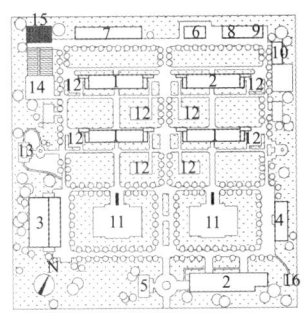

图1-2 曙光幼儿园总平面图
1 幼儿园
2 行政办公及宿舍
3 大活动室（礼堂）
4 隔离室
5 传达及接待
6 储藏室
7 儿童厨房
8 大人食堂 浴室
9 洗衣房
10 晒衣棚
11 大游戏场
12 班游戏场
13 动物园
14 菜园
15 花园
16 职工厕所
资料来源：改绘自蓝毓柱．武汉曙光幼儿园 [J]．建筑学报，1957（7）．

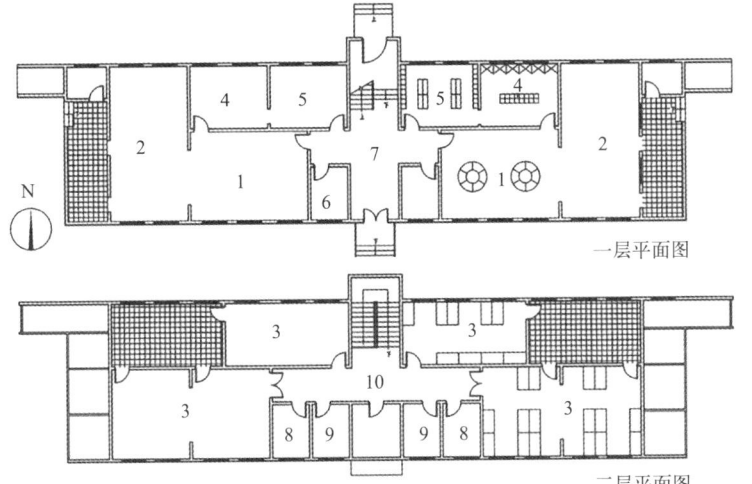

一层平面图

二层平面图

图1-3 曙光幼儿园平面图
1 作业、用餐
2 游戏、休息
3 儿童寝室
4 盥洗（内设浴盆）
5 厕所
6 储藏
7 门厅
8 保育员室
9 保管室
10 走廊
资料来源：改绘自蓝毓柱．武汉曙光幼儿园 [J]．建筑学报，1957（7）．

1979 年 11 月，教育部颁布了《城市幼儿园工作条例（试行草案）》，规定幼儿园必须贯彻保教结合的原则，将课程分为卫生保健与体育锻炼、游戏和作业、思想品德教育等几大部分。

1981 年，教育部颁布《幼儿园教育纲要（试行草案）》（简称《纲要》），将幼儿园教育的内容从原来的六科细化为生活卫生习惯、体育活动、思想品德、语言、常识、计算、音乐、美术八个方面。虽然，《纲要》要求"通过游戏、体育活动、上课、观察、劳动、娱乐和日常生活等各种活动完成教育任务，其中游戏是幼儿生活中的基本活动，上课应以游戏为主要形式，设置体育、语言、常识、计算、音乐、美术等科。"[1] 但是，由于《纲要》在教育手段上把"作业"改为"上课"，客观上强调了上课的作用，而且在教学上仍沿用"直接教学"和"分科教学"的集体主义教育模式；其次，当时的幼儿园教师未能准确理解幼儿园上课与中小学上课的区别，又由于每个班幼儿人数超额，所以教师难以顾及上课之外的活动。也就导致在学前教育实践中，形成了重上课轻游戏，重统一要求、轻个别差异的普遍倾向，甚至出现了教学方式"小学化"的现象。

这一时期的幼儿园功能方面已经比较完善，幼儿园建筑设计所依据的规范颁布于 1987 年，《托儿所、幼儿园建筑设计规范》JGJ 39-87（下文简称《规范》）。建筑空间主要由幼儿生活用房、辅助用房和服务用房三大部分组成。其中，幼儿生活用房包括：活动室、寝室、卫生间（包括厕所、盥洗、洗浴）、衣帽间、音体活动室等，形成若干幼儿生活单元加一个音体活动室的组合模式（图 1-4）。《规范》规定"寄宿制幼儿园的活动室、寝室、卫生间、衣帽储藏室应设计成每班独立使用的生活单元"，"全日制幼儿园的活动室与寝室

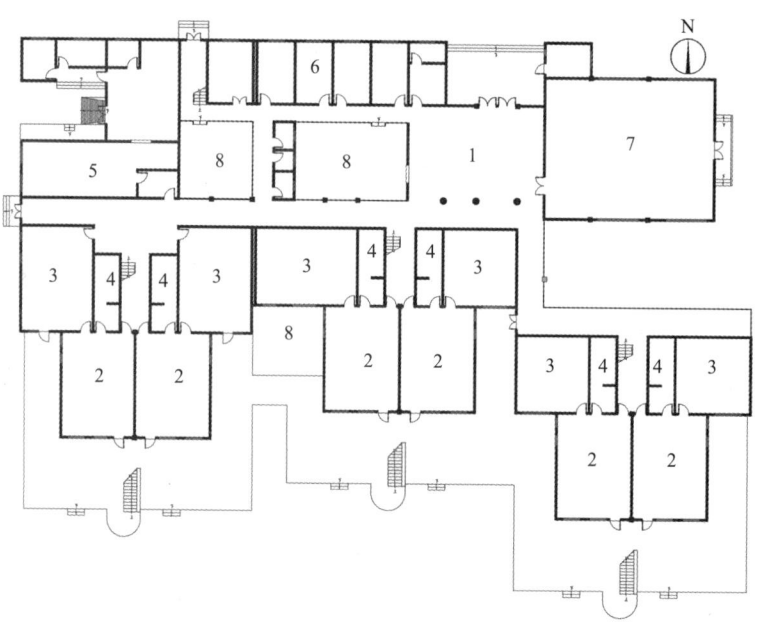

图 1-4　西安建筑科技大学附属幼儿园首层平面图
1 门厅
2 活动室
3 寝室
4 卫生间
5 厨房
6 办公室
7 音体室
8 庭院

宜合并设置"。实际上，当时全日制幼儿园的幼儿生活单元大多采用"活动室 + 寝室 + 卫生间 + 储藏 / 衣帽间"的布置方式，尤其以北方、工矿企业、机关学校附设的全日制幼儿园采用得较多。幼儿在活动室内的活动，主要有上课、作业、就餐和某些室内游戏、讲故事、创造性活动等（图 1-5）。少数全日制幼儿园开始采用活动室兼寝室的设计方式，不再设置专门的寝室，幼儿午休也在活动室内完成。

1989 年，《幼儿园工作规程（试行）》（简称《规程》）和《幼儿园管理条例》的颁布，标志着我国新一轮幼教改革的开始。《规程》中提出幼儿园教育工作的原则是："体、智、德、美诸方面的教育应互相渗透，有机结合。遵循幼儿身心发展规律，符合幼儿的年龄特点，注重个体差异，因人施教，引导幼儿个性健康发展"，强调"以游戏为基本活动，寓教于各项活动之中"，要求"教育活动的内容应根据教育目的、幼儿的实际水平和兴趣，以循序渐进为原则，有计划地选择和组织"，并且"灵活地运用集体活动与个别活动的形式"。[4]《规程》的颁布意味着我国幼儿园教育开始从"以教师为中心"向"以幼儿为本"转变。

1.1.2 "以幼儿为本"的幼儿园建筑空间设计

1993 年，《中国教育改革和发展纲要》明确提出教育要由"应试教育"转向"素质教育"，转向全面提高国民素质的轨道，面向全体儿童，全面提高儿童的思想、道德、文化、科学、劳动技能和身体、心理素质，促进儿童生动活泼的发展。1996 年教育部颁布的《幼儿园工作规程》明确指出：应"创设与教育相适应的良好环境，为幼儿提供活动和表现能力的机会与条件"，应"充分尊重幼儿选择游戏的意愿""保证幼儿愉快的、有益的自由活动"。[4]自此，学前教育界越来越关注幼儿的个体差异，尊重幼儿的选择，重视游戏的教育功能。

同时，随着改革开放的不断深入，我国与国际上的交流日益频繁，西方的儿童心理理论、教育理论及各种教育模式逐渐被引入我国，对我国学前教育产生了巨大的冲击，如福禄贝尔教育理念、蒙特梭利教育法、华德福教育方案、美国的高宽课程模式、瑞吉欧教育方案等。受此影响，国内幼儿园也开始了相关的实践。但是，由于当时幼儿园教师对国外幼教模式的认识不足，个别幼儿教育机构只是单纯地移植国外模式，没有考虑我国的实际国情，进而出现水土不服的现象，尤以 1990 年代中后期备受推崇的蒙特梭利幼儿园最为典型。

教育内容及活动组织方式的变化，对幼儿园建筑空间提出了新的需求，较发达地区的一些幼儿园开始打破既有的空间布置格局，在活动室内设置多种活动区域（如角色区、建构区、美工区、

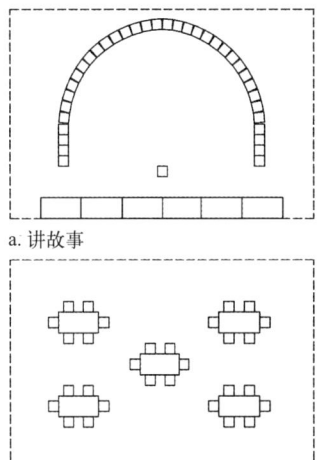

a. 讲故事

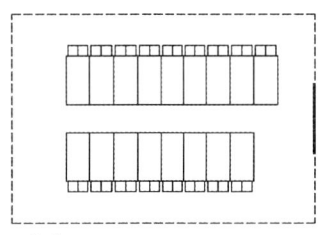

b. 就餐、作业

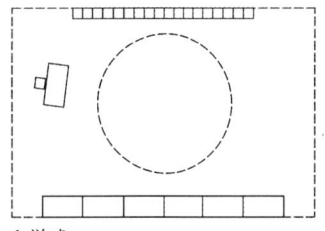

c. 午休

d. 游戏

图 1-5 活动室主要活动的空间使用情况
资料来源：改绘自刘宝仲. 托儿所幼儿园建筑设计 [M]. 北京：中国建筑工业出版社，1989.

益智区、表演区、语言阅读区、操作区、科学区、自然观察区等），开展活动区教育。但是，这一时期的活动区教育在我国尚处于试验研究阶段。幼儿生活用房不再仅限于若干幼儿生活单元加一个音体活动室的组合，对科学发现室、美工室、电脑室等专用活动室的需求逐渐增多。幼儿生活单元的设计更加成熟化和模式化。随着幼教模式的多元化发展，部分幼儿园开始采用"教寝合一"的大空间布局，活动室和寝室不再用墙体分隔，而是用家具、活动隔断等分隔空间，甚至不做分隔，但"教寝分离"的幼儿园仍占多数。

然而，由于幼儿园建筑设计人员对教育政策、理论及幼儿园实际需求缺乏深入的认识和了解，致使幼儿园建筑空间设计对教育需求的响应呈现出明显的滞后现象，幼儿园建筑设计依然在复制旧有建筑空间环境模式。不同的是，1990年代的幼儿园建筑设计摆脱了经济性布局的思维限制，开始注重幼儿交往空间的设计，大型及超大型幼儿园开始出现，布局方式出现了集"集中式"和"分散式"优势的"组团式"布局，有助于组团内幼儿的公共交流。

2001年，教育部颁布了《幼儿园教育指导纲要（试行）》（简称《纲要》），将幼儿园的教育内容划分为"健康、语言、社会、科学、艺术"五个领域，要求各地、各园根据自己的实际情况合理安排幼儿在园的一日生活。《纲要》的颁布，开启了新一轮的幼教改革，自此，幼儿园教育不再强调"分科教学"。《纲要》要求"各领域的内容相互渗透，从不同的角度促进幼儿情感、态度、能力、知识、技能等方面的发展"。2003年，《关于幼儿教育改革与发展的指导意见》提出，要尊重幼儿身心发展的特点和规律，关注个体差异，促进体智德美等全面发展。

随着教育理念的更新以及幼教模式的改革，"区域活动""区角活动"等有别于"直接教学""分科教学模式"的活动形式开始在我国推广开来。但是，由于教师对活动区教育的认识还不够充分，这一阶段，活动区的种类较单一，很难满足幼儿活动的需求。很多幼儿园活动区创设流于形式，对幼儿来说只是一种摆设。

此外，专用活动室作为一种新的幼儿园教育活动组织形式逐渐进入我国学前教育领域，并受到充分重视。浙江、广东、上海、江苏等省（市）纷纷出台了关于专用活动室的数量和装备配备标准的政策文件，其中浙江将专用活动室纳入了幼儿园等级评审的标准。2005年，上海市出台的《普通幼儿园建设标准》DG/TJ08—45—2005中对专用活动室的数量和面积提出了相关要求：其数量按幼儿园规模宜配置4～6间，每间使用面积不宜小于60m^2。2007年，浙江省建设厅发布了《普通幼儿园建设标准》DB33/1040—2007，要求专用活动室每间不小于30m^2，且6班、9班、12班幼儿园宜分别设置2间、3间、4间。但是，由于教师对于专用活动室的认识不够准确，使其难以真正发挥专用活动室的教育功能，甚至出现专用活动室设置形式化、利用率不高的现象。

2010 年 11 月 21 日，国务院印发的《关于当前发展学前教育的若干意见》指出，应该遵循幼儿身心发展规律，关注个体差异，坚持以游戏为基本活动，保教结合，寓教于乐，为幼儿创设丰富多彩的教育环境，防止和纠正幼儿园教育'小学化'倾向。2012 年，教育部颁布了《3～6 岁儿童学习与发展指南》，从健康、语言、社会、科学、艺术五个领域描述幼儿的学习与发展。要求关注幼儿学习与发展的整体性；尊重幼儿发展的个体差异；理解幼儿的学习方式和特点；重视幼儿的学习品质。2016 年，《幼儿园工作规程》提出幼儿园教育应当"遵循幼儿身心发展规律，符合幼儿年龄特点，注重个体差异"，强调"幼儿园应当将游戏作为对幼儿进行全面发展教育的重要形式"，并要求"幼儿园应当将环境作为重要的教育资源，合理利用室内外环境，创设开放的、多样的区域活动空间""教育活动的组织应当灵活地运用集体、小组和个别活动等形式"。[4]

随着《幼儿园工作规程》《幼儿园教育指导纲要》《3～6 岁儿童学习与发展指南》的先后颁布，针对以往注重"知识传授"、强调"集体教学"的局限，教育界已根据社会发展阶段、产业结构调整、社会人才需求、教育理念变化等，进行了幼教变革。"以幼儿发展为本""尊重幼儿的人格和权利，尊重幼儿身心发展的规律和学习特点，以游戏为基本活动，保教并重，关注个别差异，促进每个幼儿富有个性的发展"等教育观逐渐深入人心，幼儿园教育已经从"教师中心、学科中心、课堂中心"转变为"以幼儿为本，以游戏为基本活动，寓教育于幼儿园的环境和一日活动之中，支持幼儿的主动探索、操作实践、合作交流和表达表现，创设开放的、多样的区域活动空间，支持幼儿自主选择与主动学习"。[4] 目前，集体教学与个别化教学相结合的教育模式已经成为我国幼儿园主流模式。

针对教育内容的变化，幼儿教育界已通过相关的教育实践给予了一定的支持策略。近年来，区域活动教育方式已经成为我国幼儿园普遍开展的活动方式。幼儿园生活单元内区域活动的类型越来越丰富，相应区域空间的种类也越来越多，对应幼儿园教育的五大领域，幼儿生活单元内区域的数量一般在 5～7 个。为了把尽可能大的空间留给孩子们用于游戏、活动、学习等，多数全日制幼儿园开始实行"教寝合一"的方式。2010 年以来，大量新建的幼儿园也普遍采用"教寝合一"的布局方式设计幼儿生活单元。此外，各地的幼儿园办园标准或评估条例中也针对专用活动室提出了不同的要求，越来越多的幼儿园开设了种类繁多的专用活动室，如：图书阅览室、科学发现室、美工室、建构室、烹饪室、体能室、棋类室、器乐室、生活室等。

但由于我国城镇化进程的快速推进，自 2006 年起，"入园难、入园贵"的现象愈演愈烈，城镇幼儿园数量严重短缺。为了破解这一难题，2010 年 5 月 5 日，国务院召开常务会议，审议并通过《国家中长期教育改革和发展规划纲要（2010—2020 年）》，提出到 2020 年基本普及学前教育的发展目标。2010 年 11 月 21 日，国务院印发《关于当前发展学前教育的若干意见》，提出了十项意见，着力解决"入园难"问题，满足适龄儿童入园需求，促进学前教育事业科学发展。提出加强城镇小区配套幼儿园建设，扩大学前教育资源。并明确要求各省（区、市）以县为单位编制实施学前教育三年行动计划。连续三期学前教育国家行动计划的实施，使得我国学前教育在十年内实现了跨越式发展。十年来，学前教育资源总量迅速增加，2022 年，全国共有幼儿园 28.92 万所，比 2011 年的 16.68 万所增加 12.24 万所，增长了 73.4%。尤其是小区配套幼儿园如雨后春笋般增加。而小区配套幼儿园多为地产交付型项目，在设计初期，尚未配备园长、教师等相关人员，在设计、建造过程中，设计师无法与幼儿园一线教育工作者取得沟通联系，在对幼儿园的教育理念及实际需求不甚了解的情况下，仅仅以规范、标准为依据进行设计，致使大量新建幼儿园设计和建设仍然"复制"旧有空间模式。在交付使用后，由于原始设计的建筑空间构成及组织模式无法满足当前的幼教需求，对园所的后期运营及教学活动的开展造成很大的阻碍。其中，比较突出的问题主要有以下两方面：一是按照额定班容量设计的幼儿园活动室，内部区域活动空间的数量或面积受限，甚至挤占集体活动空间，尤以按"教寝分离"设计的幼儿生活单元为甚；二是没有设计专用活动室或者设计过少，不能匹配多元化的活动需求。为了尽可能地满足教育需求，幼儿园建成交付使用后，园方大多会根据幼儿教育界制定的办园标准及评估条例的规定自发进行改造。例如，分隔活动室内的集体活动空间或改造寝室设置区域活动空间，利用门厅、过厅、廊道等公共空间设置开放式专用活动空间，加建专用活动室，将办公室改造成专用活动室等。以西安市某幼儿园（图 1-6）为例，该幼儿园是 2019 年建成的，由于原始设计未配置专用活动室，为了满足当时《陕西省幼儿园基本办园标准》中对专用活动室的硬性要求，在投入使用后，园方不得不进行改造，将两间教师办公室改造成科学发现室，利用室内公共活动平台设置其他开放式专用活动空间。同时，为避免专用活动室的创建流于形式，2022 年教育部发布《幼儿园保育教育质量评估指南》，强调"除综合活动室外，不追求设置专门的功能室，避免奢华浪费和形式主义。"但专用活动室对于补充班级区域活动空间的不足、满足幼儿的操作、学习和游戏需求具有重要的教育价值，是幼儿主动学习和构建知识经验的关键场所。故回归教育本质、立足园所实际和幼儿的发展需求，目前已不再强调设置专门的功能"室"，而是强调其利用率，要求幼儿园结合教育理念和园本特色，因地制宜地设置专用活动空间，促进幼儿园教育质量的持续提升。

相较于小区配套幼儿园，也有少数幼儿园，在项目伊始就有园方介入，建筑师从幼儿园一线教育工作者处获得基本诉求，并将其教学理念及幼教需求作为空间设计的依据。这类幼儿园建筑空间构成比较完善，相对符合当下幼儿教育的实际需求。还有个别幼儿园超越现行标准发展出公共开放的合组活动空间，如北京乐成四合院幼儿园，突破封闭的幼儿生活单元模式，彻底打破物理空间的阻隔，为幼儿创设了一个开放的、相连的、动线的"无边界"学习空间。

目前，在布局形式上，按"单元式"设计的幼儿园仍是主流。"教寝合一"的幼儿生活单元大量出现，幼儿生活用房组成和划分日益丰富。设计师们越来越热衷于公共活动空间的设计，幼儿园的走廊越来越宽，越来越多义化，设计师往往以门厅、过厅、共享中庭等为核心，创建有利于幼儿发展的小型趣味空间、功能性空间。幼儿园总平面布局上，自由式的平面形式大量出现。"以幼儿为本"的观念逐渐使幼儿园建筑设计由建筑尺度及外观的"幼儿化"深入至建筑内涵。

随着我国人口出生率的持续下降与学前教育资源供给的不断优化，我国学前教育正在转向高质量发展阶段。2022年4月26日，在教育部"教育这十年""1+1"系列首场发布采访活动中，北京师范大学中国教育政策研究院执行院长张志勇表示："在解决学前教育的公平和质量这一对矛盾上，固然要继续扩大学前教育

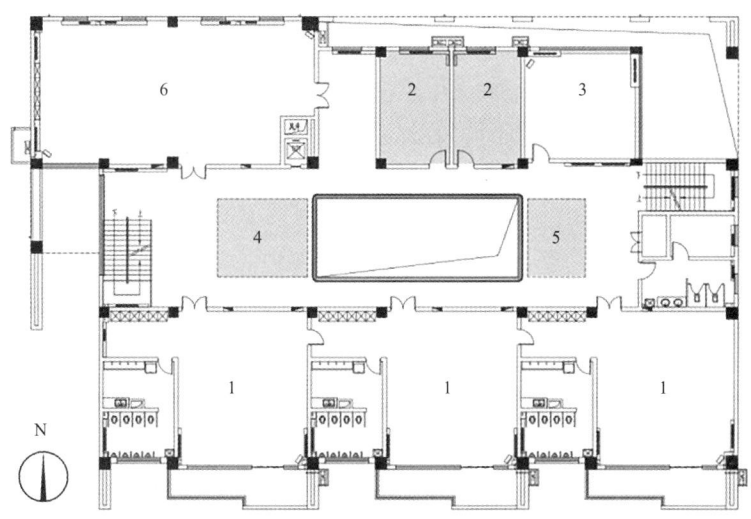

图1-6 西安市某幼儿园二层平面图
1 幼儿生活单元
2 科学发现室（原始设计为教师办公室）
3 会议室
4 图书阅览空间（原始设计为幼儿公共活动平台）
5 建构空间（原始设计为幼儿公共活动平台）
6 多功能活动室

的机会供给，但是矛盾的主要方面正在转向高质量的发展。在党的二十大报告指明要加快建设高质量教育体系的背景下，学前教育界将未雨绸缪，及时调整发展思路和理念，迎接学前教育的高质量发展阶段，构建一个更加均衡、公平、有质量的学前教育体系。幼儿园建筑设计师更应该与时俱进，努力设计出符合我国国情的、适应幼儿教育发展的幼儿园。

1.2　幼儿身心特点及对教育与空间的影响

幼儿的身心发展包括生理和心理两方面，相对于3周岁以下的幼儿，3～6岁的孩子在生理、心理和行为等方面更加独立和成熟，但是整体来说都还未发育完成，处在发育的黄金时期。幼儿园建筑空间的设计，应充分考虑幼儿身心发展的特点，遵循幼儿的发展规律，有利于幼儿身心的健康成长。

1.2.1　幼儿生理特征及对教育与空间的影响

1. 神经系统

幼儿的神经系统发育迅速，5～6岁时脑结构已较成熟，可开始系统学习知识；"高级神经活动不完善，自我控制能力差，注意力不易集中，好动而不好静，容易产生疲劳"[27]，故幼儿园需合理安排幼儿一日活动时间且形成规律，每项活动时间不宜过长，活动内容动静交替且丰富，并应提供能进行多种活动的空间；幼儿脑耗氧量大，"脑组织对缺氧十分敏感，对缺氧的耐受力较差"[27]，室内建筑空间应具有充分的空间容量和良好的通风；幼儿神经系统发育仍未成熟，在进行身体活动后需要充足的睡眠时间，以进行休整，睡眠空间在幼儿园中必不可少。

2. 运动系统

"幼儿运动系统的主要特点是骨组织不断骨化，骨富有弹性、易变形"[27]，故幼儿需多晒太阳，幼儿园需提供充足日照的室内外空间，同时应根据不同年龄段幼儿的身高特点安排相应高度的桌椅。"幼儿各肌肉群发育不平衡，大肌肉动作发育较早，3～4岁时上下肢活动已经比较协调；小肌肉群发育较晚，5～6岁时才能胜任一些精细动作"[27]，故幼儿园不仅要提供锻炼幼儿大肌肉的室外活动场地等空间，还要提供幼儿进行剪纸、绘画、写字、塑造等较为精细的工作以锻炼手部小肌肉的空间。幼儿皮肤娇嫩，表皮层薄，抗感染力较差，活动的空间要考虑一定的安全性，以免幼儿活动时磕伤，同时磕伤后要能及时进行消炎、包扎等处理。

3. 循环系统

"幼儿血液排出量小，心室壁较薄，心脏收缩能力差，每搏输出量少，心脏负荷能力较差，故不宜做较长时间或剧烈的运动。"[27]因此，幼儿在园一日生活安排，应该动静交替、劳逸结合。

4. 免疫系统

"幼儿的免疫功能还不完善，没有建立针对传染病的特异免疫。因此，幼儿需按时接受预防接种和做好日常卫生、消毒等工作。"[27]尤其是我国幼儿园人数普遍较多，故多采取分班管理的方式，班与班之间相对独立，避免交叉感染。同时，要培养幼儿保持清洁卫生，勤洗手的良好习惯，盥洗室的设计应方便幼儿使用。

5. 呼吸系统

"3～6岁幼儿新陈代谢旺盛，呼吸浅、频率大，肺换气功能差，需要充足的新鲜空气"[27]，室内空间需通风良好。适宜的户外活动，可以提高肺活量，增强呼吸系统对外界的适应性，幼儿园要为幼儿提供进行体育锻炼和户外活动的场所。

6. 消化系统

幼儿咀嚼能力和消化功能较差，胃容量小，但肌体新陈代谢旺盛消耗多，需要少食多餐。因此幼儿园需一天多次给幼儿送餐，通常3次正餐（早、中、晚餐）、2次加餐（上午和下午各加一次餐），从厨房往各班送餐要方便。

7. 泌尿系统

幼儿膀胱较小，排尿调节功能不够完善，小便频繁，需要及时、定时排尿，去卫生间要方便。

1.2.2 幼儿心理特征及对教育与空间的影响

中国有句谚语："三岁看大，七岁看老"，它简单明了地概括了幼儿心理发展的一般规律，指出3～7岁是幼儿心理特点、个性倾向形成的重要时期，对以后的心理发展具有深远的影响。幼儿的心理特征表现为以下几方面：

1. 感知觉

感知觉是学前儿童认识世界的主要方式[20]。3～6岁的幼儿是通过操作各种性质的物体，动用视觉、听觉、触觉等各种感官感知事物，"借助于形状、颜色、声音来认识世界的"[20]。设置使幼儿能够通过直接感知、实际操作和亲身体验感知事物的空间，成为幼儿园建筑空间设计的重要考虑因素。

2. 注意

幼儿"无意注意占优势地位，并主要受刺激物的物理特性支配，兴趣和需要逐渐成为3～6岁儿童无意注意的原因；有意注意发展水平低，稳定性差，处于发展的初级阶段，而且依赖于成人的组织和引导，需要依靠活动进行"[20]。因此，单纯的集体授课并不能吸引幼儿的注意，需要提供具有生动逼真的形象、鲜明亮丽的色彩、能引起一定强度声音的刺激物，并结合幼儿兴趣，组织引导幼儿主动探索、操作实践，并设置相应空间。

3. 记忆

"无意识记的效果优于有意识记，形象记忆占优势。""有意识记是在成人的教育下逐渐产生的，有意识记的效果依赖于记忆任务的意识和活动动机。"[20]，这意味着符合幼儿兴趣、涉及多种感官参与、与幼儿的认知活动相关的事物，更容易被幼儿记住。故幼儿园需提供直观、形象、具体、鲜明的材料，和能够直接感知、实际操作和亲身体验具体事物的空间，尽力调动幼儿的各种感官和积极性投入记忆活动，只有让幼儿既听又看、还能动手操作，积极参与，才能提高记忆的效果。

4. 思维

"幼儿思维的主要特点是具体形象性，它是在直观行动思维的基础上演化而来的。在幼儿阶段的末期，抽象逻辑思维开始发展[20]。"幼儿园"应创设直接感知和动手操作的机会以培养儿童的直观动作思维，提供具体、形象的各种活动以培养儿童的具体思维，丰富幼儿的语言以培养他们的抽象逻辑思维，创设问题情境以培养幼儿的创造性思维"[23]，并应提供相应的支持空间。

5. 想象

"幼儿期是想象最为活跃的时期，想象几乎贯穿于幼儿的各种活动中。无意想象占主要地位，想象无预定目的，由外界刺激直接引起，主题不稳定，内容零散、无系统，并受情绪和兴趣的影响；有意想象在教育的影响下逐渐发展，再造想象在幼儿期占主要地位，在再造想象发展的基础上，创造想象开始发展起来。实际行动是幼儿期进行想象的必要条件[20]。"因此，积极组织、开展各种能够引发想象的活动（如建构、美工、音乐、语言等活动），创设宽松、和谐、开放的氛围，追寻幼儿兴趣，提供能够激发想象的可自主操作的材料及相应的空间环境，是幼儿想象的基本前提。

6. 言语

"3～6岁幼儿言语的发展主要是指口头语言的发展，口头语言发展的第一前提就是语音的发展，其次是词汇的发展、语法的掌握和口语表达能力的发展。[14]"幼儿言语主要是在社会生活环境与教育的影响下，"通过言语实践逐渐发展起来的"[14]。因此，幼儿园通常会设置角色游戏等活动并提供相应空间，以激发幼儿自然产生言语交往的需要。

7. 情绪和情感

幼儿的情绪过程主要带有"较不稳定、冲动性强、比较外露"的特点，"社会性情感不断发展，出现了道德感、美感、理智感等高级情感"[20]，"生活环境对幼儿情绪情感有直接影响"[23]。故幼儿园应营造和谐的氛围和良好的物质环境，提供丰富、适宜的活动，鼓励和支持幼儿根据自身兴趣、需要和经验水平，自主选择活动内容、活动材料和合作伙伴，使幼儿在活动过程中获得积极的情绪和情感体验。

8. 个性

个性是一个人"具有一定倾向性的各种心理特点或品质的独特结合，3～6岁是个性初具雏形的时期"[20]。"对于幼儿来说，影响其个性独特性发展的最直接因素是家庭、幼儿园的环境和教育。"[23]幼儿园应当充分尊重幼儿的个体差异，支持幼儿自主选择和主动学习，引导幼儿个性健康发展。

9. 社会性

"社会性发展，是指儿童在与社会的相互作用中从一个生物人，逐渐掌握社会的道德行为规范和社会行为技能，成长为一个社会人的过程。"[20]3～6岁幼儿开始产生参加成人的社会实践活动，特别是劳动和学习活动的需要。但是，他们的知识经验缺乏，能力有限，还不能真正参加成人的活动，而游戏（如角色游戏、建构游戏等）是解决这一矛盾的最好活动形式，丰富、适宜的活动空间是物质前提。

1.2.3 幼儿身心发展规律及对教育的影响

幼儿身心的发展，是指在幼儿成长过程中，生理和心理方面有规律地进行量变与质变的过程，是其生理发育和心理发展不断相互作用、相互支持、相互影响从而达到某种状态的统一的不可分割的过程。随着年龄增长，幼儿的身体和心理变化普遍存在如下规律。

1. 顺序性

"顺序性是指儿童的身心发展朝着一定的方向，按照从低级到高级、由简单到复杂的固定顺序进行，从而使幼儿身心发展成为一种连续、不可逆转的过程。所以，在教育中，必须遵循人的发展的顺序性，不可揠苗助长。"[21]

2. 阶段性

"阶段性指的是不同年龄阶段的儿童会表现出身心发展的一般特征或共同特征，即年龄特征。教育就是要根据各个年龄阶段的特征展开，针对不同年龄阶段的特点，提出不同的具体任务，采用不同的教育内容与方法，从而更好地发挥教育的主导作用。"[21]这是我国多数幼儿园按年龄特点，对各年龄段的幼儿分别进行有针对性的启蒙教育的最主要依据。

3. 不平衡性

"不平衡性主要是针对同一个体而言。具体表现在两个方面：①不同年龄阶段身心发展的不平衡，有的阶段发展快，有的阶段发展慢。②生理和心理发展不平衡，有的儿童在较早的年龄阶段就达到了较高的发展水平，甚至接近成熟，而有的则要到较晚的阶段才能达到较为成熟的状态。因此，教师要了解学前儿童发展的关键期，并抓住时机，加强教育力度。"[21]

4. 个别差异性

"个别差异性是指不同的儿童由于先天素质、内在机能、总体环境及自身的主观能动性的不同，在发展中存在着差别的现象。"[21]幼儿的身心发展归根结底是幼儿个体的发展，尊重和顺应幼儿个体发展的差异性，是促进幼儿整体发展水平的丰富性的根本道路，也成为我国幼儿园在按年龄段教育基础上支持幼儿自主选择和主动学习的主要依据。

5. 稳定性和可变性

"稳定性是指在发展过程中，儿童心理发展的年龄特征具有相对的稳定性。但不同的社会和教育条件会使儿童心理发展的特征有所变化。"[21]

1.2.4　影响幼儿身心发展的因素

"儿童身心发展主要受遗传因素、环境、教育和个体自身的因素等影响，其中遗传因素、环境因素和教育因素属于影响儿童身心发展的外在条件，而个体自身的因素属于影响儿童身心发展的内部条件。"[21]

1. 遗传

遗传"主要指从上代继承下来的生理解剖上的特点。由于遗传基因的不同组合，造成了人先天方面的差异，使人在生理结构和技能上具有差别。遗传素质提供身心发展的前提条件和物质基础，决定了幼儿身心发展的基本过程。但遗传素质具有可塑性，能够随着环境、教育和实践活动的作用，逐渐地发生变化。"[21]

2. 环境

"环境主要指幼儿生活的周围客观世界，包括自然环境和社会环境，自然环境提供幼儿生存所需要的物质条件，如空气、阳光、水分等，社会环境是指幼儿的社会生活条件"，包括所在幼儿园环境。"环境为幼儿的发展提供了条件"，并"影响幼儿的发展差异、发展方向和水平"。"后天的环境对人的发展更具有决定性的意义……幼儿园作为另一种重要的环境因素，通过制定相应的教育目标，选择特定的教育内容，借助有效的教育方法，为幼儿发展创造良好的后天教养环境，从而能够有效促进幼儿身心获得发展。"[21]

3. 教育

"教育，特别是学校教育，是有目的、有计划地影响人的一种活动。"[21]幼儿园教育是根据一定的社会要求，用一定的内容和方法，对幼儿实施有目的、有计划、有系统、有选择的科学引导和影响活动。通过这种教育可以使幼儿优良的遗传素质得到充分的显现，使遗传所提供的某种可能性变为现实。教育还可以对环境加以取舍，发挥和利用环境中的有利因素，促进幼儿健康、全面而和谐地发展。"教育对学前儿童的发展起着主导作用。"[21]

4. 个体自身

"个体因素在人的身心发展中起着决定作用。教育学中的个体因素，主要是指人的主观能动性和实践活动。"[21]外界环境的刺激，只有被主体选择、成为主体的反应对象时，才会对主体的发展产生影响。"人的主观能动性的发挥是通过实践活动完成的，个体通过活动可以不断接受外部的要求，不断产生新的需要，从而推进自身不断地发展。因此，活动是个体各种潜能和需要展开、生成的动力。遗传、环境、教育等只是为个体的发展提供了一定的条件，但这些条件能否发挥作用，以及在多大程度上发挥作用，最终完全在于个体本身。"[21]

"综上所述，幼儿发展受遗传、环境、教育和个体因素的影响，其中遗传是物质前提，环境起着重要作用，教育起主导作用，个体因素起决定作用。"[21]

1.3 幼儿园教育的任务、内容与要求

2001 年教育部印发的《幼儿园教育指导纲要（试行）》以及 2016 年教育部颁布的《幼儿园工作规程》对幼儿园教育的任务、内容、原则和要求作了明确的规定，本节进行了汇总。

1.3.1 幼儿园教育的任务

2016 年教育部颁布的《幼儿园工作规程》明确规定，幼儿园是对 3 周岁以上学龄前幼儿实施保育和教育的机构。幼儿园教育是基础教育的重要组成部分，是学校教育制度的基础阶段。

幼儿园的任务是：贯彻国家的教育方针，按照保育与教育相结合的原则，遵循幼儿身心发展特点和规律，实施德、智、体、美等方面全面发展的教育，促进幼儿身心和谐发展。幼儿园同时面向幼儿家长提供科学育儿指导。

幼儿园适龄幼儿一般为 3～6 周岁。幼儿园一般为三年制。

1.3.2 幼儿园教育的内容

根据 2001 年教育部印发的《幼儿园教育指导纲要（试行）》，幼儿园的教育内容应是全面的、启蒙性的，可以相对划分为健康、语言、社会、科学、艺术等五个领域，各领域的内容相互渗透，从

不同的角度促进幼儿情感、态度、能力、知识、技能等方面的发展。

1. 健康

1）建立良好的师生、同伴关系,让幼儿在集体生活中感到温暖、心情愉快,形成安全感、信赖感。

2）与家长配合,根据幼儿的需要建立科学的生活常规。培养幼儿良好的饮食、睡眠、盥洗、排泄等生活习惯和生活自理能力。

3）教育幼儿爱清洁、讲卫生,注意保持个人和生活场所的整洁和卫生。

4）密切结合幼儿的生活进行安全、营养和保健教育,提高幼儿的自我保护意识和能力。

5）开展丰富多彩的户外游戏和体育活动,培养幼儿参加体育活动的兴趣和习惯,增强体质,提高对环境的适应能力。

6）用幼儿感兴趣的方式发展基本动作,提高动作的协调性、灵活性。

7）在体育活动中,培养幼儿坚强、勇敢、不怕困难的意志品质和主动、乐观、合作的态度。

2. 语言

1）创造一个自由、宽松的语言交往环境,支持、鼓励、吸引幼儿与教师、同伴或其他人交谈,体验语言交流的乐趣,学习使用适当的、礼貌的语言交往。

2）养成幼儿注意倾听的习惯,发展语言理解能力。

3）鼓励幼儿大胆、清楚地表达自己的想法和感受,尝试说明、描述简单的事物或过程,发展语言表达能力和思维能力。

4）引导幼儿接触优秀的儿童文学作品,使之感受语言的丰富和优美,并通过多种活动帮助幼儿加深对作品的体验和理解。

5）培养幼儿对生活中常见的简单标记和文字符号的兴趣。

6）利用图书、绘画和其他多种方式,引发幼儿对书籍、阅读和书写的兴趣,培养前阅读和前书写技能。

7）提供普通话的语言环境,帮助幼儿熟悉、听懂并学说普通话。少数民族地区还应帮助幼儿学习本民族语言。

3. 社会

1）引导幼儿参加各种集体活动,体验与教师、同伴等共同生活的乐趣,帮助他们正确认识自己和他人,养成对他人、社会亲近、合作的态度,学习初步的人际交往技能。

2）为每个幼儿提供表现自己长处和获得成功的机会,增强其自尊心和自信心。

3）提供自由活动的机会,支持幼儿自主地选择、计划活动,鼓励他们通过多方面的努力解决问题,不轻易放弃克服困难的尝试。

4）在共同的生活和活动中,以多种方式引导幼儿认识、体验并理解基本的社会行为规则，学习自律和尊重他人。

5）教育幼儿爱护玩具和其他物品，爱护公物和公共环境。

6）与家庭、社区合作，引导幼儿了解自己的亲人以及与自己生活有关的各行各业人们的劳动，培养其对劳动者的热爱和对劳动成果的尊重。

7）充分利用社会资源，引导幼儿实际感受祖国文化的丰富与优秀，感受家乡的变化和发展，激发幼儿爱家乡、爱祖国的情感。

8）适当向幼儿介绍我国各民族和世界其他国家、民族的文化，使其感知人类文化的多样性和差异性，培养理解、尊重、平等的态度。

4. 科学

1）引导幼儿对身边常见事物和现象的特点、变化规律产生兴趣和探究的欲望。

2）为幼儿的探究活动创造宽松的环境，让每个幼儿都有机会参与尝试，支持、鼓励他们大胆提出问题，发表不同意见，学会尊重别人的观点和经验。

3）提供丰富的可操作的材料，为每个幼儿都能运用多种感官、多种方式进行探索提供活动的条件。

4）通过引导幼儿积极参加小组讨论、探索等方式，培养幼儿合作学习的意识和能力，学习用多种方式表现、交流、分享探索的过程和结果。

5）引导幼儿对周围环境中的数、量、形、时间和空间等现象产生兴趣，建构初步的数概念，并学习用简单的数学方法解决生活和游戏中某些简单的问题。

6）从生活或媒体中幼儿熟悉的科技成果入手，引导幼儿感受科学技术对生活的影响，培养他们对科学的兴趣和对科学家的崇敬。

7）在幼儿生活经验的基础上，帮助幼儿了解自然、环境与人类生活的关系。从身边的小事入手，培养初步的环保意识和行为。

5. 艺术

1）引导幼儿接触周围环境和生活中美好的人、事、物，丰富他们的感性经验和审美情趣，激发他们表现美、创造美的情趣。

2）在艺术活动中面向全体幼儿，要针对他们的不同特点和需要，让每个幼儿都得到美的熏陶和培养。对有艺术天赋的幼儿要注意发展他们的艺术潜能。

3）提供自由表现的机会，鼓励幼儿用不同艺术形式大胆地表达自己的情感、理解和想象，尊重每个幼儿的想法和创造，肯定和接纳他们独特的审美感受和表现方式，分享他们创造的快乐。

4）在支持、鼓励幼儿积极参加各种艺术活动并大胆表现的同时，帮助他们提高表现的技能和能力。

5）指导幼儿利用身边的物品或废旧材料制作玩具、手工艺品等来美化自己的生活或开展其他活动。

6）为幼儿创设展示自己作品的条件，引导幼儿相互交流、相互欣赏、共同提高。

教育活动内容的组织应充分考虑幼儿的学习特点和认识规律，各领域的内容要有机联系，相互渗透，注重综合性、趣味性、活动性，寓教育于生活、游戏之中。教师应成为幼儿学习活动的支持者、合作者、引导者，教师直接指导的活动应和间接指导的活动相结合，保证幼儿每天有适当的自主选择和自由活动时间。

1.3.3　幼儿园教育的原则和要求

根据 2016 年教育部颁发的《幼儿园工作规程》，幼儿园教育应当贯彻以下原则和要求：

1）德、智、体、美等方面的教育应当互相渗透，有机结合。

2）遵循幼儿身心发展规律，符合幼儿年龄特点，注重个体差异，因人施教，引导幼儿个性健康发展。

3）面向全体幼儿，热爱幼儿，坚持积极鼓励、启发引导的正面教育。

4）综合组织健康、语言、社会、科学、艺术各领域的教育内容，渗透于幼儿一日生活的各项活动中，充分发挥各种教育手段的交互作用。

5）以游戏为基本活动，寓教育于各项活动之中。

6）创设与教育相适应的良好环境，为幼儿提供活动和表现能力的机会与条件。

幼儿园应当为幼儿提供丰富多样的教育活动。教育活动的组织应当灵活地运用集体、小组和个别活动等形式，为每个幼儿提供充分参与的机会。教育活动应注重支持幼儿的主动探索、操作实践、合作交流和表达表现，充分尊重幼儿的个体差异，根据幼儿不同的心理发展水平，研究有效的活动形式和方法。

幼儿园应当将游戏作为对幼儿进行全面发展教育的重要形式，应当根据幼儿的年龄特点指导游戏，鼓励和支持幼儿根据自身兴趣、需要和经验水平，自主选择游戏内容、游戏材料和伙伴，使幼儿在游戏过程中获得积极的情绪情感，促进幼儿能力和个性的全面发展。

幼儿园应当将环境作为重要的教育资源，合理利用室内外环境，创设开放的、多样的区域活动空间，提供适合幼儿年龄特点的丰富的玩具、操作材料和幼儿读物，支持幼儿自主选择和主动学习，激发幼儿学习的兴趣与探究的愿望。

从教育部颁布的《幼儿园教育指导纲要》和《幼儿园工作规程》

可以看出，我国的幼儿园教育已摒弃过去偏重教师直接指导集体活动的形式，要求教师直接指导的活动和间接指导的活动相结合，尽量减少不必要的集体行动和过渡环节，特别是强调要充分尊重幼儿的个体差异，支持幼儿自主选择和主动学习，保证幼儿每天有适当的自主选择和自由活动时间。

环境是重要的教育资源，幼儿园的空间、设施、活动材料等的创设，应有利于引发、支持幼儿的游戏和各种探索活动，有利于引发、支持幼儿与周围环境之间积极的相互作用。

1.4 幼儿园的分类、规模及设计要求

1.4.1 幼儿园的分类

1）按幼儿在园时间分：根据 2016 年教育部颁布的《幼儿园工作规程》，幼儿园可分为全日制、半日制、定时制、季节制和寄宿制等类型。上述形式可分别设置，也可混合设置。

（1）全日制（日托）幼儿园：幼儿白天在园内生活的幼儿园。幼儿早晨由家长送园，晚上回家，每日在园 8 ~ 10 小时，幼儿园提供膳食和午睡的条件，为幼儿提供在群体生活中接受学前教育的机会，幼儿又能与父母、家庭成员、社会保持广泛的接触，有助于幼儿身心健康发展，也为父母全日参加工作提供方便，我国 20 世纪 50 年代以来绝大部分托儿所、幼儿园采用这一形式。[19]

（2）半日制幼儿园：幼儿每天在园内生活半日的幼儿园。每天分上、下午接纳两批幼儿来园，为家庭中有人照顾的幼儿提供集体活动和接受有目的、有计划教育的机会。我国自清光绪二十九年（1903）武昌首创第一所蒙养院，至中华人民共和国成立以前的幼稚园，均为半日制。西方国家学前教育机构亦有半日制。[19]

（3）定时制幼儿园：幼儿在园内生活的时间以小时计算，有定时的（如每日 1 小时或 2 小时），也有不定时的或临时寄托几小时的，以适应家长临时或固定时间段有事需有人照顾幼儿的需求，可单独设立或附设在正规幼儿园内。因收托的幼儿流动性大，必须严格执行接送和保健制度。[19]

（4）寄宿制幼儿园：幼儿昼夜均在园内生活的幼儿园[7]。幼儿每周一由家长送园寄宿，周末接回。日间活动与全日制相同，特殊的工作有：组织好晚饭后的活动；保证幼儿晚餐有足够的营养；照顾好幼儿夜间睡眠，确保幼儿健康与安全。可解决家长忙于工作，家庭中又无亲人帮忙照顾幼儿的困难。我国创办寄宿制园、所，始于抗日战争时期陕甘宁边区等地。中华人民共和国成立后，寄宿制幼儿园继续得到发展。[19]

2）按经营的经济性质分：一种是政府的教育系统所办的幼儿

园、特殊行业办园、公办高校附属幼儿园、企事业单位办园等公办园；另一种是个体经营者办的私立幼儿园。

1.4.2 幼儿园的规模

根据《幼儿园建设标准》建标 175—2016，幼儿园的建设规模应根据服务人口数量确定，并与区域经济发展水平相协调。幼儿园的建设规模分类宜符合表 1-1 的规定：

表 1-1 幼儿园建设规模分类表

分类	服务人口（人）
3 班（90 人）	3000
6 班（180 人）	3001 ~ 6000
9 班（270 人）	6001 ~ 9000
12 班（360 人）	9001 ~ 12000

资料来源：中华人民共和国住房和城乡建设部，中华人民共和国国家发展和改革委员会 . 幼儿园建设标准：建标 175—2016[S]. 北京：中国计划出版社，2016.

《托儿所、幼儿园建筑设计规范》JGJ 39—2016（2019 年版）按照班级数量将幼儿园划分为小型、中型、大型三种规模，其中，小型幼儿园 1 ~ 4 个班，中型幼儿园 5 ~ 8 个班，大型幼儿园 9 ~ 12 个班。若幼儿园较小，则服务半径小，方便家长接送，布点灵活，但不够经济；若幼儿园较大，可招收较多幼儿，从而带来较好的经济效益，但会给管理带来一定困难。因此，幼儿园办园规模不宜超过 12 班，城镇幼儿园办园规模不宜少于 6 班[7]。

根据《托儿所、幼儿园建筑设计规范》JGJ 39—2016（2019 年版），幼儿园班级的规模为：小班（3 ~ 4 岁）20 ~ 25 人，中班（4 ~ 5 岁）26 ~ 30 人，大班（5 ~ 6 岁）31 ~ 35 人。幼儿园班级规模以有利于幼儿身心健康，便于管理为原则，3 ~ 4 岁幼儿自理能力较弱，生活各方面需保教人员较多的照顾，故小班幼儿人数宜相对少些；5 ~ 6 岁幼儿已具备一定的独立生活能力，保教人员可适当放手以进一步锻炼幼儿的自理能力，工作量可相应减少，故大班幼儿人数可适当多些，但班级规模不宜过大。

1.4.3 幼儿园建筑设计的基本要求

幼儿身心发展的特点与规律及幼儿园教育的独特方式，决定了幼儿园建筑不同于成人建筑的基本特征和设计要求：

1. "以幼儿为本"，符合幼儿身心发展规律

幼儿园是幼儿学习、生活的重要场所，幼儿尚未长大成人，故其活动环境不能用成人的眼光衡量，专门为幼儿创设符合其身

心发展水平和需要的环境，是充分发挥幼儿潜力，实现教育目标的重要途径。因此，幼儿园建筑设计必须符合幼儿生理和心理成长规律，营造适合幼儿身心健康发展的物质条件和育人环境，使幼儿在快乐的童年生活中获得有益于身心发展的经验。

2. 适应幼儿园教育的要求

《国家中长期教育改革和发展规划纲要》指出："学前教育对幼儿身心健康、习惯养成、智力发展具有重要意义。"[2]幼儿园建筑是开展良好幼儿教育的场所和载体，是向小学教育过渡中培养幼儿自我独立与学习能力的重要场所，对幼儿园教育能否顺利开展具有重要意义。

幼儿园建筑空间环境首先要与幼儿教育理念及模式相适应，并随着教育模式的更新而变化。21世纪以来，受西方幼儿教育理念的冲击，我国的幼儿园逐渐在班级授课、集体活动的基础上，将幼儿自主活动纳入其中。教育方式方法的差异势必造成幼儿园建筑的空间构成及其组织方式等方面的不同，同时幼儿园建筑空间还应随着教育模式的更新而变化。2016年教育部颁发的《幼儿园工作规程》明确指出，"教育活动的组织应当灵活地运用集体、小组和个别活动等形式"，要"支持幼儿自主选择和主动学习"[4]，因此，我国的幼儿园建筑应在原有满足集体活动的基础上，提供支持幼儿自主选择和主动学习的空间环境。

幼儿园建筑空间环境还应与幼儿园教育组织方式相适应。由于幼儿的学习是以直接经验为基础，在游戏和日常生活中进行的，因此幼儿园教育与以授课为主的小学教育不同，是通过幼儿在园的一日生活来组织实施的。幼儿在园的一日生活是指从早晨来园到下午离园的整个过程，主要包括生活活动、学习活动、体育活动和游戏活动。生活活动贯穿在一日生活的始终，包括来园、盥洗、喝水、进餐、如厕、睡眠、离园等常规性活动，不仅是幼儿生活之必须，也是学习生活经验、增长生活能力、培养独立性所必需的。学习活动包括集体学习、小组学习和个别学习活动，集体学习活动是幼儿园最常见的一种活动，个别学习活动包括幼儿个别操作和实践的活动以及教师与幼儿在一起的个别指导活动。在正常情况下，幼儿户外活动时间（包括户外体育活动时间）每天不得少于2小时，寄宿制幼儿园不得少于3小时[4]。幼儿在园一日生活以游戏为基本活动，各项活动交替进行，寓教育于各项活动之中，促使幼儿身心健康和发展。《幼儿园工作规程》指出，幼儿园应当制定合理的幼儿一日生活作息制度"综合组织健康、语言、社会、科学、艺术各领域的教育内容，渗透于幼儿一日生活的各项活动中"[4]，有效、高质地将保教任务全面有序地落实在幼儿园一日生活的各个环节，培养幼儿良好的生活及学习习惯。一日生活各环

节的关系，成为幼儿园各建筑空间之间联系与分隔的依据。

3. 创造安全、利于防护的环境

幼儿身体的各部分的发育尚未成熟，动作不够协调，防护意识差；同时好奇心强，容易忽视周围安全状况，导致安全事故的发生。因此，幼儿园建筑应创造安全、利于防护的环境，以保障幼儿的安全。

4. 满足卫生、防疫的要求

幼儿时期由于免疫功能还不成熟，身体抵抗力弱，易受外界影响而染病，且易迅速传染其他幼儿。因此，幼儿园建筑要满足卫生、防疫的要求，远离各种污染源，提供卫生消毒、晨检、病儿隔离及幼儿体育活动增强身体适应和抵抗力的空间。

第**2**章 幼儿园建筑空间构成

　　根据适用人群及使用需求，幼儿园建筑空间主要由幼儿生活用房、服务管理用房、供应用房和交通联系空间构成，并可划分为主要功能空间、次要功能空间和辅助空间（图2-1）。主要功能空间是幼儿生活用房，包括各幼儿生活单元、多功能活动室、专用活动空间等，其中，幼儿生活单元由集体活动空间、睡眠空间、区域活动空间、衣帽储藏空间、卫生间等组成，常见的专用活动空间有科学发现空间、图书阅览空间、美工空间、建构空间、角色游戏空间、烹饪空间等。次要功能空间由服务管理用房及供应用房构成。服务管理用房包括晨检室（厅）、保健观察室、教师值班室、警卫室、储藏室、园长室、财务室、教师办公室、会议室、教具制作室等；供应用房一般包括厨房、洗涤消毒室、开水间等。辅助空间为交通联系空间，包括门厅、廊道空间、楼梯等。

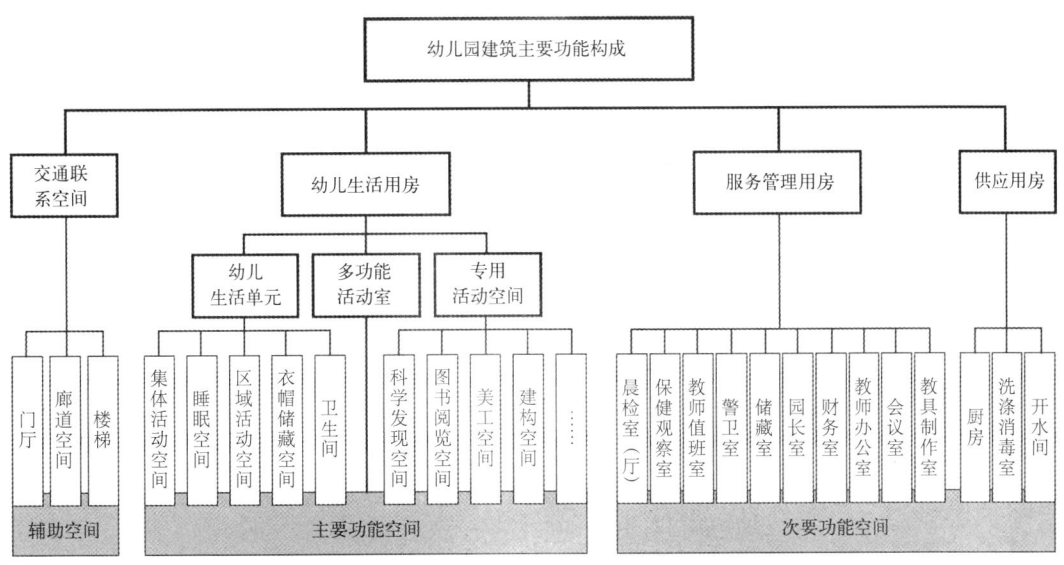

图2-1　幼儿园建筑主要功能构成

23

2.1　幼儿生活单元的空间要素及组织

　　遵循幼儿身心发展顺序性、阶段性、稳定性的规律，按年龄特点对各年龄段的幼儿分别进行有针对性的启蒙教育，是我国多数幼儿园采用的方式。为了合理、科学地对幼儿进行保育、教养，达到方便管理、预防疾病的要求，通常将幼儿日常使用的主要空间组合在一起，形成每个幼儿班自成一体的生活单元[9]。幼儿生活单元是幼儿园建筑的核心部分，也是幼儿生活和学习的主要场所，强调各班互不干扰，各自独立使用一组空间及家具、设备。个别幼儿园受开放型教育理论的影响，不按年龄或受教育程度分班，提倡将活动空间按活动内容划分，幼儿可自由选择活动内容和活动方式，不同年龄和受教育程度的幼儿可以参加同一活动，建筑空间采用公共开放的合组活动空间的布局方式。但由于这种空间布局方式我国现阶段很少采用，所以本节仍主要按幼儿生活单元阐述。

　　同时，遵循幼儿身心发展不平衡性和个别差异性特点，2016年教育部颁布的《幼儿园工作规程》明确规定，"教育活动的组织应当灵活地运用集体、小组和个别活动等形式"，将环境作为重要的教育资源，创设所需活动空间，特别提出要"创设开放的、多样的区域活动空间"，以"支持幼儿自主选择和主动学习"[4]，加之卧具的变革引发睡眠空间的重新设置，我国幼儿园生活单元内部空间构成已由"活动室＋寝室＋卫生间＋储藏间"转变为"集体活动空间＋区域活动空间＋睡眠空间＋卫生间＋储藏空间等"。

2.1.1　集体活动空间

　　集体活动空间是幼儿在生活单元内集体进行学习、游戏、就餐等多种活动的空间，是一个小型的多功能活动空间。对于"教寝合一"的生活单元，幼儿午睡也在该空间内进行。

　　1. 集体活动空间的设计要求

　　1）集体活动空间是幼儿进行室内多种活动的基本场所，为满足幼儿进行多种活动的需要，集体活动空间应有足够的使用面积，合理的平面形式与尺寸。

　　2）为给幼儿创造健康成长的良好环境，集体活动空间应有充足的日照、均匀的天然采光和良好的通风条件，应布置在当地最好朝向，冬至日底层满窗日照不应小于3h[9]。

　　3）集体活动空间室内最小净高不应低于3.0m[9]，以保证容纳幼儿和教师所需要的空气量。

　　4）室内家具、装修等应符合幼儿使用的特点，富有童趣、尺度适宜、有利于安全并易于清洁。

　　2. 集体活动空间的平面设计

　　1）集体活动空间平面设计的影响因素

集体活动空间应满足全班幼儿进行多种集体活动所必需的面积、尺寸，需考虑以下因素：

（1）每班容纳的幼儿数

幼儿园每班能够容纳的幼儿数，与不同年龄段幼儿生活自理能力的强弱及由此带来的保教人员的工作量、教育理念等因素有关。年龄越小的幼儿自理能力越差，保教人员照顾幼儿的工作量就越大，每班人数就越少；反之，保教人员可适当放手锻炼幼儿，则每班人数增多。根据《托儿所、幼儿园建筑设计规范》JGJ 39—2016（2019年版），幼儿园每班人数见表2-1。

表2-1　幼儿园的每班人数

名称	班别	人数（人）
幼儿园	小班（3～4岁）	20～25
	中班（4～5岁）	26～30
	大班（5～6岁）	31～35

资料来源：中华人民共和国住房和城乡建设部.托儿所、幼儿园建筑设计规范：JGJ 39—2016（2019年版）[S]. 北京：中国建筑工业出版社，2019.

（2）幼儿在生活单元内进行的集体活动及所需室内布置

幼儿在生活单元内进行的集体活动，包括教育教学活动、多种形式的游戏、就餐等。近年来，多数新建幼儿园幼儿午睡也在集体活动空间内进行。

① 教育教学活动及所需室内布置

《幼儿园工作规程》（2016）要求："幼儿园应综合组织健康、语言、社会、科学、艺术各领域的教育内容，渗透于幼儿一日生活的各项内容中。"[4]幼儿园各类教育教学活动包括安全、卫生、生活常规、营养、保健、体育知识等方面的健康教育；阅读、理解、表达、书写等方面的语言教育；人际交往、社会适应、民族与文化等方面的社会教育；事物的现象与特性，自然、科技与人类生活的关系，以及数、量、形、时间和空间等方面的科学教育；音乐、舞蹈、美术等方面的艺术教育。室内空间需根据教育教学活动的内容和需求进行布置，听老师讲解、介绍的活动，可面对老师并排坐，也可以老师为中心三面或呈圆弧状围坐；需要进行桌面操作的活动，往往按桌分组进行；舞蹈等活动，则需将桌椅移至周边，腾出中间的场地进行活动（图2-2）。所需室内布置见图2-3。

a.

b.

c.

d.

图2-2　教育教学活动的桌椅布置
资料来源：义乌市佛堂镇倍磊幼儿园
图a：上海思序建筑规划设计有限公司

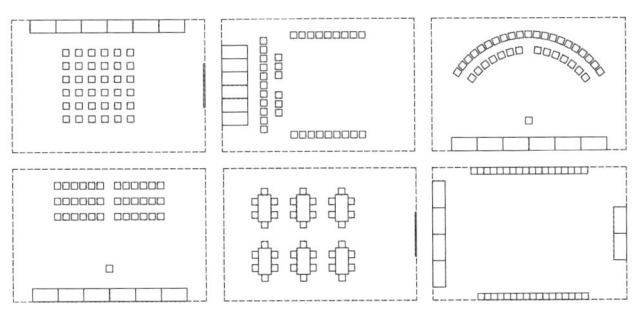

图2-3　教育教学活动所需室内布置平面示意图

图 2-4 室内游戏活动

② 游戏活动所需室内布置

《幼儿园工作规程》（2016）要求,幼儿园要以游戏为基本活动,寓教育于各项活动之中[4]。幼儿在集体活动空间开展的游戏活动比较多,主要围绕健康、语言、社会、科学、艺术五大领域展开,包括:安全应急演练、小型体育游戏、培养生活习惯和生活能力等健康领域的游戏,讲故事、故事表演、创编故事等语言领域的游戏,角色游戏等社会领域的游戏,感知自然、数、量、形、空间和科学小实验等科学领域的游戏,唱歌、跳舞、绘画、手工等艺术领域的游戏。这些游戏活动,有的需以主游戏者为中心,椅子呈圆弧状或三面围坐,而将桌子移至周边;有的需腾出中间的场地进行活动,而将桌椅均移至周边;有的则需分组在桌面上进行（图 2-4）。所需家具布置见图 2-5。

幼儿在集体活动时需要较大空间的活动是拉圈游戏,其室内布置及所需尺寸见图 2-6。图中所示游戏圈的周长（L）是通过 $L=2\pi r$ 计算所得,即

$r = L/2\pi = （450 \times 35）/（2 \times 3.14）\approx 2500mm$

式中 450mm——一个幼儿所占宽度加椅间空隙;35——大班容纳 35 名幼儿所需椅（凳）数;3.14——圆周率。

根据《托儿所、幼儿园建筑设计规范》JGJ 39-2016（2019年版）规定,小班为 20 ～ 25 人,中班为 26 ～ 30 人,大班为 31 ～ 35 人[9]。考虑到生活单元空间的通用性与统一性,以及各个班级的互换,所以将可容纳 35 人的需求尺度作为尺度标准,估算得出拉圈游戏活动时内圈半径为 2500mm,外圈则加上凳子的深度（幼儿园凳子的深度通常为 300mm）,约为 2800mm。此外,考虑到幼儿活动过程中进出游戏圈的需求以及教师在游戏圈外巡回维持秩序的需求,宜在游戏圈外预留 600mm 的通道。

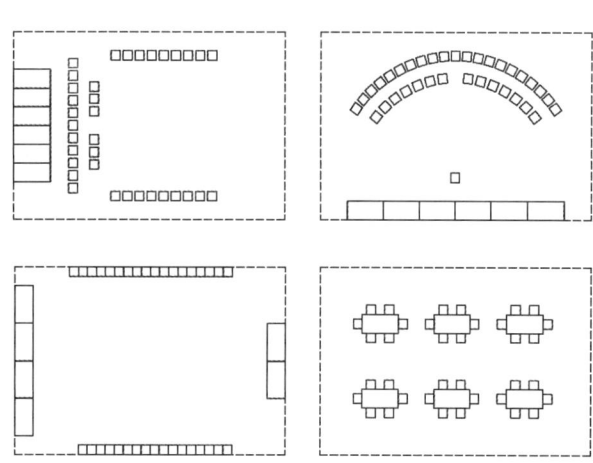

图 2-5 游戏活动室内布置平面示意图

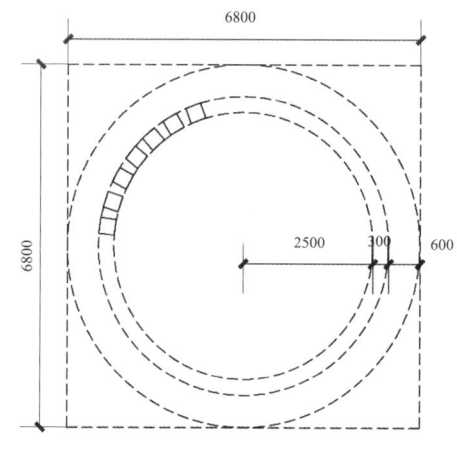

图 2-6 拉圈游戏座椅布置及所需尺寸（mm）

③就餐所需室内布置

幼儿就餐通常在各生活单元的集体活动空间内进行。各班教师到厨房取餐，运回各班的开饭桌上，幼儿排队到开饭桌取餐，回到座位就餐。幼儿就餐时，通常将桌椅按图2-7所示布置，每桌6名幼儿，桌椅间留有通道，以便幼儿来回取餐及教师巡回照顾。

为给幼儿提供舒适的用餐环境，就餐空间可考虑与室外平台结合，之间设推拉门，天气好的时候，可将餐桌椅搬至室外平台上就餐（图2-8）。

2）集体活动空间的平面尺寸与平面形式

（1）集体活动空间的平面尺寸

集体活动空间内的幼儿活动类型多样，其平面尺寸应根据各种活动类型开展所需空间确定，应满足各类活动开展的需要。当集体活动空间与睡眠空间错时合用时，还要考虑睡眠空间的尺寸需求，见图2-9。当集体活动空间与睡眠空间分别设置时，需要考虑幼儿在集体活动时需要较大空间的活动，其中幼儿集体由老师带领着学习简单的舞蹈或者体操等活动所需的空间面积最大，但其排布方式比较灵活。考虑到拉圈游戏对平面尺寸开间及进深的影响，进行集体活动所需的基本平面尺寸见图2-10。

（2）集体活动空间的平面形式

集体活动空间的平面形式应满足幼儿园教学活动、游戏活动等多种使用功能的要求，通常以矩形为宜，长宽比不宜超过2：1。矩

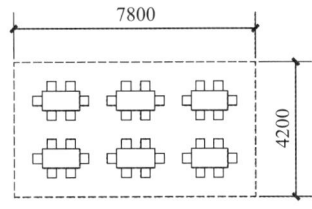

图2-7 集体活动空间内就餐所需室内布置（mm）

图2-8 与室外平台结合的就餐空间（广州SDL保育园）
资料来源：株式会社日比野设计

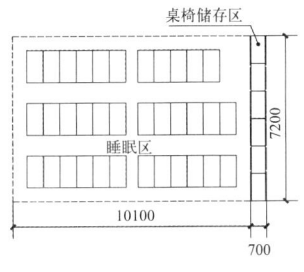

图2-9 集体活动空间内午睡所需基本尺寸（mm）

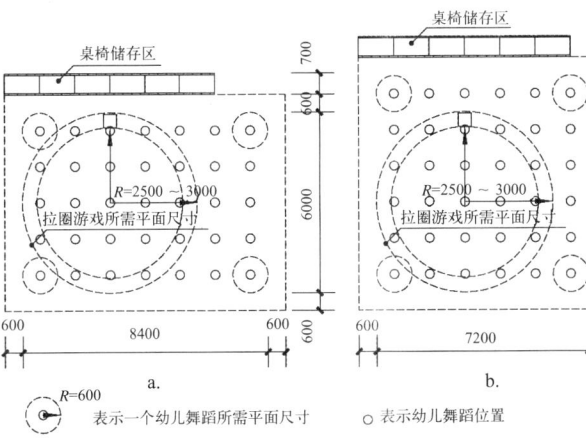

a.

$R=600$
表示一个幼儿舞蹈所需平面尺寸

○表示幼儿舞蹈位置

b.

图2-10 睡眠空间独立设置时，集体活动空间平面基本尺寸（mm）

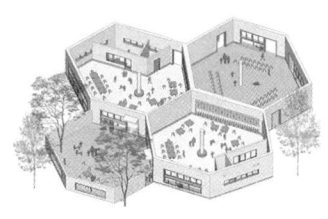

图 2-11 华东师范大学附属双语幼儿园生活单元的六边形活动空间
资料来源：山水秀建筑事务所

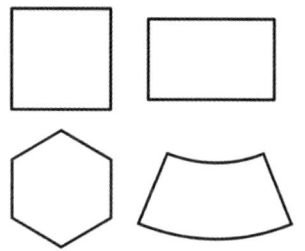

图 2-12 集体活动空间的平面形式

形平面与家具形状、布置及活动方式易取得一致，且结构简单，施工方便。集体活动空间的窗户宜设在矩形长边（南向）上，以获得良好的日照、采光和通风。

为使集体活动空间活泼、多样、富有韵律感，以适应幼儿生理、心理的需求，还可采用六边形（图 2-11）、扇形及局部曲、折形等平面形式。

集体活动空间的平面形式，见图 2-12。

3. 集体活动空间的采光、通风

为保护幼儿视力并创造良好的幼儿成长环境，集体活动空间应有充足而均匀的天然采光及良好的通风条件。

1）采光

（1）集体活动空间应有充足、均匀的天然采光

① 为保护幼儿的身体及视觉健康，幼儿生活单元不同用途空间的采光要满足采光系数的要求。《托儿所、幼儿园建筑设计规范》JGJ 39—2016（2019 年版）规定了各空间的采光系数标准值（表 2-2），为方便建筑设计估算窗口面积，同时给出了窗地面积比（即窗口净面积 / 地板净面积）。

表 2-2 采光系数标准值和窗地面积比

采光等级	场所名称	采光系数标准值（%）	采光系数（窗地面积比）
III	活动室、寝室	3.0	1/5
	睡眠区、活动区	3.0	1/5
V	卫生间	1.0	1/10

资料来源：中华人民共和国住房和城乡建设部 . 托儿所、幼儿园建筑设计规范：JGJ 39—2016（2019 年版）[S]. 北京：中国建筑工业出版社，2019.

② 为使集体活动空间有充足的日照和均匀的天然采光，要合理设计集体活动空间的进深。集体活动空间进深较大时，应采用双面采光。目前幼儿园集体活动空间多为单面采光，为避免影响室内采光，其进深不宜超过 6.60m[9]。

③ 设置的阳台或室外活动平台不应影响集体活动空间的日照及采光[9]。

④ 为保证日照和采光，保证幼儿对自然物体的真实感觉，直接对外采光的窗户不应使用彩色玻璃[9]。

（2）集体活动空间室内照明应满足房间照明标准值的要求（表 2-3）。

表 2-3 房间照明标准值

房间或场所	参考平面及其高度	照度标准值（lx）	UGR	Ra
活动室	地面	300	19	80
寝室、睡眠区、活动区	0.5m 水平面	100	19	

资料来源：中华人民共和国住房和城乡建设部 . 托儿所、幼儿园建筑设计规范：JGJ 39—2016（2019 年版）[S]. 北京：中国建筑工业出版社，2019.

2）通风

集体活动空间要有良好的通风和换气条件。

① 平面布置应尽量利用夏季主导风向及地区小气候。

② 平面、剖面形式应有利于利用房门与外窗进行空气对流，形成良好的自然通风条件。

③ 应具备可开启自然通风外窗，可保证轮换开启通风。生活单元活动空间换气次数 3～5 次/h（最小换气次数可根据建筑物所在地域气候特点合理取值），人员所需最小新风量为 30m²/（h·人）[9]。

④ 通风口面积不应小于房间地板面积的 1/20[9]。

⑤ 夏热冬冷、严寒和寒冷地区冬季外门窗封闭的情况下，应采取有效的通风措施，如设固定换气小窗、采用通风换气装置等，达到通风换气的要求。

4. 集体活动空间的室内界面与家具

幼儿的大部分活动是在集体活动空间内进行的。为创造良好的教学及活动环境，应综合考虑室内地面、墙面、天花等界面的处理，装饰材料、色彩的选用，家具、陈设的配置等，并满足以下要求：

① 集体活动空间的三度空间应满足幼儿尺度的要求且有良好的比例。

② 集体活动空间应满足幼儿生理、心理及保教等方面的要求，应为幼儿创造一个实用、富有童趣的活动空间。

③ 选材与构造应安全、坚固、耐用，避免幼儿抠挖并便于擦洗。

1）室内界面

（1）墙面

① 室内墙面应具有设置多媒体设备、展示教材、作品和空间布置的条件（图 2-13）。

② 墙面、顶面应平整、不易积灰，所选用的材料应坚固、耐久、无光泽、易擦洗，距离地面高度 1.30m 以下，幼儿经常接触的墙面，应采用光滑易清洁的材料[9]。

③ 幼儿易接触的墙面宜做防撞处理，确保幼儿一旦因嬉闹、跑动而发生碰撞，不易出现伤害，保证幼儿的安全。

④ 墙角、柱角等应做圆角，避免有尖锐的棱角或凸出的线脚，以免碰伤幼儿。

图 2-13 可设置多媒体设备、展示教材、作品的室内墙面（西安格林思谱双语幼儿园）
资料来源：西安迪卡建筑设计中心

⑤ 墙面、顶面宜选用适合幼儿审美情趣和心理特点的明亮色彩。

（2）楼（地）面

楼（地）面是幼儿直接接触的界面，幼儿经常坐在地面上活动，从安全、卫生、保暖等方面考虑，应做木地板等暖性、有弹性的地面（图2-13），不应采用水泥或水磨石等触感生硬、保暖性能差的硬质地面，以免影响幼儿踝关节的发育，对幼儿健康不利，避免发生摔伤事故。

（3）门窗

① 门

门是幼儿进出集体活动空间经常接触的部件，应保证幼儿使用的安全和方便。

幼儿活泼好动，防护意识差，为避免在使用过程中发生碰撞、夹卡、破碎割伤幼儿等事故，不应设置旋转门、弹簧门、推拉门[9]，应设平开门，不宜设金属门，以木门为宜。

门的宽度应满足防火疏散要求和家具搬运需要，净宽不应小于1.20m[9]。

开向疏散走道的门应向人员疏散方向开启，开启的门扇不应妨碍走道疏散通行[9]。

为使幼儿和教师进出时能观察门内外的情况，防止开关门时撞伤幼儿，幼儿经常出入的门在距地面0.60～1.20m高度（兼顾幼儿和教师的视线范围）内应设观察窗，观察窗应采用安全、透明玻璃[7]。

为便于幼儿自己开、关房间门，应在距离地面0.60m处加设幼儿专用拉手，可设垂直拉手，兼顾幼儿和教师的使用需求，门扇内外皆装设；距离楼地面1.20m以下部分应设防止夹手设施[9]。

门下不应设门槛，固定门扇的装置应设于靠墙部位，以免幼儿出入时绊倒。

幼儿皮肤娇嫩，为防止幼儿在使用门的过程中皮肤划伤等事故发生，门的双面均应平滑、无棱角。

② 窗

窗的设置应满足室内有充足的日照、采光、通风，并符合幼儿生理尺度、安全等的要求，同时可成为幼儿观察世界的窗口（图2-14）。

图2-14 大小不一的窗户——幼儿观察世界的窗口
（上海嘉定新城幼儿园）
资料来源：大舍建筑设计事务所

为保证充足的日照，需要获得冬季日照的幼儿生活单元活动空间窗洞开口面积不应小于该空间面积的20%[9]。

考虑到幼儿的生理尺度，为保证幼儿视线不被遮挡，避免产生封闭感，窗台距地面高不宜大于0.60m[9]。

由于窗台低，为避免幼儿爬上窗台发生坠落事故，当窗台面距楼地面高度低于0.90m时，应采取防护措施，防护高度应从可踏部位顶面起算，不应低于0.90m[9]。

窗距离楼地面的高度小于或等于1.80m的部分，不应设内悬窗和内平开窗扇[9]，避免内开时碰伤幼儿。

外窗不应采用彩色玻璃，外窗开启扇均应设纱窗。

2）室内家具

为保证教学、游戏活动的正常开展，集体活动空间必须配备足够的家具、设备，其中数量最多的主要家具（桌、椅）的尺寸，对集体活动空间面积大小具有决定性的影响。集体活动空间需配置的家具包括：教学类如桌椅、玩具柜、教具柜、作业柜、白板等，生活类如分餐桌、饮水桶、水杯架等，并应满足以下要求：

① 应符合幼儿人体工程学的要求，图2-15为3～7岁幼儿坐立姿势的人体尺度。

② 应符合幼儿园保教活动的要求，充分利用空间。

③ 应保证幼儿使用安全，家具必须稳固，书架、储物柜等尽可能靠墙摆放，并采取固定措施，顶部不应放置重物，所有棱角都应做成圆弧状。

④ 造型应富有童趣、新颖、色彩明快。

⑤ 应简洁轻巧，便于擦洗消毒。

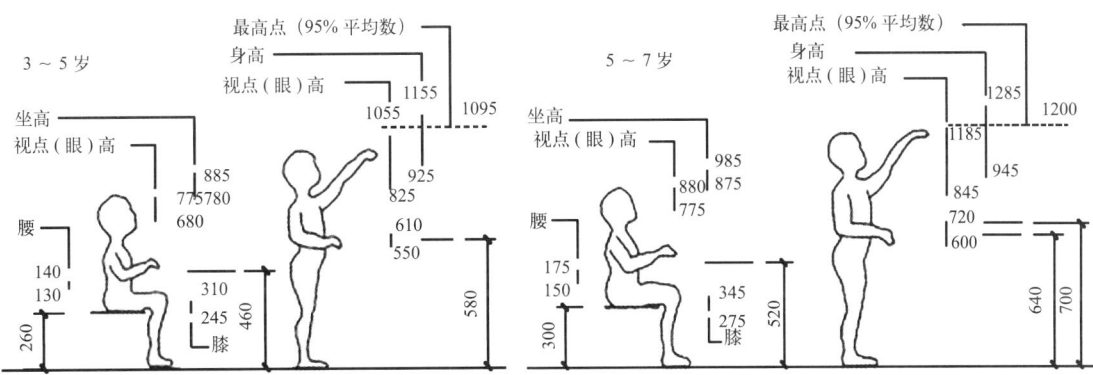

图2-15 3～7岁幼儿坐立姿势的人体尺度（mm）
资料来源：建筑设计资料集编委会.建筑设计资料集：第4分册[M].北京：中国建筑工业出版社，2017.

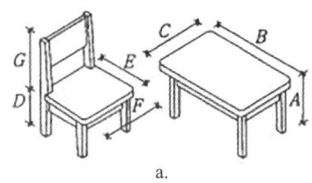

a.

b.

图 2-16 集体活动空间幼儿桌椅及玩具柜
资料来源：图 a：建筑设计资料集编委会 . 建筑设计资料集：第 4 分册 [M].
北京：中国建筑工业出版社，2017.

（1）桌椅

桌椅是幼儿在集体活动空间开展日常活动所需要的基本家具（图 2-16），也是决定集体活动空间面积的主要因素。桌椅的配置或设计，应根据小、中、大班不同年龄幼儿的正确坐立姿势的尺寸和教学需要确定所需尺寸，见表 2-4。

表 2-4　幼儿园活动室桌椅尺寸表（mm）

编班	幼儿身高（cm）	桌			椅				桌椅面高差
		高（A）	长（B）	宽（C）	椅面高（D）	椅面深（E）	椅面宽（F）	靠背高（G）	
小班	950 ~ 990	440	1000	700	235	220	250	250	205
中班	1000 ~ 1090	475	1050	700	260	240	260	270	215
大班	1100 ~ 1200	515	1050	700	285	260	270	290	230

资料来源：建筑设计资料集编委会 . 建筑设计资料集：第 4 分册 [M]. 北京：中国建筑工业出版社，2017.

桌面活动是幼儿的主要活动之一，有时需分成若干小组活动。因此，集体活动空间宜使用 6 人桌。目前，幼儿园购买或定做的幼儿桌通常为长方形，桌面尺寸多为 1200mm×600mm，一方面可使玩具在桌面上能摊得开，另一方面可节省家具占地面积。桌下无抽屉和横木，以免影响幼儿坐下时下肢的自由活动。桌子的形式除去传统的长方形桌外，为了增加趣味性，活跃室内环境气氛，可采用其他几何形状的桌子（图 2-17、图 2-18）。

图 2-17 多边形桌（华东师范大学附属双语幼儿园）与三角形桌（金棕榈幼儿园）
资料来源：山水秀建筑事务所（左图），福建国广一叶建筑装饰设计工程有限公司（右图）

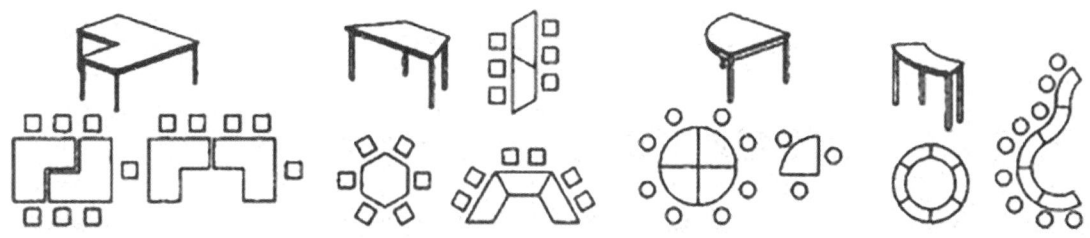

图 2-18 各种几何形状的桌子
资料来源：建筑设计资料集编委会 . 建筑设计资料集：第 4 分册 [M]. 北京：中国建筑工业出版社，2017.

椅子应每个幼儿配一把，由于要经常搬动，为适应幼儿体力，其重量应小于幼儿体重的 1/10，约 1.5 ～ 2kg。为增加童趣，体现幼儿园空间特色，椅子靠背常做成有趣的形状并赋以各种鲜艳的颜色（图 2-19）。

桌椅的布置应根据教学的需要和活动的形式而展开。当进行健康等教育时，可将座椅进行有规则排列，并使光线从左侧射入；语言课时，可将全班幼儿椅子围成 U 形（桌子可移至旁边），教师则在 U 形开口的中央面对幼儿；当需要分组进行手工或桌面游戏时，可将桌子拼成较大桌面，分组布置桌椅；音乐课时，可将幼儿椅子背向窗户环成半圆形（桌子移至旁边），教师面向光线，以使幼儿都能清楚地看见教师歌唱时的口形变化；当进行拉圈游戏或室内舞蹈练习时，则将桌椅靠墙壁布置，以空出较大场地，便于幼儿活动。

（2）教具柜与教师工作桌

幼儿生活单元内通常会设置教具柜和教师工作桌，二者限定出本班教师的办公空间（图 2-20）。该空间可设于本生活单元集体活动空间内，便于教师照顾、管理幼儿，也可设于本生活单元独立的储藏空间内。

教具柜用于存放教具、幼儿作业、音响设备等用。教具柜高度不宜大于 1.80m，上部作为教师存放教具、音响设备之用，下部可作为幼儿存放美工等作业之用，便于幼儿自取。

（3）开饭桌

用于放置饭桶、菜盆、碗匙等，设于集体活动空间入口附近，靠墙放置。

（4）水杯架

按卫生防疫要求，每一幼儿应有专用水杯，彼此之间不可互用。因此，水杯架要有足够的存放小格，最好有纱门或纱帘以防蚊蝇。由于水杯架要经常擦洗并进行室外日光消毒，因此水杯架要便于搬动。在寄宿制幼儿园中，水杯架可位于卫生间入口附近，便于幼儿早晚刷牙使用。

图 2-19 有趣的椅子靠背

图 2-20 教具柜和教师工作桌

2.1.2 睡眠空间

保证良好的睡眠,是促进幼儿身心健康的重要条件之一。3～6岁幼儿的睡眠时间一般需 11～12h,远超成人,其中在幼儿园午睡时间就需 2～2.5h。因此,幼儿园应为每一位幼儿提供安静舒适的睡眠空间。

1. 睡眠空间的类型

1)专用寝室

专用寝室是"教寝分离"式幼儿生活单元的布置方式(图2-21),《托儿所、幼儿园建筑设计规范》JGJ 39—1987 颁布以来,广泛地应用于幼儿园建筑设计之中,专用寝室的特点是:

(1)寝室空间独立,在全日制幼儿园中位于幼儿生活单元内,寄宿制幼儿园中各班寝室集中布置在楼层,并通常设保育员值班室。

(2)功能专一,室内布置整齐,易保持整洁,便于管理。

(3)床铺固定,有利于减轻保育员工作量。

(4)在全日制幼儿园中,寝室仅为午睡用,空间使用率低。

2)与幼儿生活单元内集体活动空间合用的睡眠空间

近年来,因卧具的变革及育儿理念的变化,引发了幼儿睡眠空间的重新设置,睡眠空间已较少采用设置专用寝室的方式,多采用睡眠空间与幼儿生活单元内集体活动空间合用的方式(图2-22),在幼儿睡眠时间段铺开可移动卧具(图2-23),睡眠结束即可将卧具叠加收纳在固定的区域。这类睡眠空间的特点是:

(1)与幼儿生活单元内集体活动空间合用,空间开阔。

(2)通常选用移动卧具,睡眠结束收纳卧具后,可将更多的空间留给幼儿活动用,提高了空间的利用率(图2-24)。

(3)当作为午睡用时,常需搬动家具、搭拆床具、"打地铺",增加了保育人员的工作量。

2. 睡眠空间的设计要求

1)应满足全班幼儿睡眠、休息的需要,应保证每一位幼儿设置一张床铺的空间,不应布置双层床 [9],以免幼儿上下床摔伤。

2)应适于床位排列,便于保教人员巡视、照顾及管理。

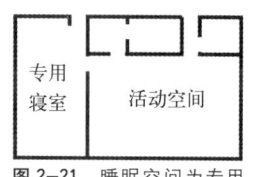

图 2-21 睡眠空间为专用寝室

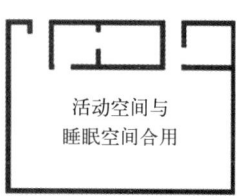

图 2-22 活动空间与睡眠空间合用

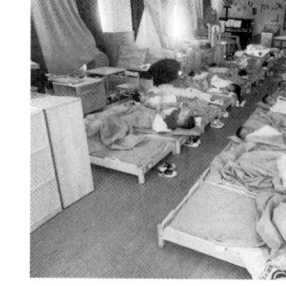

图 2-23 与生活单元内集体活动空间合用的睡眠空间

图 2-24 睡眠后收纳卧具,将更多空间留给幼儿活动

3）由于幼儿睡眠时间比较集中，常常会在同一时间上下楼梯，人流量大，幼儿拥挤现象明显，老师很难照顾到，留有很多安全隐患。所以同一班的睡眠空间与集体活动空间应设置在同一楼层内[9]。

4）应布置在当地最好朝向，冬至日底层满窗日照不应小于3h[9]。

5）应有安静、舒适、整洁的睡眠环境和良好的通风条件。

6）室内最小净高不应低于3.0m[9]。

3. 睡眠空间的平面设计

由于床具为矩形，为有效利用睡眠空间面积，睡眠空间一般以矩形平面为宜，其尺寸需根据每班床位数及其布置方式而定。

1）床的基本尺寸及其排列方式

床是睡眠空间内的主要家具，因其数量多、占用面积大，所以床的基本尺寸及其排列方式是决定睡眠空间形状和大小的主要因素，也是睡眠空间设计是否合理的关键。

（1）床具选择及尺寸

① 床具选择

幼儿骨骼生长迅速，为避免因床具不适而造成骨骼发育畸形，床具应有合适的软硬度以及透气性，一般以木板床或棕绷床为宜，避免使用帆布或钢丝折叠床。睡眠空间与集体活动空间合设的幼儿园，通常选择可移动床具（图2-23）或床垫。

② 床具尺寸

床长通常为幼儿平均身高加0.25m，床宽为幼儿肩宽的2～2.5倍，床板距地不应太高，方便幼儿上下床和整理床铺，具体尺寸如表2-5所示。

表2-5 幼儿床具尺寸（mm）

编班	长（L）	宽（W）	高（H）
小班	1200	600	300
中班	1300	650	320
大班	1400	700	350

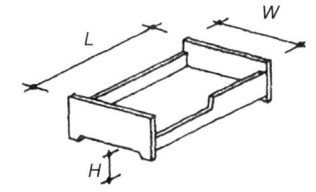

资料来源：建筑设计资料集编委会. 建筑设计资料集：第4分册[M]. 北京：中国建筑工业出版社，2017.

随着人们生活水平的提高，个别幼儿的生长速度过快，造成通常规格的床具很难适应这部分幼儿的需要，因此，应有备用的大尺寸的床具。

（2）床位排列方式及其基本尺寸要求

为节省面积，幼儿床位布置常采用两床相靠或成组排列方式，但要便于幼儿直接上下床，无需跨越其他幼儿床。同时，应结合空间形态，使过道数量及其所占有面积尽可能少。

① 幼儿床位并排布置是目前与幼儿生活单元内集体活动空间合用的睡眠空间常见的床位排列方式（图2-25）。由于中间床位

的幼儿只能从床的端头上下床（移动卧具四周均可上下床），幼儿床位应单排布置，两排之间设置通道。为便于保教人员巡视照管幼儿，并排床位不宜过长，中间可适当留有通道。

② 若保证每个幼儿均可从床的侧面上下床并便于保教人员照管，每个床位需有一长边靠近过道，则并排床位不应超过 2 个，首尾相接床位不宜超过 4 个，既并排又首尾相接床位不宜超过 4 个。

③ 睡眠空间内主通道不应小于 0.9m，次通道不应小于 0.5m，两床之间通道不宜小于 0.35m。

④ 为使幼儿身体睡眠时避开冬季寒冷的外墙面，或外墙窗下的暖气片，防止幼儿受凉或被烫伤，床不应紧靠外墙和窗设置，床位侧面或端部距外墙和窗的距离不应小于 0.6m，距内墙和窗的距离不应小于 0.4m[9]。

床位排列基本尺寸见图 2-25。

2）睡眠空间的平面尺寸

睡眠空间床位排列的方式不同，其平面尺寸有所不同，如图 2-26，其中 a、b、d 三种床位排列方式更为节省面积。

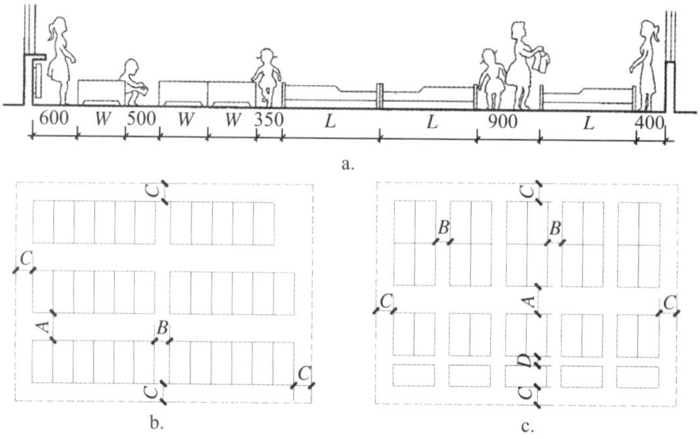

A=900mm
B=500mm
C=600mm
D=350mm
注：以大班每班 35 人计，幼儿床尺寸以大班长（*L*）×宽（*W*）×高（*H*）=1.40m×0.70m×0.40m

图 2-25 睡眠空间床位排列基本尺寸
资料来源：图 a：建筑设计资料集编委会.建筑设计资料集：第 4 分册 [M].北京：中国建筑工业出版社，2017.

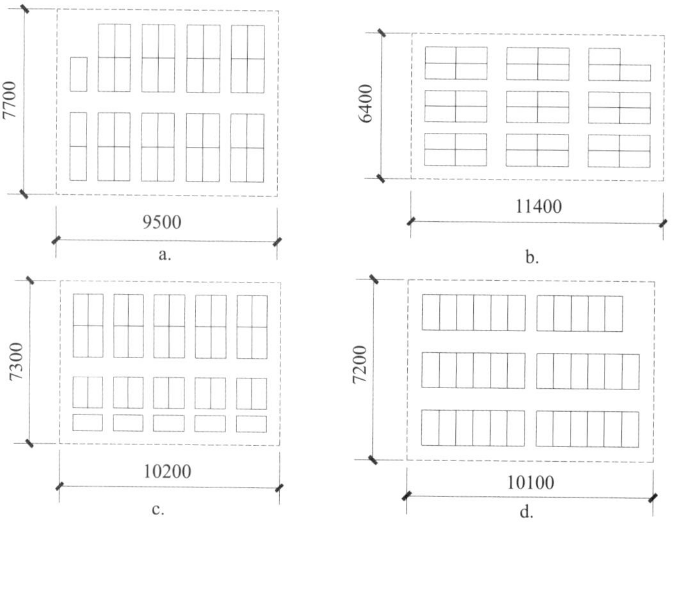

类型	使用面积（m²）	平均每床面积（m²）
a	73.15	2.09
b	72.96	2.08
c	74.46	2.13
d	72.72	2.08

图 2-26 床位排列方式不同，睡眠空间平面尺寸不同（mm）

（1）专用寝室的平面尺寸

睡眠空间的平面尺寸可根据其设置类型灵活选择，一般情况下，作为专用寝室时，通常选用矩形平面短边朝南的设置方式，其平面尺寸应满足全班床铺摆放所需空间（图2-27）。

寄宿制幼儿园的寝室应设置壁柜（图2-28），以存放幼儿的换洗衣物、换季卧具等。壁柜内上部较高处可存放不常用的换季卧具、杂物等，中部的分格存放幼儿衣物，下部可存放幼儿鞋。壁柜的位置宜位于寝室入口附近，便于保育员管理及幼儿存取。全日制幼儿园的幼儿因每日接送，不需自带换洗衣物，寝室内可不单独设幼儿衣物存放的壁柜。

（2）与幼儿生活单元内集体活动空间合用的睡眠区的平面尺寸

当睡眠空间与集体活动空间合用时，通常是同一建筑空间在睡眠与集体活动之间错时使用。在睡眠时段，将床铺展开来，集体活动所需桌椅就需要收纳储存在一定区域。这类睡眠空间的平面尺寸要综合考虑集体活动区、桌椅储存区与睡眠区之间的位置及尺寸关系（图2-29）。

以上的睡眠空间平面尺寸及其使用面积为每种布置方式的低限，在实际设计中，还需结合幼儿生活单元内的集体活动空间、区域活动空间等综合考虑，确定具体的睡眠空间平面尺寸和形状。

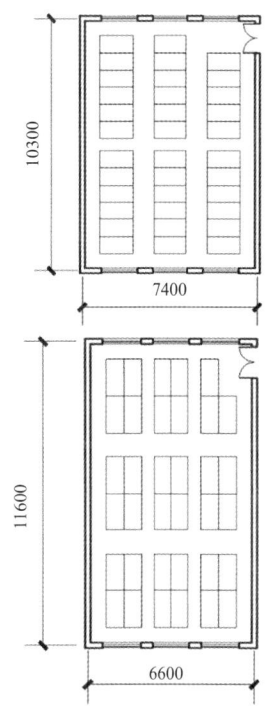

图2-27 专用寝室的平面尺寸（mm）

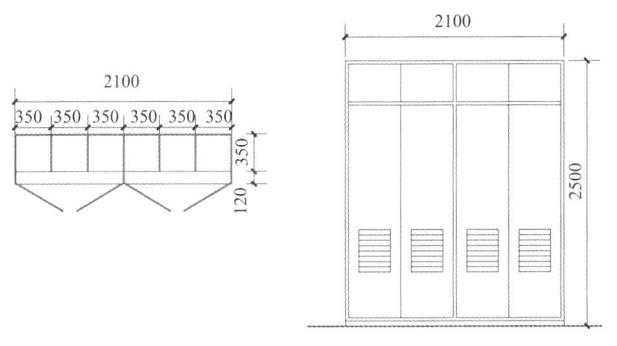

图2-28 壁柜的基本尺寸（mm）
资料来源：建筑设计资料集编委会.建筑设计资料集：第4分册[M].北京：中国建筑工业出版社，2017.

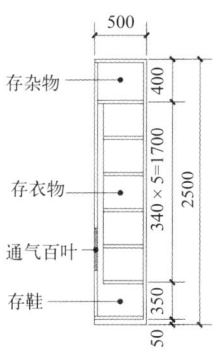

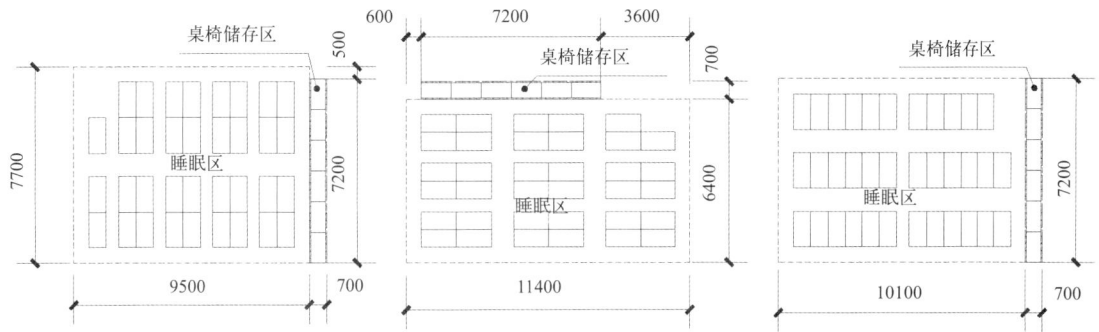

图2-29 与幼儿生活单元内集体活动空间合用的睡眠空间床位排列基本尺寸（mm）

2.1.3 区域活动空间

随着时代对人的独立性、自主性、创造性的要求越来越高，在人才培养开端的幼儿园教育阶段即着手培养有自主学习意识和能力的人尤为重要。同时，受 3 ~ 6 岁幼儿认知特点和身心发展规律的影响，大量的集体授课并不符合幼儿的学习特点，学龄前幼儿不可能单纯依靠听讲进行学习。2016 年教育部颁布的《幼儿园工作规程》明确提出："教育活动的组织应当灵活地运用集体、小组和个别活动等形式，为每个幼儿提供充分参与的机会……教育活动的过程应注重支持幼儿的主动探索、操作实践、合作交流和表达表现……幼儿园应当将环境作为重要的教育资源，合理利用室内外环境，创设开放的、多样的区域活动空间，提供适合幼儿年龄特点的丰富的玩具、操作材料和幼儿读物，支持幼儿自主选择和主动学习，激发幼儿学习的兴趣与探究的愿望。"[4] 现今，区域活动已成为幼儿园一日生活中重要的活动形式，也成为各地幼儿园保教质量的重要评价指标之一，区域活动空间亦成为幼儿生活单元中不可缺少的部分。

区域活动是指将幼儿生活单元内部活动空间进行合理划分，"让幼儿在有准备的环境中进行自由选择，开展自由的操作、游戏和交往活动，以获得自主的学习和发展。"[26] 区域活动能够照顾到幼儿的个体差异，强调幼儿在教育活动中的主体价值，使幼儿的天性得到满足，潜能得以发挥。区域活动空间是幼儿进行自主活动的场所，教师在充分考虑幼儿年龄特点的基础上，根据幼儿所处敏感期特点，对生活单元内活动空间进行划分、布置或重组，并投入相应的教具、材料，幼儿根据自身兴趣自主选择活动内容，通过区域性自主活动培养幼儿动手能力、创造能力、团队合作能力，使幼儿获得认知、情感、身体等方面的全面发展。

1. 区域活动空间的特点

不同于集体活动空间，区域活动空间的突出特点是在环境中投放各种类型的大量材料，使幼儿通过自主操作，并与其他幼儿或教师互动，在实践中进行学习，具体有以下几个特点：

1）支持幼儿自主选择与主动学习

区域活动"是建立在幼儿自由选择基础上的自主活动，这也是区域活动与其他类型活动的本质区别"[26]，幼儿的"自主选择和主动学习"是开展区域活动的核心要素。区域活动鼓励和支持幼儿根据自身兴趣、需要和经验水平，自主选择活动内容、材料、过程和玩伴，可选择在"阅读区"安静阅读，亦可选择"探索区"进行物质科学探究活动，还可选择"创意区"进行美工创意活动等（图 2-30）；教师通过主题的设定、环境的创设、材料的投放与调整、规则的制定等进行间接引导，以实现教育的目标。幼儿在区域活动过程中获得积极的情绪情感,促进幼儿能力和个性的全面发展。因此,幼儿园生活单元内需要提供一定数量、内容丰富的区域活动空间,以保障幼儿有较充分的自主选择机会,并且空间的设置应能支持幼儿自主操作。

2)空间类型多样

区域活动作为幼儿园保教活动的组成部分,不仅要考虑幼儿的兴趣和需要,还承担着实现《幼儿园教育指导纲要》提出的健康、语言、社会、科学、艺术等五大领域教育目标的任务。以此为出发点,并结合具体的教育主题,幼儿园区域活动的类型呈现多样性。

中国学前教育研究会理事董旭花教授,将区域活动划分为两类,包括"自主性学习区域活动"和"创造性游戏区域活动"。"自主性学习区域活动"是指有明确教育目标的活动,教师基于教育目标的需要投放活动材料,"强调通过操作材料进行有目的的自主学习,玩具和材料会蕴含操作目标和操作任务";"创造性游戏区域活动"没有明确的外在教育目标,"更强调幼儿按照自己的意愿进行自主游戏",投放的"材料会给予幼儿更开放、更自主、更富有创造性的活动机会"。"如果班级的区域活动是在同一时间段里进行,那么班级的区域种类就应该包含学习性区域和游戏性区域两大类。"学习性区域一般包含阅读区、美工区、益智区、科学区、生活区等;游戏性区域一般包含角色游戏区、建构区等。由于幼儿年龄及认知水平的差异,小、中、大班在区域类型的选择上会有所不同:小班(尤其是小班上学期)通常会强化游戏性区域,淡化学习性区域;大班由于有幼小衔接的要求,通常会强化学习性区域,以便为幼儿入小学做好准备。另外,还可以有为实现某一主题目标(比如多彩的秋天)而设置的主题区域及能体现地域、园本或班本特色的区域。[26]

各种类型区域活动空间的设置,使得更多的幼儿自主活动可以在生活单元内展开(图2-31),以满足幼儿个性化需要。虽然

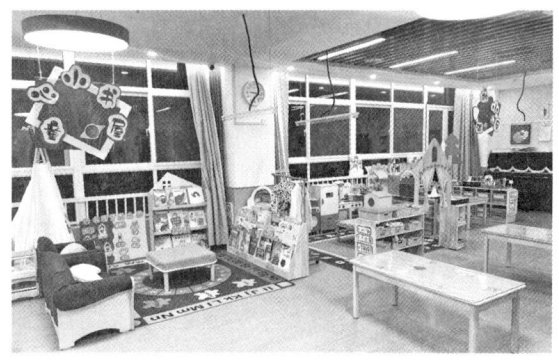

图2-30 可自主选择活动内容、材料等的区域活动空间(台州三门大孚双语幼儿园)
资料来源:上海思序建筑规划设计有限公司

图2-31 幼儿生活单元内多样的区域活动空间

幼儿生活单元内的区域活动空间种类多样，但有时会出现较多幼儿选择同一区域活动空间的情况。为避免个别区域活动空间拥挤，幼儿园通常会限制各区域活动空间的人数，先到的可优先进入区域，满员时，其他幼儿不可进入该区域，只能选择其他区域。

3）各空间相对独立且互动

不同的区域活动，具有不同的活动特点和活动方式。比如建构区比较热闹，幼儿通过操作积木或其他材料进行搭建，与需要安静环境进行阅读的阅读区有很大不同。这就要求各区域活动的空间具有一定的独立性，并根据区域活动的要求进行空间设置。

同时，由于区域活动给予了幼儿充分自由选择和自主活动的权利，幼儿可以根据自己的兴趣和需要进入自己喜欢的区域，在其他区域没有满员的情况下，亦可跨区域活动，比如建构区的幼儿可去阅读区查阅资料，阅读区的幼儿若累了可去"休憩站"休息等（图2-32）。因此，区域活动空间又不宜太过封闭和独立，应使区域间具有一定的联系，相关的区域毗邻设置，既方便幼儿流动，便于他们将相邻区域内的道具结合起来开展复杂活动，区与区之间能够互动，而且区域之间的相互干扰也不会很大，使区域活动能够最大限度地发挥它的教育作用。

因此，各区域活动空间既要相对独立，又要能够互动。由于各区域均需投放大量操作材料，材料存放于低矮的材料柜中，幼儿从材料柜中拿取材料，在桌面或地面上进行操作，故各区域活动空间多采用材料柜、桌椅等家具进行围合（图2-32），亦可结合隔断、地面高差（图2-33）等，既限定出相对独立的区域活动空间，又隔而不断，还便于教师能够纵览全局。同时，空间布局要留出流畅、安全的通道，便于幼儿能够到达每一个区域，避免区域活动空间有活动死角。

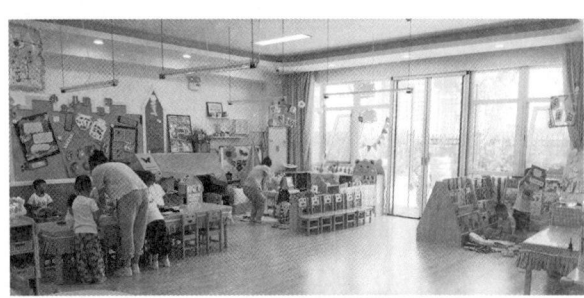

图2-32　既独立又互动的区域活动空间

图2-33　通过隔断、地面高差限定的区域活动空间
（湖北十堰A+自然幼儿园）
资料来源：西安迪卡建筑设计中心

4）空间动态可变

幼儿生活单元内区域活动空间的设置和使用并非一成不变，随着保教活动的推进，结合幼儿兴趣爱好、阶段教育目标等的变化，教师需对区域活动空间的类型及各区域的布置适时地进行调整和改变，以满足不同阶段、不同教学主题及其使用方式的要求。这就使得各区域活动空间需能够进行较为方便的调整，区域活动空间动态可变。因此，区域活动空间通常采用材料柜、桌椅等家具结合地垫、隔断、地面高差等进行限定、围合，容易移动或重新组合，改变其中家具、地垫、隔断及区域活动所需教具、材料的投放，即可更改区域活动空间的活动内容或扩大（缩小）区域活动空间的面积。如图2-34，由于选择建构区的幼儿比较多，因此需要扩大建构区的面积，考虑将与之相邻的区域活动空间并入建构区，可将它们之间的限定家具（材料柜）或隔断去掉或移位，根据建构区的需要重新调整桌椅或地垫的位置，便可容纳更多的幼儿进行建构活动。再如，图2-35为幼儿生活单元内自主性学习区域中的生活区，幼儿可坐在地垫上给娃娃穿（脱）衣服或在操作台上煎鸡蛋等，进行生活操作活动；若增加"收银台"等道具，可调整为创造性游戏中的"小超市"，或再增加桌椅等可调整为"小饭店"，进行"售卖"角色游戏活动。若幼儿生活单元内除设置了常规的美工区、建构区、阅读区等区域外，还设置了专门的主题区域，则需根据主题的变化更改区域活动空间的布置。

图2-34 将两个区域活动的空间合并为一个建构区

图2-35 可灵活使用的区域活动空间

2. 区域活动空间设计的一般要求

1）区域的数量

幼儿园生活单元内区域活动的类型较多，相应区域活动空间的种类也较多，幼儿生活单元空间有限，不可能、也没必要把所有的区域都设置全。区域数量没有固定的要求，需根据各班保教活动的需要进行设置，但宜保证每个幼儿都有区域可进，能进行正常的操作活动，避免拥挤。同时，对应幼儿园教育内容的五大领域，幼儿生活单元内区域的数量一般在 5 ~ 7 个。

2）区域的大小

每个区域的空间大小需要根据进入的幼儿人数和活动性质来确定。根据《托儿所、幼儿园建筑设计规范》JGJ 39—2016（2019年版）的规定，幼儿园每班人数在 20 ~ 35 人，若要保证每个幼儿都有区域可进，每个区域通常可以容纳 4 ~ 8 人。人数太多，相互会有较多的干扰，不利于幼儿专注地活动；人数太少，不利于幼儿形成交流合作。一般来说，相对安静的阅读区、益智区、美工区等所需空间不是很大，幼儿主要坐在桌边或地垫上进行操作活动；而比较热闹的角色游戏区、建构区等则需要较大的面积。

如果幼儿生活单元面积有限或人数较多，通常会动态设置区域，每个区域的空间大小根据活动内容的要求动态变化；或把全班幼儿分成两个大组，一组进行区域活动，另一组进行集体、小组、专用活动空间或户外活动，另一个时间段再交换进行活动；也可同年龄班之间跨班开展区域活动。这些虽是无奈之举，却也不失为应对的办法。

3）区域的位置

虽然各区域活动空间通常采用可移动的家具、地垫或结合隔断、地面高差等进行限定、围合，但更改一次区域的类型和位置需要花费不少的时间和精力。为减轻教师负担并帮助幼儿建立良好的区域活动常规，区域的类型及其在幼儿生活单元中的位置往往保持相对固定，主要是根据幼儿兴趣和区域活动具体内容的变化，适当调整家具的布置和投放的材料。

各区域的具体位置通常是由相应的区域活动的内容及其特性决定的：阅读区的阅读活动需要较明亮的光线，故阅读区宜布置在靠近窗户的位置；科学区的实验活动可能会用到水、电、光，故科学区宜邻近水源、电源、光源等；有些区域对于位置没有过多要求，比如角色游戏区，只要有一个布置特定场景的空间，投放相应的道具、材料，即可开展角色游戏活动。

在确定各区域的位置时，还需要考虑动静分区。有的区域需要安静的环境，比如阅读区、益智区、美工区等；而有的区域却比较活跃，比如角色游戏区、建构区等。故各区域活动空间需要适当进行动静分区，以减少相互间的干扰。

3. 常见的区域活动空间及其设计要求

幼儿园生活单元内常见的区域活动空间有阅读区、美工区、建构区、角色游戏区、益智区、科学区、生活区等。不同的区域活动均有其特有的活动特点和活动方式，与之相对应，各区域应根据相应区域活动的需要进行设计。

1）阅读区

"阅读区作为幼儿园学习性区域的一种，对于幼儿自主阅读能力的提升、知识面的拓展、学习品质的养成都具有重要的作用。"[26] 阅读区的书籍通常以绘本为主，利用绘本等幼儿喜爱的图书类型，可激发幼儿对书籍、阅读的兴趣。幼儿可在阅读区自由选择书籍进行阅读、交流，也可在教师指导下理解图书的内容，通过图书、图片等的阅读、欣赏、交流活动，发展幼儿的学习能力和语言表达能力。

阅读区一般要至少能容纳5～6名幼儿同时阅读，应满足以下设计要求：

（1）阅读区宜选择光线较好的位置设置，宜布置在向阳、靠近窗户的位置。为避免幼儿在直射阳光下（尤其是夏天）阅读影响视力，阅读区宜装设窗帘。

（2）阅读区要求安静、相对独立，应避免与热闹的游戏类区域相邻，以使幼儿能够专注地阅读。

（3）阅读区应根据不同年龄段幼儿阅读的特点进行布置。

阅读区通常配置书架、图书、地毯或桌椅等，以低矮书架围合。小班可考虑区域内地面局部或全部铺上地毯或地垫等，幼儿从书架上拿取图书后，可就近随意坐到地毯、地垫上阅读（图2-36左图）；大班需考虑培养幼儿正确坐姿，以便更好地幼小衔接，通常在阅览区放置桌椅（图2-36右图）。阅读区的书架用于放置幼儿书籍，宜设置敞开式，高度应便于幼儿自取，不宜超过1.20m。

阅读区的平面布置有三种方式（图2-37），一种是区域内放置一两张书桌和几把椅子，幼儿到书架上自由取书，围桌而坐读书、交流；第二种是不放桌椅，区域内地面全部铺上地毯或地垫等，幼

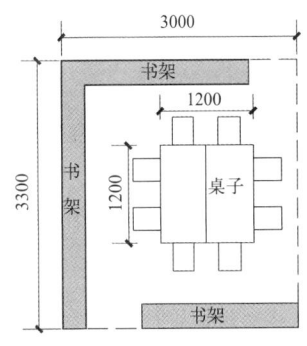

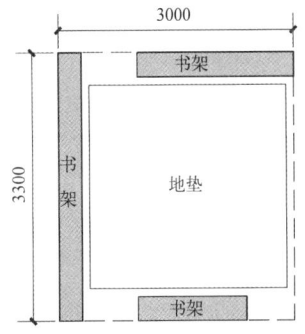

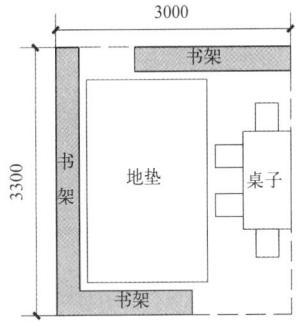

图2-37 阅读区平面布置示意图（mm）

图2-36 幼儿生活单元中的阅读区
资料来源：华东师范大学附属双语幼儿园（左图）；山水秀建筑事务所

儿席地而坐进行阅读；三是区域内靠近书架的地面铺设地毯、地垫等，远离书架处放置一张书桌和几把椅子，幼儿取书后可就近席地而坐，也可将书拿到书桌上阅读。阅读区建议面积 10m² 左右。

2）美工区

涂涂画画是 6 岁以前幼儿的主要表达方式之一，故美工区是幼儿园各班基本都会设置的区域。"美工活动不仅仅发展审美能力，同时也有助于幼儿精细动作、手眼协调、使用工具、认知、思维、想象力等能力的发展，也有助于培养幼儿专注、坚持、独立、创造等学习品质。"幼儿园教师通常会通过示范或借助于视频等多媒体资源，引导幼儿掌握美工材料的运用技巧，鼓励幼儿通过自主的美工创作过程，大胆地表达自己的情感、理解和想象。幼儿园阶段的艺术教育重在引导幼儿感受美、欣赏美和创造美，丰富幼儿的审美经验，使之体验自由表达和创造的快乐，在此基础上，根据幼儿的发展状况和需要，对表现方式和技能技巧给予适时、适当的指导，"克服过分强调技能技巧和标准化要求的偏向"。[1]

美工区的活动主要包括绘画和手工，绘画又可分为彩笔画、蜡笔画、吹画、喷洒画等，手工主要包括纸工（折纸、剪纸等）、泥工等。美工区一般至少容纳 5 ~ 6 名幼儿，需设置操作桌作为美工区的操作台面，操作材料和工具分类放置于储物架上，储物架围绕操作桌三面或两面布置，限定出美工区（图 2-38）。操作桌和储存纸张、笔、胶泥等工具的储物架应符合幼儿的尺度要求，并便于幼儿自己拿取材料和工具进行美工操作。考虑到幼儿的身高和臂长，储物架高度不宜超过 1.20m，深度不宜大于 0.30m（幼儿前臂加手长）。为便于幼儿寻找和拿取（或送回）材料和工具，储物架不宜设柜门。美工区若一面靠墙，这面墙常常作为幼儿绘画作品展示区域（图2-38 右图）。美工区平面布置示意图见图 2-39，建议面积 6 ~ 7m²。

若幼儿生活单元面积较大，可适当扩大其中的美工区面积，并根据活动内容划分成不同的小区域，如绘画区、手工区等，每个小区域设置一个操作桌，投放相应操作材料和工具的储物架围绕操作桌布置。

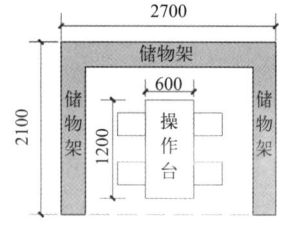

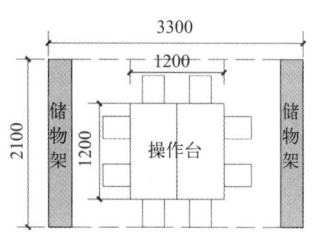

图 2-39 美工区平面布置示意图（mm）

图 2-38 幼儿生活单元中的美工区

3）建构区

建构游戏也是幼儿比较喜爱的区域游戏活动。建构游戏又称结构游戏，"是使用各种结构材料，通过想象和手的造型活动，建造建筑工程物体的形象的活动。"[16]通过建构游戏活动，可以培养幼儿的空间知觉，发展幼儿想象力、动手操作能力、交流合作能力等。

建构区一般至少容纳 6 ～ 7 名幼儿同时进行建构活动，应满足以下设计要求：

（1）建构区应设置在空间宽敞、相对独立的位置

在幼儿园生活单元内进行的建构游戏主要有：积木游戏、积塑游戏、积竹游戏、金属构造游戏、拼棒游戏、拼图游戏等。建构游戏的种类多样，并且有的建构游戏需要的空间较大（比如搭建立交桥等），因此建构区需要空间宽敞、地面平整。为避免幼儿的搭建过程受到干扰、搭建的成果受到破坏，建构区的位置应设置在不被人流穿越的独立区域。

（2）建构区应根据幼儿建构游戏活动的需要进行布置

幼儿园里的建构游戏分为三种形式：①地面建构游戏；②桌面建构游戏；③墙面建构游戏。一般来说，大型建构游戏需在地面进行，小型建构游戏在桌面和地面均可进行，乐高等插塑游戏在墙面上进行。为使大型和小型建构游戏均能开展，地面建构空间成为建构区不可或缺的空间。建构区的地面通常为暖性地面，设木地板并在上面铺设地毯或地垫，一是方便幼儿搭建大型建构作品，二是防止幼儿采用坐姿或跪姿搭建时受凉或感到不适，三是若发生建构作品倒塌现象时减少撞击地面发生的噪声对周围其他活动的影响。若建构区一面靠墙，可利用幼儿伸手可及的墙面布置乐高墙，作为墙面建构游戏的空间（图 2-40）。若建构区面积充裕，还可设置一个操作台兼展台，作为桌面建构游戏的空间，以便幼儿在上面搭建小型积木，并兼作作品展示之用（图 2-41）。

建构区的建构材料往往比较多元，包括：专门的建构材料，如积木、插塑、竹片（竹筒）、金属片与螺丝、拼图等；废旧材料，如纸盒、纸杯、纸板、瓶子、易拉罐、塑料管、冰棒棍等；辅助性材料和工具，如玩偶、玩具汽车、交通标志、各种笔、胶带、剪刀、锤子、尺子等。由于所需的建构材料较多，建构区需设置一定数量低矮的储物架，分类投放建构材料，储物架沿建构区边缘放置（图 2-40），限定出不宜为外部其他人流干扰的稳定区域。

由于在地面上进行的大型建构游戏通常需要的空间较大，并且有些建构游戏需要多位幼儿共同合作展开，还要来回走动搬运所需建构材料，故建构区的面积不宜过小。另外，喜欢建构游戏活动的幼儿往往较多，既有喜欢小型建构游戏的，又有喜欢大型建构游戏的，因此，建构区通常包括桌面建构空间和地面建构空间，相比其他区域空间而言，需要更大的面积，建议面积 14m² 左右，其平面布置示意图见图 2-42。

图 2-40 设置地面和墙面建构区

图 2-41 设置桌面和地面建构的建构区

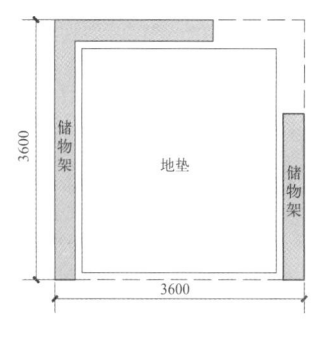
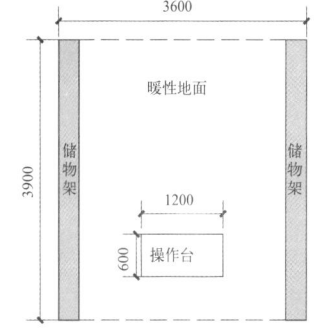

图 2-42 建构区平面布置示意图（mm）

4）角色游戏区

角色游戏是幼儿按照自己的意愿扮演角色，运用语言、动作、表情、想象等，创造性地再现社会生活的一种游戏。幼儿通过模仿、学习、探索、认知来为将来的社会角色做积极的准备，在此过程中，认识、体验并理解基本的社会行为规则，学习自律和尊重他人。角色游戏包括扮演家庭成员的生活模仿游戏和扮演各种职业角色的职业体验游戏。幼儿在不同的成长阶段有不同的角色游戏兴趣点和内容，小班以生活模仿游戏为主，随着生活经验的丰富，在中、大班则会更多地进行职业体验游戏。教师需根据幼儿的兴趣点及保教活动的进展，结合幼儿的年龄特点，适时变换角色游戏区的活动主题和布置方式。

角色游戏区一般需满足 6 ~ 7 名幼儿为一组进行各种主题的角色游戏活动。通常在幼儿生活单元内开展的角色游戏活动有：过家家、售卖等，幼儿根据对大人们日常生活行为的观察和想象，模仿扮演某一角色，并经常互换角色。为了这些活动能够顺利展开，需要为幼儿提供相应的"小道具"（图 2-43），包括沙发、小床、游戏台、储物架（柜）、展示柜等家具，以及装扮服装和配饰、娃娃和玩偶、小型家用电器、餐具、销售传单、塑料商品模型等材料。平面布置示意图见图 2-44，建议面积为 $8m^2$ 左右。

图 2-43 幼儿生活单元中的角色游戏区

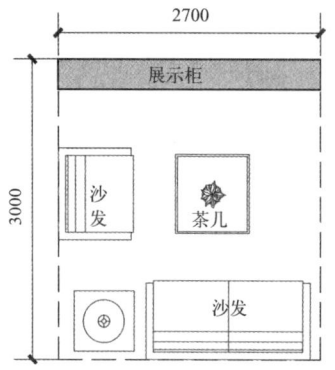
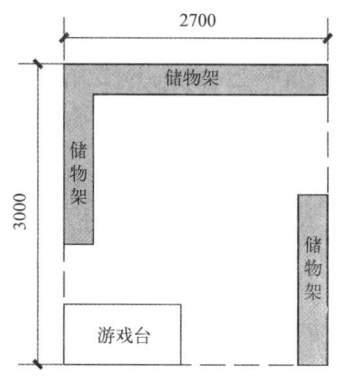

图 2-44 角色游戏区平面布置示意图（mm）

5）益智区

益智区是幼儿园生活单元内比较典型的学习性区域，通常根据教育目标和幼儿年龄特点，投放一些能促进幼儿观察、比较、分析、推理、判断等启发幼儿思考的材料，调动幼儿充分运用感官进行观察比较，感受物体的形状，识别物体的颜色，比较物体的大小、长短、高矮、粗细，理解形体的等分，让幼儿通过动手操作、亲身体验激发对某些问题的探究兴趣和求知欲望，培养思维能力和实践能力。益智区是一个着力于让幼儿在动手动脑中获得知识，在不断探索和发现的过程中启迪智慧、促进幼儿智力发展的活动区域。

益智区一般需容纳 4 ~ 6 名幼儿同时进行活动，应满足以下设计要求：

（1）益智区应选择在相对安静的位置，避免与较热闹的游戏性区域毗邻。

益智区的活动很多都需要幼儿付出智力和意志上的努力，具有一定的挑战性，需要高度的有意注意力，因此需要安静的环境。益智区可考虑与阅读区、美工区相邻，尽量与较热闹的游戏性区域间隔开，以保证为幼儿提供安静的思考环境，有利于幼儿专注于操作探索和动脑思考。

（2）益智区的布置应满足各种益智活动的需要。

在益智区可以开展的活动有：数学类（配对、排序等）、图形拼图类、迷宫类、趣味棋牌类（比大小、数字接龙、翻牌找相同等）、益智游戏、感统训练类（触箱摸物）等。这些活动主要是在桌面上进行的小型游戏，故益智区需设置一张幼儿桌作为幼儿动手操作的台面。有的幼儿园为让益智区对幼儿更有吸引力，撤掉桌椅，铺设鲜艳的地毯或地垫，幼儿可随意坐在上面进行操作。

为保证幼儿能够在丰富的材料中去探索、去发现，益智区需投放数量充足的各种益智材料，以便给幼儿提供较多的选择机会。因此，益智区需设置一定数量低矮的储物架，分类投放益智材料，储物架围绕操作桌或地毯（地垫）布置，限定出益智区（图2-45）。益智区平面布置示意图见图2-46，建议面积 $6m^2$ 左右。

图2-45　幼儿生活单元内的益智区

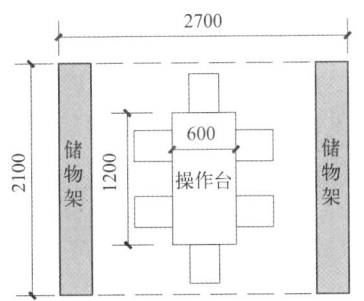
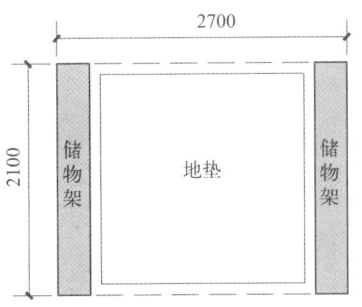

图2-46　益智区平面布置示意图（mm）

6）科学区

"幼儿的科学教育是科学启蒙教育"，重在"引导幼儿对身边常见事物和现象的特点、变化规律产生兴趣和探究的欲望"。[1]科学区是在生活单元内或阳台上为幼儿创设的可以自由进行实验操作、感知观察和科学探索的空间。若幼儿生活单元空间有限，科学区可与益智区合并设置。

一般来说，科学区可以分为两部分：科学探究区和自然角。科学探究区以实验操作和科学探究活动为主，突出对物理现象的探索；自然角以对动植物的观察、记录和照料为主，突出对生命科学的探索。二者可以结合设置，也可将自然角独立设置于阳台或走廊上。

（1）科学探究区

科学探究区是为幼儿提供适宜的材料和探究工具、让幼儿可以自由进行实验操作和科学探索的空间，一般需容纳4～6名幼儿同时进行活动，有以下设计要求：

①由于科学实验或操作活动需要幼儿专注、投入地进行，因此科学探究区宜设置在安静且相对独立的位置，与相对热闹的区域有一定间隔，以减少其他区域活动的干扰。

②科学探究区的许多实验操作活动需要水、电、光，故科学探究区宜邻近水源、电源、光源布置。若不能邻近，需要帮助幼儿解决水、电、光的问题。

③科学探究区的布置应满足幼儿进行各种实验操作活动的需要。

科学探究区的活动主要包括声音的产生与传播、光与影、电与磁、水和沙、空气与风、平衡与力等方面的实验操作，重点不在于让幼儿掌握科学原理，而在于激发幼儿科学探究的兴趣，培养幼儿的科学探究能力。科学探究区的实验操作通常在桌面上进行，故科学探究区需要布置一张幼儿桌作为操作台面。

图2-47 科学探究区

科学探究区需要的操作材料比较丰富，除必须购买的用于观察科学现象的简单仪器和操作材料（如放大镜、磁铁、三棱镜、电池、电线等）外，大多数材料可以来自周围环境或日常生活用品，如杯子、瓶子、纸盒、吸管、纸等。故科学探究区还需设置一定数量的储物架（柜），用于摆放操作材料。储物架（柜）围绕操作桌或地毯（地垫）布置，限定出科学探究区（图2-47）。若科学探究区一面靠墙，可以张贴实验操作步骤和方法的示意图或幼儿实验操作的照片、记录图表等，也可以将传声筒等实验材料直接固定在墙上。科学探究区平面布置示意图见图2-48，建议面积6m²左右。

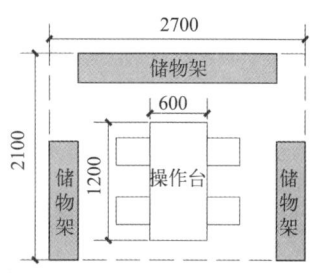

图2-48 科学探究区平面布置示意图（mm）

（2）自然角

自然角是在幼儿生活单元内向阳的地方及窗台、阳台或走廊上开辟一块空间，供幼儿种植、观察适合室内生长的植物或饲养小动物等。自然角的设置，使幼儿即使在寒冷的北方冬季，也可以近距离观察、饲养小动物、种植植物。自然角的设计有以下要求：

①自然角最好设置在向阳处，但同时应考虑各幼儿生活单元内每日定时的紫外线灯消毒对植物造成的伤害甚至死亡的影响。

若各单元南向设有阳台或平台，那么自然角宜设置在阳台或平台上（图2-49左图）；若各单元南向未设有阳台、平台等可放置植物或小动物的场所，自然角可考虑设置在邻近班级的走廊上（图2-49右图），但宜种植喜阴植物。

②为节省空间，种的植物尽量立体布置。

由于在室内只能利用花盆、瓶子等进行种植，为避免摆放一地既占面积又影响幼儿浇水、观察等，可将用花盆、瓶子等种植的植物悬挂或摆放到花架上，形成立体种植效果。

③自然角还应在放置动植物的空间之外，为幼儿留有观察和进行种植、饲养操作的空间。

幼儿在自然角开展的活动有：种植植物、给植物浇水、观察并记录植物生长、进行简单的植物生长实验，给小动物喂食、观察并记录它们的活动等。自然角应为这些活动留有一定的操作空间。

④利用自然角种植植物的摆放方式，对室内外空间进行美化。可将种有植物的花盆、瓶子等悬挂或摆放到造型优美的花架、水管等上面，起到美化空间的效果（图2-49）。

图2-49 自然角

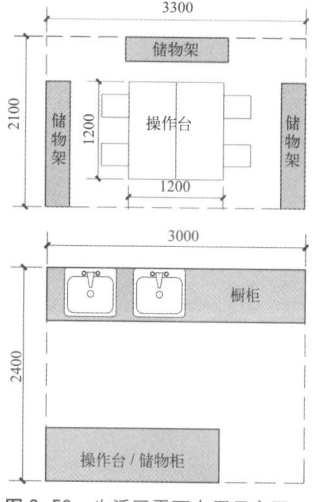

图 2-52　生活区平面布置示意图
（mm）

7）生活区

生活区是让幼儿借助丰富多彩的生活材料，通过各种生活模仿性操作与练习，学习简单的、基本的生活技能，培养动手能力及基本的生活自理能力，并进行生活体验的区域。

生活区应根据幼儿活动内容的需要进行布置。生活区的活动内容很丰富，大致可分为两大类：一类是锻炼自我照顾和提升精细动作的活动，比如，给娃娃穿、脱、叠衣服，洗毛巾、水果、蔬菜，给娃娃喂饭，系鞋带、扣扣子、拉拉链，缝纽扣、十字绣等；切水果、蔬菜，剥瓜子、花生，串珠子、纽扣，夹豆子、珠子，拧螺钉、海绵等。这类活动用到的材料往往较小，材料通常放到托盘中，投放到储物架上。该区域通常需能够容纳 4～6 名幼儿同时操作，需要设置一张幼儿桌作为操作台面，储物架围绕操作桌布置，幼儿从储物架上拿取材料到桌面上操作（图 2-50）。另一类是尝试制作美食的活动，比如榨果汁、做甜点、包饺子等。这类活动需要的操作台面相对大些，可设置 1～2 张幼儿桌作为操作台面；若面积充裕，宜设置橱柜用以存放烹饪材料和烹饪用具（图 2-51），橱柜围绕操作桌单面或两面布置。平面布置示意图见图 2-52，建议面积 5～8m²。

遇到传统节日，比如端午节、中秋节等，幼儿园常常还会从厨房把制作美食的材料准备好送到班级，老师带着孩子们一起制作粽子、月饼等美食，既让幼儿体验了传统文化，也培养了幼儿的生活技能。

随着幼儿教育的发展，更多有利于实现健康、语言、社会、科学、艺术五大领域教育目标的区域活动内容会被不断地发掘出来，并在幼儿生活单元中设置相应的区域活动空间，摆放相应的家具和材料，为幼儿提供更多活动的可能性，得到更全面的发展。

图 2-50　锻炼自我照顾和提升精细动作的生活区

图 2-51　厦门心蒙・蒙特梭利幼儿园生活区
资料来源：立木设计研究室

2.1.4 卫生间

根据幼儿的需要建立科学的生活常规，帮助幼儿养成良好的生活与卫生习惯并具有基本的生活自理能力，是幼儿园健康教育的目标之一。幼儿园通常会教育幼儿要爱清洁、讲卫生，饭前、便后及手脏后要洗手，在规定时间、教师带领下有序如厕，其余时间幼儿有便意时在教师陪伴下如厕，有条件的幼儿园可组织幼儿分性别如厕。由于幼儿的年龄特点，幼儿如厕与洗手的频率较高，因此卫生间是幼儿使用比较频繁的空间，应由厕所、盥洗室组成。夏热冬冷和夏热冬暖地区有条件的幼儿园还宜设淋浴室；寄宿制幼儿生活单元内应设置淋浴室，并应独立设置（图2-53）。为方便幼儿使用和清洗消毒，供幼儿使用的卫生间宜分班设置。

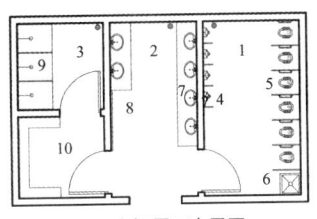

图2-53 卫生间平面布置图
1 厕所 2 盥洗室 3 浴室 4 小便器 5 蹲式大便器 6 污水池 7 盥洗台 8 毛巾及水杯架 9 洗浴间 10 更衣

1. 卫生间的位置

由于幼儿使用厕所的次数相对频繁（平均每天3~4次），使用盥洗台的次数更多（每天6~7次以上），使用时间也比较集中，故幼儿卫生间的位置应邻近幼儿生活单元中的活动空间或睡眠空间。为避免臭气溢入活动空间或睡眠空间，卫生间开门不宜直对活动空间或睡眠空间。

卫生间在幼儿生活单元中的位置大致可分两种情况：一种是睡眠空间与集体活动空间合用时，卫生间可设于幼儿生活单元北侧，使更多的活动空间和睡眠空间处于良好朝向，但若卫生间北面是走廊，则无法直接对外开窗，需开设高窗并设置防止回流的机械通风设施；卫生间也可设于幼儿生活单元东侧（或西侧），可直接对外开窗。另一种是睡眠空间为专用寝室时，卫生间可设于幼儿生活单元一侧，开口位置要兼顾活动空间与睡眠空间的使用；卫生间也可设于集体活动空间与睡眠空间（专用寝室）之间，两个空间使用均较方便。（图2-54）

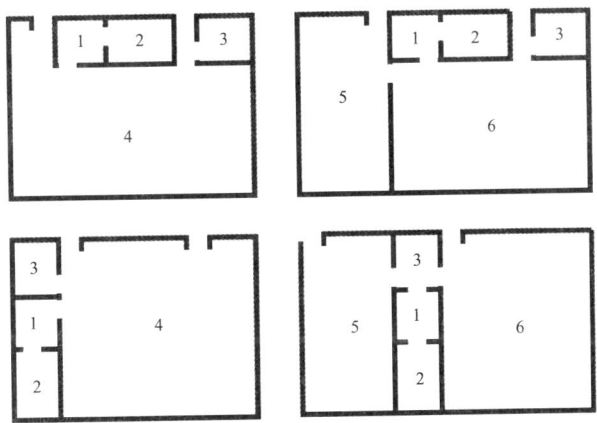

图2-54 卫生间在幼儿生活单元中的位置
1 盥洗室 2 厕所 3 衣帽储藏间 4 活动空间与睡眠空间合用 5 专用寝室 6 活动空间

2. 卫生间的设计要求

1）由于幼儿使用盥洗室的次数非常频繁，盥洗室的门经常不能处于关闭状态，所以不宜将盥洗室与厕所安排在一个大空间内，而宜将厕所和盥洗室分间设置，或之间设置分隔措施，以免厕所内的臭气散布污染活动空间和睡眠空间。

2）为了便于教师能够随时观察到幼儿盥洗和如厕的情况，便于看护幼儿，发现情况能够及时处理，生活单元内的盥洗室和厕所与活动空间之间应有良好的视线贯通；

3）卫生间面积及卫生设备的数量尺寸应满足全班幼儿的使用要求。

《托儿所、幼儿园建筑设计规范》JGJ 39—2016（2019年版）规定，幼儿园每班卫生间最小使用面积不得小于20m²，其中厕所12m²，盥洗室8m²。[9]

4）卫生间所有设施的配置均应符合幼儿人体尺度和卫生防疫的要求。

5）厕所、盥洗室、淋浴室地面应防滑且不应设台阶，方便幼儿使用，防止幼儿摔伤。

6）卫生间宜有直接的自然通风，无外窗的卫生间应设置防止回流的机械通风设施。

7）卫生间应易于清洗，防止积水，地面应设地漏。

8）卫生间的布置应组合紧凑，管道集中。

3. 卫生设备的内容及数量

1）每班卫生间的卫生设备数量不应少于表2-6的规定，且女厕大便器不应少于4个，男厕大便器不应少于2个。

表2-6　每个幼儿生活单元卫生间卫生设备的最少数量

污水池（个）	大便器（个）	小便器（个或位）	盥洗台（水龙头，个）
1	6	4	6

资料来源：中华人民共和国住房和城乡建设部. 托儿所、幼儿园建筑设计规范: JGJ 39—2016（2019年版）[S]. 北京: 中国建筑工业出版社, 2019.

幼儿卫生间内还宜设置毛巾杆、水杯架等，根据需要还可设置淋浴器或浴盆、清洁柜等。

2）盥洗台（包括盥洗池、水龙头等，图2-55a、b）、厕位（图2-55c、d）的高度、间距及进深应符合幼儿人体尺度的要求：

盥洗池距地面的高度宜为0.50～0.55m，宽度宜为0.40～0.45m，水龙头的间距宜为0.55～0.60m。[9]

大便器宜采用蹲式便器（图2-55b），之间应设隔板，隔板处应加设幼儿扶手，厕位的平面尺寸不应小于0.70m×0.80m（宽×深）。坐式便器的高度宜为0.25～0.30m。[9]

a. 盥洗台

b. 盥洗台

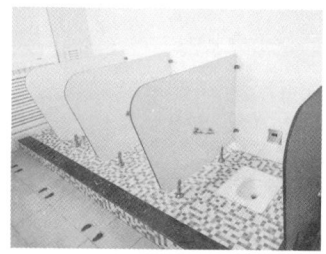

c. 大便器及厕位

d. 小便器及厕位

图2-55　幼儿生活单元卫生间卫生设备

资料来源：西安格林思谱双语幼儿园（图b）；西安迪卡建筑设计中心；OA幼儿园（图d）；株式会社日比野设计

3）为便于保教人员使用，供教师使用的厕所也可以设在幼儿生活单元内，其尺寸应按成人标准设置，每班一个厕位，必须设门扇，使教师厕所与幼儿卫生间互相隔离，互不干扰。

4. 卫生间的平面布置方式

卫生间的平面布置首先要考虑大便器（槽）、小便器（槽）、盥洗台三种基本卫生设施之间的位置关系和尺寸，在此基础上，合理布置污水池（拖布池）、毛巾杆、水杯架等，根据需要设置淋浴器或浴盆、清洁柜等。平面布置方式大致可以分为以下两种：

1）盥洗室与厕所分设

为防止厕所内的臭气散布到活动空间和睡眠空间，幼儿生活单元内的卫生间通常将厕所和盥洗室分间或分隔设置（图 2-56），二者之间以墙体或玻璃隔断隔开。由于幼儿使用盥洗室更频繁，盥洗室一般设在外间，靠近幼儿生活单元的活动空间，一方面方便活动空间的幼儿直接使用盥洗室，另一方面上完厕所的幼儿可以先洗手再进入活动空间，避免迂回。

盥洗室中，盥洗台通常沿墙布置，毛巾杆和水杯架设置在盥洗台旁边或对面的墙上。

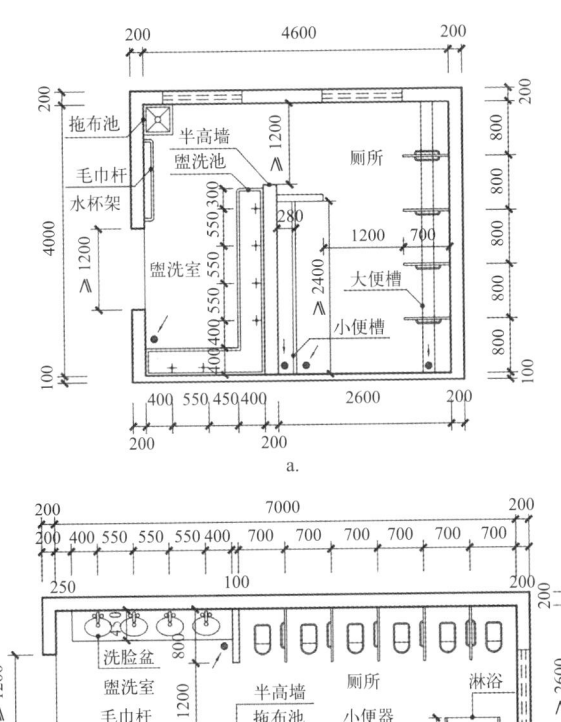

a.

c.

b.

图 2-56 盥洗室与厕所分设（mm）
资料来源：（图 a、b）中华人民共和国教育部，中华人民共和国住房和城乡建设部，东南大学建筑设计研究院有限公司. 幼儿园标准设计样图19J823 [S]. 北京：中国计划出版社，2019. 广州 SDL 保育园（图 c）：株式会社日比野设计

图 2-57　大便器(槽)与小便器(槽)
分区布置（KM 托幼一体园）
资料来源：株式会社日比野设计

图 2-58　盥洗室与厕所以隔断分隔
（杭州浦乐幼儿园杨家墩分园）
资料来源：大象建筑设计有限公司
（goa 大象设计）

图 2-59　盥洗室与厕所以踏步分隔
（IK 保育园）
资料来源：株式会社日比野设计

厕所内的卫生设备主要是大便器（槽）和小便器（槽），通常将大便器（槽）沿一面墙排成一排，以隔板分隔成小间，小便器（槽）布置在对面，二者"面对面"并列布置（图 2-56a、b）。也可将厕所进一步分成内外两个功能区——大便区和小便区，大便器（槽）与小便器（槽）分别布置于两个功能区，大便器（槽）沿墙面"面对面"成两排布置，小便器（槽）亦可沿墙面"面对面"成两排，或居中布置，中间以矮墙或隔板分隔（图 2-57）。

2）盥洗室与厕所合设

卫生间通风条件比较好的情况下，可考虑将盥洗室与厕所设置在同一个空间中，仅以隔断、踏步等进行适当分隔（图 2-58、图 2-59）。但盥洗室与厕所通常功能分区较为明确，盥洗室靠近幼儿生活单元的活动空间布置。

幼儿生活单元内的厕所通常是男女幼儿错时使用。为从小培养幼儿的性别意识，有条件的幼儿园可以分设男、女两个幼儿厕所，实行"男女分厕"，然后共用一个盥洗室（图 2-60）。

随着经济和幼儿教育的不断发展，提高幼儿使用卫生间的体验受到一定的关注，日本对幼儿园卫生间的设计尤为重视，比如日比野设计的幼儿园卫生间布置方式灵活多样，甚至有的幼儿园卫生间还可作为幼儿游戏的场所（图 2-61）。

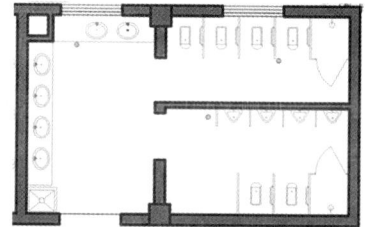

图 2-60　黄陵县新区幼儿园与国科温州第一幼儿园厕所男女分设
资料来源：BIAD 第六建筑设计院（左图），上海成执建筑设计有限公司（右图）

图 2-61　日比野设计的灵活多样幼
儿园卫生间
资料来源：株式会社日比野设计

2.1.5 储藏空间

幼儿生活单元的储藏空间包含三种功能：一是存放该班幼儿衣物、鞋帽、书包等，二是放置教具、文具等物品，三是贮存卧具。《托儿所、幼儿园建筑设计规范》JGJ 39—2016（2019年版）规定幼儿园生活单元衣帽储藏间的最小使用面积为 $9m^2$。

1. 存放幼儿衣物、鞋帽、书包的储藏空间

幼儿由于身体发育还不成熟，动作不协调，洗手时弄湿衣服、吃饭时饭菜撒到衣服上、大小便时弄脏裤子等事件时有发生，故幼儿来园常需带上替换的衣服，以便教师能及时给幼儿更换。为整洁、统一，有些幼儿园要求幼儿用书包盛放替换衣物，书包也可盛放小毛巾、手工作品等物品。同时，全日制幼儿园幼儿早来晚归，为适应一日气温变化，幼儿常常来园或离园时穿的衣服较多，进入生活单元时脱掉外衣，尤其是北方冬季进入有暖气的室内时更需脱掉外套，有的幼儿园还要求幼儿换上轻便的室内穿的鞋子再进入各自的生活单元。因此，存放幼儿衣物、鞋帽、书包等的储藏空间成为幼儿生活单元必不可少的辅助空间。

1）衣物、鞋帽、书包储藏空间的设计要求

（1）为便于使用和管理，衣物、鞋帽、书包储藏空间宜按各幼儿生活单元分设。

（2）应能存放全体幼儿的衣物、鞋帽、书包等。

（3）应满足幼儿及教师的使用要求，方便存取。

（4）应保持干燥、通风，封闭的衣帽储藏室应设通风设施。

2）衣物、鞋帽、书包储藏空间的位置及布置形式

衣物、鞋帽、书包储藏空间通常位于幼儿生活单元出入口处，幼儿来园时可将脱下的外衣、换下的鞋子、书包挂于或放于此处，再进入生活单元内的集体活动空间，或离园时在此穿上外衣、换上回家的鞋子、背上书包再离开。衣物、鞋帽、书包储藏空间宜分班设置在幼儿生活单元内，有些幼儿园采用在过厅、走廊等空间设置衣柜来解决，具体位置及布置形式如下：

（1）设于生活单元出入口内的布置形式

衣物、鞋帽、书包储藏空间设于幼儿生活单元出入口时，由于家长通常不进入生活单元，幼儿脱（穿）衣服需要独立进行或由教师协助，其布置形式有三种：

① 通过式

将衣物、鞋帽、书包储藏空间设置成通过式的空间，既可作为幼儿衣物等的储藏，又可作为生活单元内外的过渡空间。尤其在北方地区，当生活单元是从北侧走廊进入时，冬季可减少寒风对生活单元内活动空间的侵袭。衣物、鞋帽、书包储藏空间应留有足够的墙面布置必要的家具。同时，为使幼儿通过该储藏空间时的流线尽

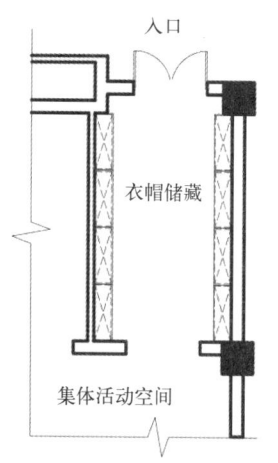

图 2-62 通过式储藏空间平面示意图

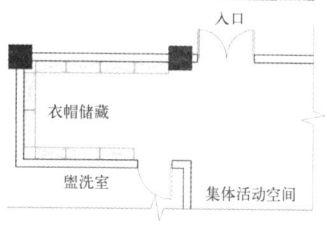

图 2-63 独立式储藏空间

量短捷，衣物、鞋帽、书包储藏空间的入口与通向生活单元内集体活动空间的洞口应尽可能短。（图 2-62）

② 独立式

独立式衣物、鞋帽、书包储藏空间也是幼儿园常见的布置形式。在幼儿生活单元内的集体活动空间入口附近设置成独立空间（图 2-63），套于集体活动空间内，可大大减少交通面积，幼儿在储藏空间内穿（脱）衣服、换鞋等亦可不受交通的干扰。衣物、鞋帽、书包储藏空间的平面净尺寸以（2.5 ~ 2.8）m×（3.2 ~ 3.6）m 为宜，且门洞最好开在入口墙面的中间，以最大限度地保证两侧墙面可布置家具。有条件的可在里面布置一张写字桌，兼作教师备课用。

独立式储藏空间应注意保持通风，以免里面的物品受潮。储藏间门宜设百叶，并且最好能直接对外开窗或向走廊间接开窗通风，若确实无法开窗，则应设通风设施。

③ 在集体活动空间出入口处设置挂衣柜或储藏柜

存放的幼儿衣物，往往在冬天占用空间比较多，夏天占用空间比较少。为使空间更有效地利用，可在集体活动空间出入口处直接设置挂衣柜或储藏柜作为幼儿衣物、鞋帽、书包的储藏空间（图 2-64）。挂衣柜或储藏柜每人或数人一格，存放幼儿衣物、鞋帽、书包的部分应便于幼儿自己取用。高储藏柜下部的可供幼儿自己存取，上部的幼儿存取不便，可存放不常用物品或由教师存取的物品。

（2）设于生活单元出入口外的布置形式

衣物、鞋帽、书包储藏空间设于幼儿生活单元出入口外时，通常利用走廊设置储藏柜（图 2-65）。幼儿来园时，若家长将幼儿送至生活单元门口，幼儿进入生活单元前，家长可协助幼儿将脱掉的外衣、换下的鞋子以及书包放于储藏柜，尤其是小班的幼儿自理能力相对较弱，这样可大大减轻教师的负担；幼儿离园时，家长亦可协助幼儿。由于这种设置需要占用疏散通道，故走廊宽度应适当增加，保证不影响通行并符合防火疏散宽度的要求。

64 | 65

图 2-64 设于集体活动空间出入口内的储藏柜（稚荟树幼儿园）
资料来源：门觉建筑设计事务所

图 2-65 生活单元出入口外的储藏柜

2. 放置教具、文具等物品的储藏空间

幼儿生活单元所需的教具、文具较多，尤其是区域活动空间，每一区域均需配置相应的教具、文具、操作材料等，如建构区需要配置积木、纸盒、易拉罐、测量工具、操作工具（如锤子、螺丝、起子）等各种搭建材料，且应方便幼儿直接取用，故每一区域均应设置存放相应操作材料的储物架。储物架通常设于各区域活动空间的周边（图2-66），对各区域活动空间同时起着分隔与围合作用（图2-67）。储物架宜设敞开式，高度应便于幼儿自取操作材料，高度不宜大于1.2m，深度不宜超过0.3m（幼儿前臂加手长）。

图2-66 区域活动空间周边设置储物架

幼儿生活单元内的集体活动空间也应设置教具柜，用于存放教具和幼儿手工作业等，高度不宜大于1.8m，上部供教师存放教具等，下部存放幼儿手工作业等，便于幼儿自取。

3. 贮存卧具的储藏空间

卧具贮存包括幼儿床的存放和幼儿被褥的储存。

1）幼儿床的存放空间

幼儿床的存放问题主要存在于"教寝合一"的布置形式中。近年来，为给幼儿提供更多的活动空间，提高空间的利用率，全日制幼儿园生活单元内的睡眠空间大多与集体活动空间错时合用，幼儿床采用可移动卧具，在幼儿睡眠时间段铺开，睡眠结束将卧具叠加收纳到集体活动空间的固定的区域（图2-68）或独立式储藏间内（图2-63）。大号可移动幼儿床尺寸约为1400×700×160（mm），考虑到女性教师搬抬幼儿床高度的限制，非睡眠时间，幼儿床往往最多9个一组叠加在一起，共4组，占用平面尺寸为2800×1400（mm），见图2-69。

2）幼儿被褥的储存空间

幼儿被褥通常铺放在幼儿床上，全日制幼儿园换季被褥多由家长带回家。若需在幼儿园中储存，可考虑与移动卧具的存放空间组合，上部放换季被褥，下部存放移动卧具（图2-68下图）；也可与衣物储藏柜组合，设置衣物、被褥储藏组合柜（图2-64），上部放换季被褥，下部挂幼儿衣物。寄宿制幼儿园的寝室应设置壁柜（图2-28），以存放换季被褥、幼儿的换洗衣物等。

图2-68 可移动幼儿床存放

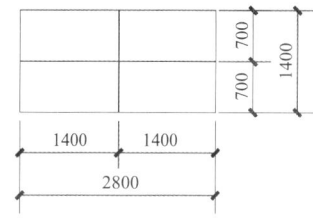

图2-69 可移动幼儿床存放平面尺寸（mm）

图2-67 分隔与围合区域活动空间的储物架

2.1.6 幼儿生活单元内部功能空间组合方式

幼儿园教育不同于中小学教育，它不是以上课为主，而是按幼儿一日活动时间安排进行各项活动（图 2-70），并每天坚持一定的要求，经过多次重复，形成良好的条件反射。这样就能使幼儿在吃饭时食欲旺盛，游玩时精力充沛、情绪愉快，睡眠时能熟睡，学习时精力集中。由于一天的生活内容丰富，所以各种活动轮换进行、动静交替，可保证幼儿在各项活动中保持较高的兴奋状态，防止过于疲劳，在培养幼儿良好的生活行为习惯，建立合理的生活规程的同时，保证幼儿健康成长和身心全面发展，也可为保教人员创造做好工作的条件。

表 2-7 西安某幼儿园一日作息时间表

时间节点	活动内容	时间节点	活动内容
7：40—8：10	晨间接待、体能锻炼	11：40—12：10	餐桌礼仪、美味午餐
8：10—8：40	餐桌礼仪、营养早餐	12：10—12：20	餐后散步、环境教育
8：40—8：50	晨间活动、经典诵读	12：20—14：20	洗手如厕、温馨午休
8：50—9：00	洗手如厕、课前准备	14：20—15：00	音乐唤醒、共享午点
9：00—9：20	集体探究、主题活动	15：00—15：30	特色活动、区域活动
9：20—9：30	洗手如厕、课前准备	15：30—15：40	水分滋养、如厕盥洗
9：30—9：50	集体探究、主题活动	15：40—16：30	户外体能、自主游戏
9：50—10：10	温馨早点、VC 摄入	16：30—17：00	餐前感恩、快乐晚餐
10：10—11：20	户外活动、精彩游戏	17：00—17：20	整体活动、开心离园
11：20—11：40	餐前准备、安静活动		

幼儿一日的大部分活动是在基本的生活单元内进行的，幼儿生活单元是幼儿生活、学习的基本空间。因此，合理组织幼儿生活单元内集体活动空间、区域活动空间、睡眠空间、卫生间与储藏等空间是幼儿园建筑设计的重要内容，它直接关系到幼儿一日生活各项活动是否能顺利开展以及保育工作质量的优劣。

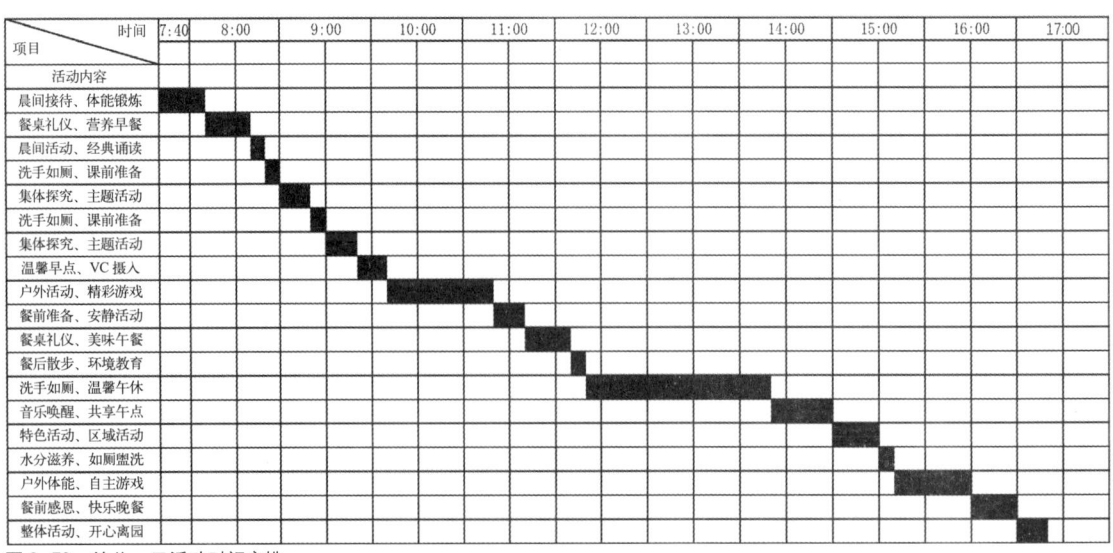

图 2-70 幼儿一日活动时间安排

1. 幼儿生活单元平面功能分析

幼儿生活单元的特点是每班独立使用一套用房及家具、设备，强调各班自成体系。[9] 一个完整的幼儿生活单元包含了集体活动空间、区域活动空间、睡眠空间、卫生间和储藏空间。

集体活动空间是幼儿生活单元的主空间，承载着幼儿学习、游戏、就餐等多种集体活动，是一个小型的多功能活动空间。在不设专用寝室的全日制幼儿园，幼儿午睡也在该空间内进行。其他功能空间大多是以集体活动空间为中心的。

睡眠空间对于不同条件的幼儿园，设置方式不一，有与集体活动空间合设错时使用的，也有独立设置睡眠空间的。但不管哪种方式，幼儿午睡总是需要的，且应与活动空间有密切联系。

区域活动空间主要是围绕幼儿教育五大领域——健康、语言、社会、科学、艺术等，将空间进行合理划分，每班通常设置5～7个区域，常见的有图书区、美工区、建构区、角色游戏区、益智区、科学区、生活区等，让幼儿在有准备的环境中进行自主活动。区域活动空间大多利用材料储藏柜、桌椅、地垫等围合成既独立又互动的空间，一般靠窗或靠墙布置，与集体活动空间联系较为紧密。

卫生间作为解决幼儿随时如厕的生理需求，培养幼儿良好卫生习惯和能力的场所，应该和活动空间和睡眠空间有紧密关系，宜紧邻活动空间和睡眠空间设置。

储藏空间是幼儿生活单元的辅助空间，主要和活动空间发生密切关系。衣帽储藏空间一般与幼儿生活单元的入口空间结合设置，便于幼儿出入生活单元时更换衣帽；教具、文具储藏空间主要结合各个区域活动空间的功能按需设置；卧具储藏空间常见于"教寝合一"的幼儿生活单元内，可设置在独立的储藏空间内，也可设置在集体活动空间的一隅，便于收纳和使用。

幼儿生活单元内通常还会设置本班教师的办公空间，常设于集体活动空间一角或独立的储藏空间内，便于教师照顾和管理幼儿。

同时，根据幼儿园教育的要求，幼儿需经常到室外进行活动与游戏，因此，幼儿生活单元中的活动空间要保持与室外活动场地的有机联系。

图2-71是一个完整的幼儿生活单元的功能关系图。

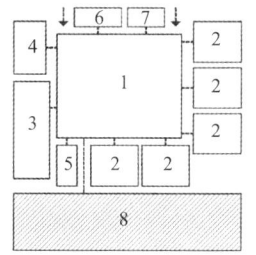

"教寝合一"式幼儿生活单元功能关系图

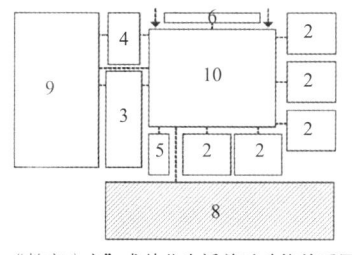

"教寝分离"式幼儿生活单元功能关系图

图2-71 幼儿生活单元功能关系图
1 集体活动空间兼睡眠空间
2 区域活动空间
3 卫生间
4 衣帽储藏空间
5 教师办公空间
6 桌椅临时储存空间
7 床具储存空间
8 室外活动空间
9 专用寝室
10 集体活动空间

2. 生活单元内功能空间组合方式

幼儿生活单元内部各功能空间进行平面组合时需满足以下要求：

1）幼儿生活单元内各空间应以活动空间为中心布置，相互间宜有方便的联系和良好的视线贯通，便于使用和管理。

2）生活单元内的活动空间应能支持集体、小组和个别等活动形式，支持幼儿的自主选择和主动学习，使用灵活。

3）活动空间和睡眠空间应有良好的采光、通风条件，尤其应保证活动空间有最佳朝向（南向），以满足日照要求；睡眠空间也宜有较好的朝向，但应避免大量直射阳光照射。

4）盥洗、厕所应方便活动空间和睡眠空间的幼儿使用，宜靠近生活单元的出、入口或班级活动场地，并宜有直接的采光、通风。

5）幼儿生活单元平面布置应尽量紧凑，减少交通面积。

6）为保持使用的相对独立性，各幼儿生活单元应设单独的出入口。

幼儿生活单元内部功能空间的平面组合主要考虑集体活动空间、区域活动空间、睡眠空间、卫生间、衣帽储藏空间五者的关系。

1）"教寝合一"的幼儿生活单元内功能空间组合方式

近年来，随着卧具的改革，固定式床具逐渐被可移动式床具替代，引发了幼儿睡眠空间的重新设置，多数幼儿生活单元已不再设置专用寝室，而是将集体活动空间与睡眠空间合设在一个大空间内，即"教寝合一"。在非睡眠时段，床具被收纳在固定的区域，以便腾出更大的空间供幼儿生活、游戏、学习等活动；在幼儿午睡的 2～2.5h 期间，床具被铺展开来满足幼儿睡眠所需。

"教寝合一"的幼儿生活单元内部功能空间的平面组合主要考虑集体活动兼睡眠空间、区域活动空间、卫生间、衣帽储藏空间四者之间的关系。常见的组合方式有以下几种：

（1）区域活动空间与集体活动兼睡眠空间在同一大空间内。

① 卫生间设在集体活动兼睡眠空间北侧，衣帽储藏空间结合入口空间设置，并与集体活动兼睡眠空间紧密联系。区域活动空间的设置可视生活单元的开间和进深特点灵活布置。

a. 当幼儿生活单元的进深较大时，一般可将区域活动空间布置在集体活动兼睡眠空间的南侧以及东/西侧，对集体活动兼睡眠空间呈半包围的关系，有利于区域活动空间的分类分区设置（图2-72、图2-73）。

这种组合方式的优点是：主要活动空间有良好的朝向；平面方整，开间较小，布局紧凑，节约面积，提高了空间利用率；有利于保温，结构简单，节约用地。其缺点是：由于区域活动空间与集体活动兼睡眠空间之间没有明确的分隔，若区域活动与集体活动同时进行，相互间干扰较大；幼儿生活单元进深较大，加上单面采光，南侧常布置有区域活动空间，使得集体活动兼睡眠空间在进深方向采光不均匀，通风欠佳；若走廊在生活单元的北侧，对活动空间北侧的卫生间采光和通风影响较大，对集体活动兼睡眠空间的通风也有一定影响，卫生间的异味易散发到活动空间和睡眠空间里。

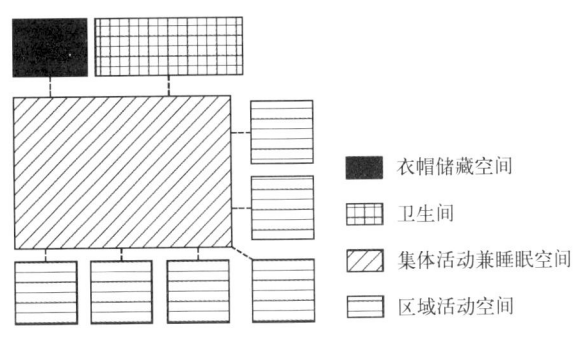

衣帽储藏空间

卫生间

集体活动兼睡眠空间

区域活动空间

图 2-72 组合方式 1-1 示意图

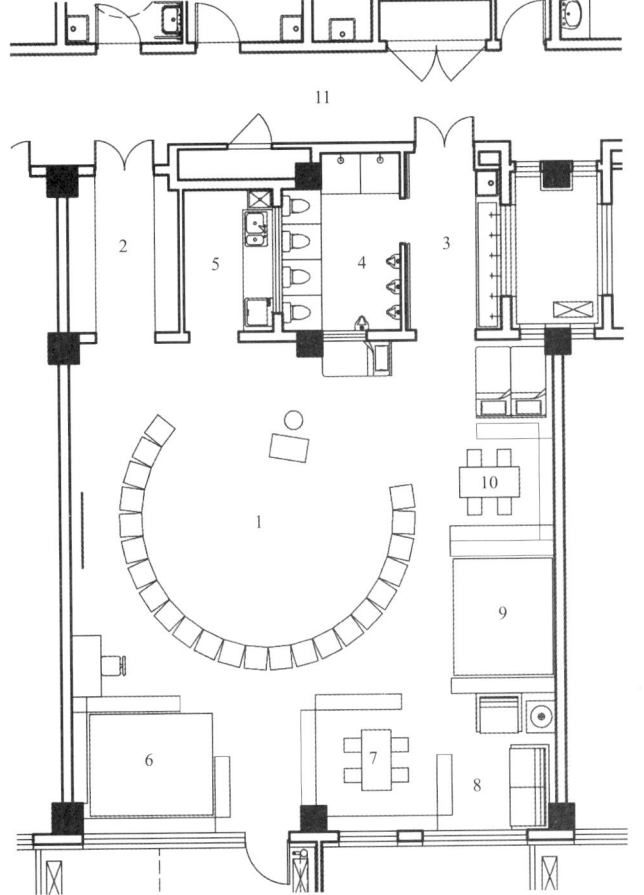

11

2
5
4
3

1

10

9

6
7
8

图 2-73 组合方式 1-1 幼儿园生活单元平面图案例
1 集体活动兼睡眠空间
2 衣帽间
3 盥洗室
4 厕所
5 操作间
6 图书区
7 益智区
8 娃娃家
9 建构区
10 美工区
11 走廊

b. 当幼儿生活单元开间大、进深小时，可将区域活动空间在集体活动兼睡眠空间的东／西侧相对集中布置，与集体活动兼睡眠空间分区设置（图2-74、图2-75），二者通过家具或隔断分隔，视线贯通，方便管理。

这种组合方式的优点是：区域活动空间和集体活动兼睡眠空间均有良好的朝向和采光，平面方整，结构简单；区域活动与集体活动分区同时进行时，相互干扰较小。其缺点是：幼儿生活单元开间较大，布局不够紧凑，不利于保温和节约用地；走廊在生活单元的北侧时，卫生间的采光和通风受影响较大，异味易散发到活动空间和睡眠空间里，故卫生间开门不宜正对活动空间和睡眠空间，可考虑开向侧面入口的衣帽储藏空间。

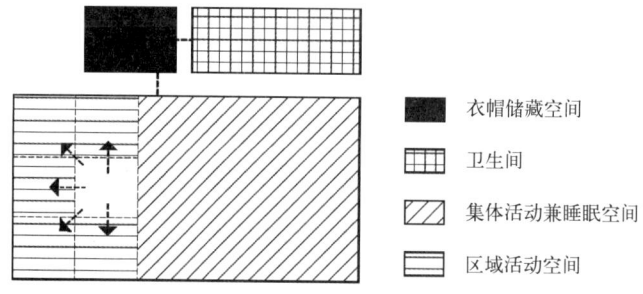

图2-74　组合方式1-2示意图

衣帽储藏空间

卫生间

集体活动兼睡眠空间

区域活动空间

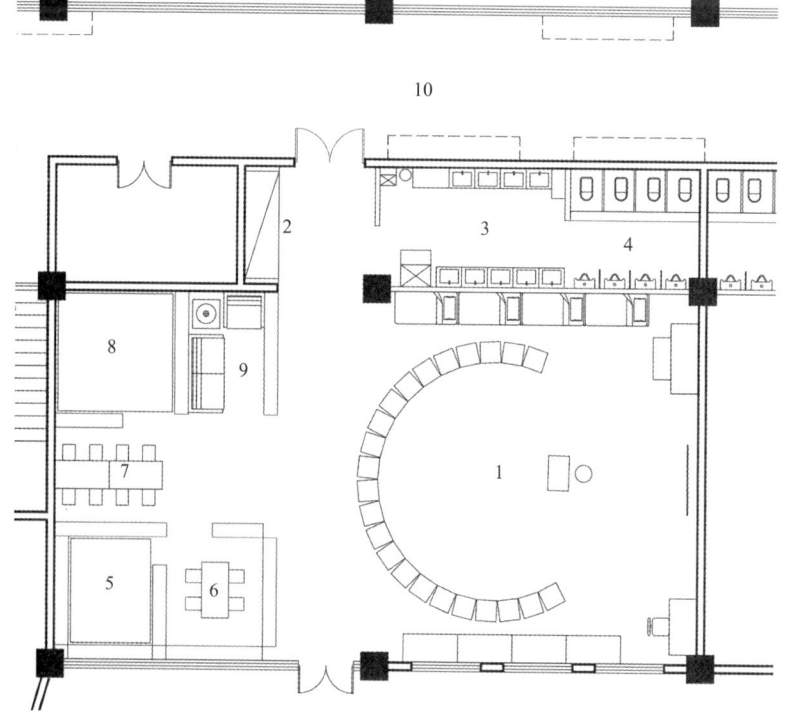

图2-75　组合方式1-2幼儿园生活
单元平面图案例
1 集体活动兼睡眠空间
2 衣帽间
3 盥洗室
4 厕所
5 图书区
6 益智区
7 美工区
8 建构区
9 娃娃家
10 走廊

②卫生间设在集体活动兼睡眠空间的东/西侧（图2-76，图2-77），衣帽储藏空间结合入口空间设置，区域活动空间则布置在幼儿生活单元的南侧以及东/西侧，对集体活动兼睡眠空间呈半包围状态，与集体活动兼睡眠空间紧密联系。

这种组合方式的优点是：主要活动空间除有良好的南朝向外，北向亦可开设大玻璃窗，形成良好的通风及进深方向较均匀的采光，并且平面方整，布局紧凑，空间利用率较高；卫生间通风和采光条件良好，可避免异味对主要活动空间的影响。其缺点是：区域活动与集体活动同时进行时，相互间干扰较大；幼儿生活单元开间较大，不利于节约用地。

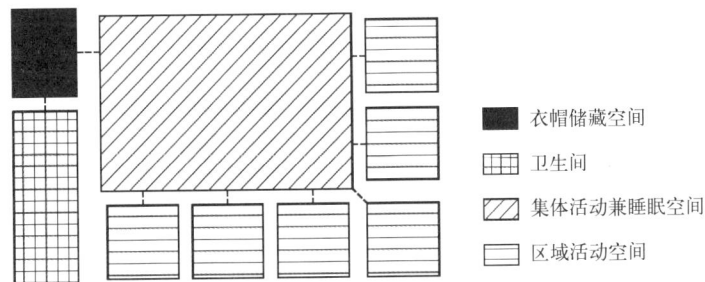

□ 衣帽储藏空间

□ 卫生间

▨ 集体活动兼睡眠空间

▭ 区域活动空间

图 2-76　组合方式 1-3 示意图

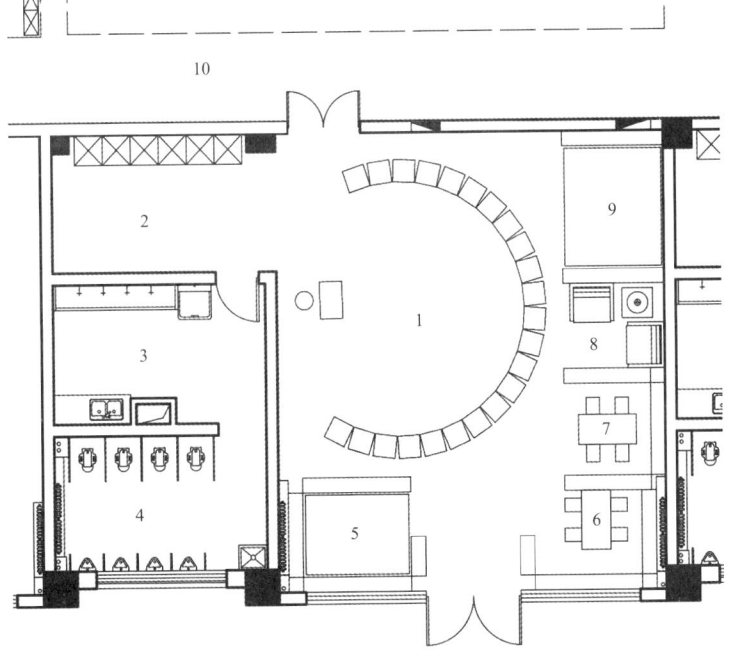

图 2-77　组合方式 1-3 幼儿园生活单元平面图案例
1 集体活动兼睡眠空间
2 衣帽间
3 盥洗室
4 厕所
5 图书区
6 益智区
7 美工区
8 娃娃家
9 建构区
10 走廊

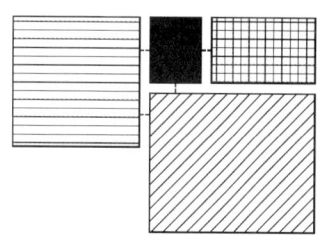

图2-78　组合方式2-1示意图

（2）区域活动空间独立设置于专门的房间内，卫生间设在集体活动兼睡眠空间北侧（图2-78、图2-79）或设在集体活动兼睡眠空间的东/西侧（图2-80～图2-82），衣帽储藏空间结合入口空间设置，并与集体活动兼睡眠空间紧密联系。

区域活动空间独立设置于专门的房间时，区域活动与集体活动可同时进行。我国幼儿园每班的容纳人数普遍比国外多，很多幼儿园各班在生活单元内进行活动时，会将本班幼儿分成两大组，一组进行集体活动，另一组进行区域活动，另一个时间段两组交换进行活动，这样生活单元内的活动空间就可得到充分利用。区域活动空间独立设置于专门的房间内，两组活动互不干扰。

区域活动空间应根据各区域活动的特点及教学需求进行合理划分（图2-83、图2-84），例如阅读环境对光线要求较高，因此，阅读区应设置在离外窗较近的位置；自然角需要有阳光的照射，应该布置在南向采光窗附近等。其次，在区域活动空间划分时，应进行合理的动静分区，避免有声区域对安静区域造成干扰；还应进行干湿分区，尤其是将需要用水以及活动后需要清洗的区域设置在邻近水源的位置。

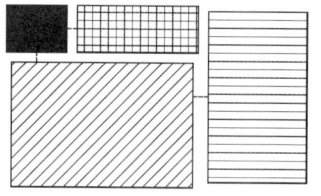

图2-79　组合方式2-2示意图

■ 衣帽储藏空间
▦ 卫生间
▨ 集体活动兼睡眠空间
▭ 区域活动空间

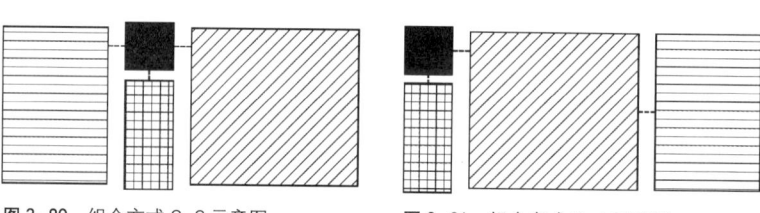

图2-80　组合方式2-3示意图　　　　图2-81　组合方式2-4示意图

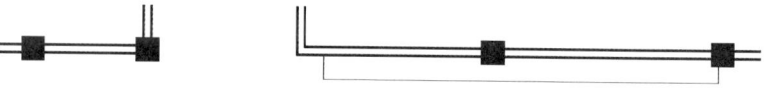

10

图2-82　组合方式2-4幼儿园生活单元平面图案例
1 集体活动兼睡眠空间
2 衣帽储藏区
3 盥洗室
4 卫生间
5 图书区
6 益智区
7 自然角
8 娃娃家
9 建构区
10 走廊

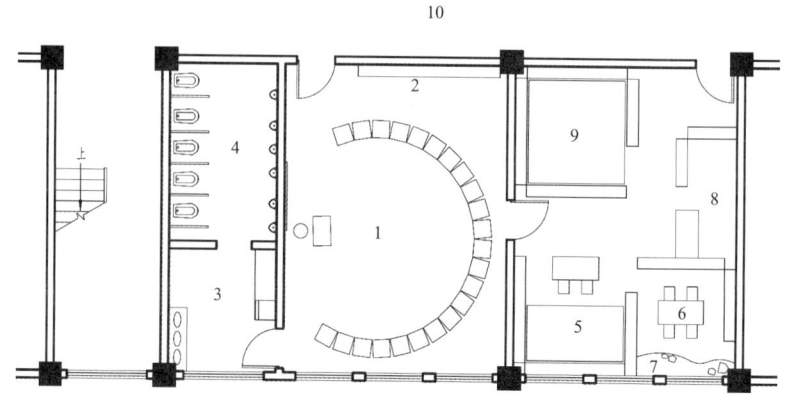

2）"教寝分离"的幼儿生活单元内功能空间的平面组合方式

"教寝分离"的幼儿生活单元内，集体活动空间与睡眠空间分设，即生活单元内设专用寝室，但受面积限制，区域活动空间与集体活动空间需设在同一大空间内。

"教寝分离"的幼儿生活单元内部功能空间的平面组合，主要考虑集体活动空间、区域活动空间、睡眠空间、卫生间、衣帽储藏空间五者之间的关系。睡眠空间设置在专门的房间内，与集体活动空间联系方便，区域活动空间围绕集体活动空间设置，卫生间设在集体活动空间北侧（图2-85），或卫生间夹在集体活动空间和专用寝室之间（图2-86、图2-87），衣帽储藏空间结合入口空间设置，并与集体活动空间紧密联系。

这种组合方式的优点是专用寝室环境安静，床位固定，省去了教师铺展、收纳床具的工作量。缺点是寝室仅作为幼儿午休空间使用，空间利用率低；由于专用寝室占据较大面积，易导致区域活动空间面积不足或数量不够，也容易导致压缩集体活动空间面积而造成拉圈游戏等需要空间较大的活动无法较好地展开。

图 2-83 靠窗和墙布置的区域活动空间（湖北十堰 A+ 自然幼儿园）
资料来源：西安迪卡建筑设计中心

图 2-84 集中设置的区域活动空间（深圳爱波比国际幼儿园）
资料来源：深圳圆道品牌顾问有限公司（VMDPE 圆道设计）

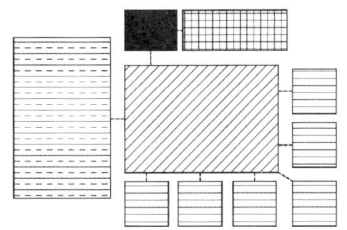

图 2-85 组合方式 3-1 示意图

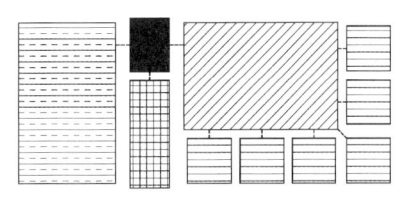

图 2-86 组合方式 3-2 示意图

■ 衣帽储藏空间
▦ 卫生间
▨ 集体活动空间
▤ 区域活动空间
▭ 专用寝室

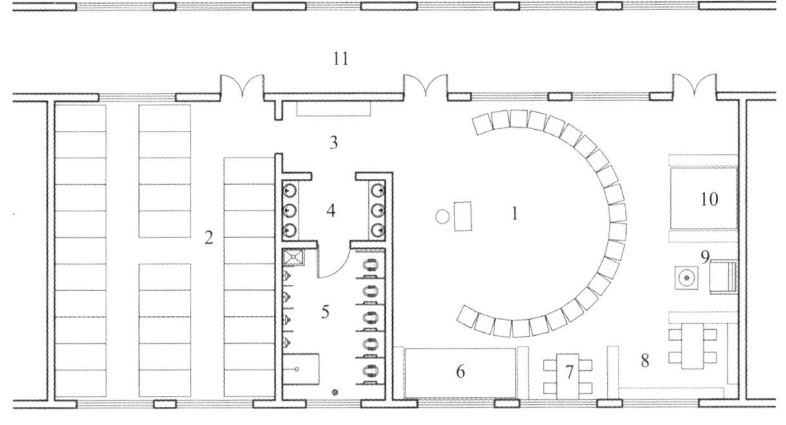

图 2-87 组合方式 3-2 幼儿园生活单元平面图案例
1 集体活动空间
2 专用寝室
3 衣帽间
4 盥洗室
5 卫生间
6 图书区
7 益智区
8 美工区
9 娃娃家
10 建构区
11 走廊

3）区域活动空间夹在两个幼儿生活单元之间，供两班错时共享

区域活动在幼儿一日活动中只占其中一部分，在非区域活动时段，区域活动空间易处于空置状态。在两个幼儿生活单元之间设置共享区域活动空间，供两个班的幼儿错时使用，既有利于提高空间以及教学资源的利用率，又可以丰富区域活动的内容（图2-88～图2-90）。

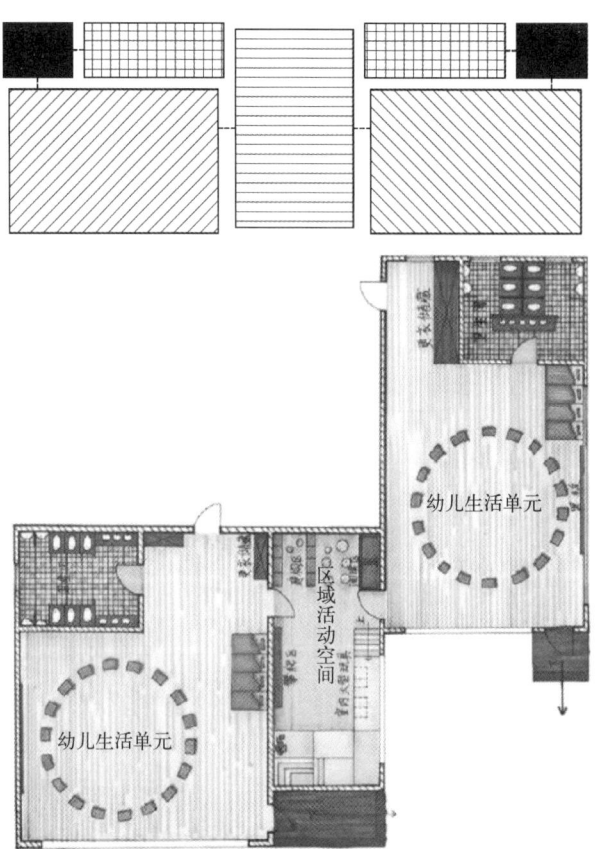

图 2-88 组合方式 4-1 示意图

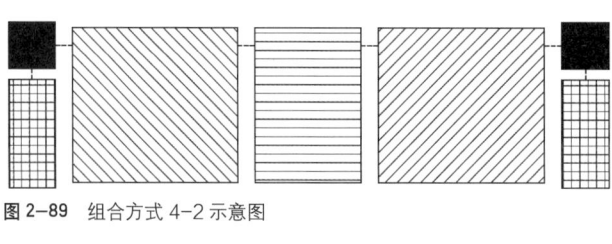

图 2-89 组合方式 4-2 示意图

■ 衣帽储藏空间
▦ 卫生间
▨ 集体活动空间
▤ 区域活动空间

图 2-90 组合方式 4-3 示意图

2.2　幼儿专用活动空间与多功能活动室

在每个幼儿班自成一体的生活单元的基础上，配置全园幼儿均可使用的多功能活动室，成为长期以来我国幼儿园生活用房的主要空间要素。随着我国幼儿园教育的发展，各省市幼儿园办园标准和评估条例对幼儿园功能部室（专用活动室）的配置数量、面积、空间形式等做出了规定，"支持幼儿自主选择和主动学习"的全园幼儿共用的专用活动室成为幼儿生活用房中不可缺少的空间要素。为了避免专用活动室的教育价值流于形式或沦为宣传的卖点，目前不再强调设置专门的功能"室"，对专用活动空间的配置数量也不再做硬性规定，而是强调其利用率，要求幼儿园结合自身条件及教育理念合理规划并灵活调整空间布局，因地制宜地设置专用活动空间，发挥其教育价值。

幼儿园专用活动空间是设置于幼儿生活单元之外的供幼儿进行多种专项活动的空间。专用活动空间内设施设备、活动材料的配备更加专业化、精细化，可弥补幼儿生活单元内各区域活动空间因面积有限带来的设施、材料的不足，丰富活动内容。2001年，教育部颁布的《幼儿园教育指导纲要（试行）》指出，幼儿教育五大领域为：健康、语言、社会、科学、艺术。与之密切结合，考虑到实施幼儿园教育相关课程的需要，科学发现空间、图书阅览空间、美工空间、建构空间、角色游戏空间、烹饪空间等成为幼儿园设置数量最多的专用活动空间。通常幼儿园各班每周都会安排一定的时间到专用活动空间活动。

《幼儿园工作规程》明确指出："教育活动的过程应注重支持幼儿的主动探索、操作实践、合作交流和表达表现，不应片面追求活动结果。"[4] 专用活动空间、设施、活动材料等的设置与投放，应有利于激发、支持幼儿的各种探索活动及与周围环境之间积极的相互作用，最大限度地支持和满足幼儿通过直接感知、实际操作和亲身体验获取经验的需要。

2.2.1　科学发现空间

21世纪之前，我国幼儿园科学教育（当时称常识教育）的主要模式，是幼儿在各班课堂上听老师讲授、看老师演示，缺乏可以让幼儿动手操作的材料和场所。反观欧美国家，从班级里的科学区到幼儿园中专门的科学发现室，均提供了丰富的材料供幼儿操作、探索和发现。《幼儿园教育指导纲要（试行）》（以下简称《纲要》）首次对我国幼儿园科学教育的目标和内容进行了清楚的描述，抛却了过去的"常识教育"，"科学"第一次被正式列入幼儿园教育内容中。《纲要》指出，"幼儿的科学教育是科学启蒙教育，重在激发幼儿的认识兴趣和探究欲望。要尽量创造条件让幼儿实际参加探究活动，使他们感受科学探究的过程和方法，体验发现的乐趣。"[1] 科学探究在幼儿园教育中的地位逐步提高，科学发现空间已成为我国幼儿园中重要的专用活动空间。

幼儿园科学发现空间的设立，可以为幼儿提供能支持其探究的较为充足的材料、工具、仪器、设备等，让他们通过自己的实验操作和亲自感受，探索周围世界的奥秘，发现简单的生活规律，激发幼儿的好奇心，引起幼儿对科学的兴趣。

1. 科学发现空间设计的一般要求

1）因有大量幼儿动手操作所需的材料、工具、观察仪器、标本、设备等，科学发现空间宜独立设置，不受外界干扰。

2）科学发现空间的平面形式和尺度应满足多种科学探究活动的空间需求，宜容纳一个班的幼儿同时进行活动，空间充足，避免相互干扰。

3）室内宜配置适量的插座并通水，以保证相关科学探究活动能够正常进行。

4）室内空间应有科学氛围，并符合幼儿年龄特点，具有一定的趣味性和安全性（图 2-91）。

图 2-91　有趣的科学发现空间（云南棒棒糖理想园）
资料来源：西安迪卡建筑设计中心

5）应方便各班级幼儿到达，避免绕路或距离过远，且宜邻近幼儿公共卫生间，以满足幼儿在科学发现空间活动期间如厕的需求。

2. 科学发现空间内的活动方式及其功能需求

幼儿园的科学发现空间，在最初为达到各级办园标准而被动设立后，并不清楚如何发挥其功能，或因疏于管理而逐渐闲置，最终沦为一种"门面"，到成为向幼儿展示科学仪器的"科学展览室"，或像小学那样以教师集中授课为主的"科学教室"，都未给幼儿提供可以按自己的想法、在自己的水平上、用自己的方式进行科学探究活动的空间。《幼儿园工作规程》指出："幼儿思维发展以具体形象思维为主，应引导幼儿通过直接感知、亲身体验和实际操作进行科学学习，不应为追求知识的掌握而对幼儿进行灌输和强化训练。"随着幼儿教育变革的不断深入及《纲要》的逐步落实，以提高幼儿的认识兴趣和探究欲望为目标，幼儿园科学发现空间逐渐成为幼儿"动手做""做中学"的科学活动场所。

幼儿进行科学探究活动需依靠丰富多样的探究类材料、工具及仪器、设备等，故幼儿园科学发现空间中需设置一定的探索操作空间和陈列、储存空间，材料、工具等通常陈列、储存于材料柜中，探索操作活动多在桌面、柜面上进行。同时，幼儿园支持幼儿与同伴合作探究与分享交流，引导他们在交流中尝试整理、概括自己探究的成果，体验合作探究和发现的乐趣，比如一起讨论和分享自己的问题与发现，一起想办法收集资料和验证猜测等。故科学发现空间内布置还应有利于合作探究，并需要一定的交流展示空间。

幼儿园通常每班每周进行一到两次自然科学类活动，以简单的自然尝试和小型物理实验为主。为使幼儿的实际操作活动能够正常进行，科学发现空间内需要配置适量的插座并宜通水。

3. 科学发现空间的平面布置

科学发现空间的平面布置方式与科学探究活动的内容、开展方式紧密相关，平面布置方式可有以下两种：

1）探索操作空间分组、分区域布置（图2-92），以陈列、储存柜进行区域的围合，区域内可放置供幼儿进行操作、实验的桌椅。

幼儿园科学发现教育包含物质科学、生命科学、科学技术、地球宇宙等领域，进一步可划分为磁、电、光、力、空气、水、动植物、人体健康、现代科技、地球、宇宙等细分领域。幼儿园科学发现空间通常以幼儿的年龄为基础，按物质科学、生命科学、科学技术、地球宇宙等领域创建相应主题区域（图2-92），投放相应操作材料、设备等，幼儿从自身的兴趣出发，自主进行各领域的科学探究。教师通过参与、引导、帮助、鼓励、支持，为幼儿展示世界客观规律，调动幼儿的学习兴趣，提升幼儿的科学素养，从而获得有意义的学习效果。

图2-93　科学发现空间中的操作桌和陈列储存柜

各主题区域的空间布置应满足相关科学活动的需要。科学探究活动大多在桌面上即可完成，故各区域内通常放置供幼儿进行操作、实验的桌椅，以低矮的陈列、储存柜进行区域围合（图2-93）。陈列、储存柜内及上方投放相应操作材料，高度以幼儿站立时方便观察和拿取为宜，深度宜为300mm。陈列、储存柜与桌椅之间通常留出通道，幼儿从柜中取出材料拿回桌面进行实验操作，或直接在柜面上动手操作，教师巡视、引导并在幼儿需要的时候给予帮助。各区域的设置并非一成不变，而是会根据幼儿教育的需要实时进行主题的调整，并投放相应主题的材料、工具、仪器、设备等。主题区域的平面示意图见图2-94。

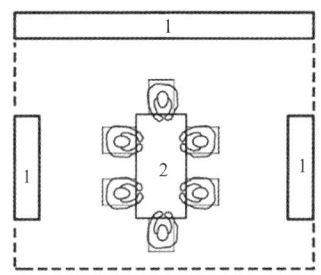

图2-94　主题区域平面布置示意图
1 材料储存柜
2 幼儿操作桌

图2-92　分组、分区域布置的科学发现空间

图 2-95　科学发现空间墙面上的设施

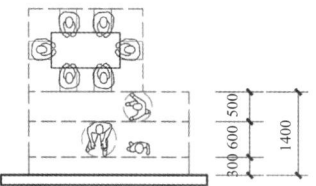

图 2-96　墙面设施操作所需空间示意图

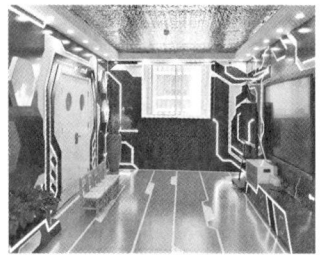

图 2-97　幼儿园的 VR 教室

科学发现空间内有的科学活动需要利用设置于墙面上的设施展开（图 2-95），建筑空间上需要留有足够的幼儿观察、动手操作、交流活动以及教师指导的空间，同时还需留出足够的通行空间，所需要的空间如图 2-96 所示。

另外，有的科学活动需要独立于其他区域，设置在专门的房间。例如，为使幼儿体验虚拟现实技术，设置专门的 VR 教室（图 2-97）等。

2）供幼儿进行操作、实验的桌椅集中设置，陈列、储存柜放置于科学发现空间周边，靠墙布置（图 2-98）。

小班的幼儿（尤其是刚入园的幼儿）由于年龄等方面的原因，科学活动往往需要教师先演示、引导，幼儿再动手操作，常围绕一个主题展开，主要有三个阶段：①教师提出活动的主题，引导幼儿认识实验材料，为幼儿演示科学小实验，提出幼儿动手操作的要求，引入活动；②教师分发材料，幼儿分别或分组进行同一主题的实际操作，并辅以教师的指导；③教师引导幼儿进行实验结果的总结、交流。由于幼儿园科学探究活动不是以获取知识为最终目标，也不是以掌握科学概念为主要内容，而是要激发幼儿的认识兴趣和探究欲望，因此教师并非知识的讲授者，而是科学活动的引入者和幼儿科学探究活动的引导者，重点是让幼儿实际参加探究活动，使他们感受科学探究的过程和方法，体验发现的乐趣。

幼儿进行的同一主题的操作、实验、总结交流等活动多发生在桌面上，为使幼儿方便观看教师演示的实验，桌椅通常集中设

图 2-98　桌椅集中设置的科学发现空间

置（图2-99），周围留有教师分发操作材料、辅导、帮助幼儿操作和通行的空间，投放材料、设备的陈列、储存柜沿科学发现空间周边布置。

科学发现空间还应能进行多主题科学探究活动，因此将操作桌集中设置，陈列、储存柜布置于科学发现空间周边，成为既可进行同一主题科学活动、又可进行多主题科学探究活动的布置方式。

科学发现空间内较大的仪器、设备由于占用空间较大，可结合对水、电、光的要求，优先考虑其位置。较小的材料、工具可以直接摆放在陈列、储存柜内，也可按活动主题分别放置于盒子里，再摆放到陈列、储存柜内。

图2-99　集中设置的桌椅

4. 科学发现空间的界面设计

科学发现空间界面应有一定的科学氛围，具有一定的趣味性和安全性，并符合幼儿年龄特点。

科学发现空间的室内墙面需根据科学活动的需要进行设计，可以从以下几方面考虑：①墙面上设置可操作的仪器、设备，供幼儿操作探索。有些仪器、设备，比如长长的传声筒、互相咬合的连续齿轮（图2-100）等，无法摆放到桌面或地面上，需要设置在墙面上，高度以幼儿站立时方便观察和操作为宜，幼儿基于自己的兴趣站在跟前操作。②张贴日常生活常识、科学人物的生平介绍、科学发展或科学探索历程、科学小原理、动植物介绍等图片，并定期更换，以便幼儿不断接触到新的科学知识，激发对科学的兴趣。③张贴幼儿参与实验探究的操作过程、观察记录、实验结果的照片。④靠墙设置陈列、储存柜，柜内、柜上投放操作材料、仪器等。

科学发现空间的顶面也可成为营造科学氛围的界面，比如结合地球宇宙主题设计成星空等，并安装相应多媒体设备，使幼儿能够体验、探索宇宙的奥秘。

图2-100　墙面上设置可操作探索的装置

2.2.2 图书阅览空间

《幼儿园教育指导纲要（试行）》把幼儿早期阅读方面的要求纳入了语言教育的目标体系，提出要"利用绘画、图书等多种方式，引发幼儿对绘本、阅读和书写的兴趣，培养前阅读和前书写技能。引导幼儿接触优秀的儿童文学作品，使之感受语言的丰富和优美，并通过多种活动帮助幼儿加深对作品的体验和理解。"[1]

幼儿园图书阅览空间是为幼儿提供各类阅读资料、支持幼儿开展早期阅读及阅读相关表达活动的专用场所。图书阅览空间的设置，既可为幼儿提供数量充足、内容适宜的图书资源，弥补班级阅读角狭小、图书资源不足的问题；又可为幼儿提供更加多样化的阅读机会，创设安静、宽松、自由的阅读环境和条件，让幼儿感受阅读的乐趣，激发对语言和文字的兴趣，将幼儿带入阅读世界；同时让幼儿学会自主阅读，并在与同伴、成人的相互交流、探讨中丰富语言表达能力。为引发幼儿阅读的动机，应营造一个自在有趣而且具有丰富阅读情境的场所。

1. 图书阅览空间设计的一般要求

1）应安静、相对独立，避免邻近有噪声影响的空间。

2）平面形式与尺度应满足至少一个班幼儿开展多种形式的图书阅览活动的需要。

3）室内环境创设应考虑幼儿阅读的特点，支持幼儿自主选择，富有童趣且自由、宽松（图2-101）。

4）宜设置于各个班级均方便到达的位置，且宜邻近幼儿公共卫生间。

2. 幼儿在图书阅览空间内的活动及其功能需求

幼儿在图书阅览空间内的活动围绕图书与阅读展开：首先，幼儿徜徉在数量充足、内容适宜、种类丰富多样的图书资源中，可感受阅读的乐趣，体验文学语言的美，形成初步的阅读理解能力；其次，教师鼓励、引导幼儿与同伴、成人交流自己的看法，进行美

图2-101 富有童趣的图书阅览空间
（海口山高幼儿园）
资料来源：西安迪卡建筑设计中心

工创编、故事表演等阅读相关表达，培养幼儿的表达能力；同时，图书阅览空间还可为幼儿提供资料检索和图书借阅服务，让幼儿接触更多的信息，使图书资源得以共享。

幼儿园各班通常每周至少开展一次图书阅览空间活动，最好全班幼儿能够共同进入图书阅览空间，可以自主选择阅读内容与形式；教师辅助幼儿参与活动，适时介入调整参与各活动内容的人数，制定并定期更新活动方案，调整内容和材料，并对活动材料进行维护、消毒和补充。图书阅览空间的布置应为不同形式的阅读及表达活动提供条件支持。

1）图书阅读活动及所需空间布置

图书阅读是幼儿在图书阅览空间内最基本的活动。由于幼儿注意力集中时间较为短暂，所以要求幼儿像成人一样长时间坐在书桌前安静地阅读是不现实的。幼儿园鼓励幼儿按照自身的意愿自主选择阅读内容、阅读方式和阅读环境，故图书阅览空间对图书资料的投放需满足每个幼儿自主选择的需要，并创设有效的个别化阅读空间，使每个幼儿能独立、专注地阅读。

考虑到不同幼儿的阅读水平和阅读爱好，图书阅览空间投放的图书数量充足，种类丰富多样，主要包括有故事情节的绘本和百科类的书籍。这些图书通常分类摆放，阅读区域室内布置方式有两种：

图 2-102　阅读区集中设置

（1）阅读区集中设置，区域内配置地毯、地垫、地台或桌椅，周边布置书架（图 2-102）。书架上的图书分类摆放，幼儿从书架上拿取图书后，就近坐到地毯、地垫、地台或桌椅上阅读。阅读区尽量靠近窗边布置，让幼儿可以依靠自然光线进行阅读。周边以低矮的书架为宜，方便幼儿拿取图书。若受面积限制需设置比较高的书架，可考虑放置备用小梯子（图 2-103）或结合楼梯踏步设置。例如，深圳爱波比幼儿园图书室的满墙书架分为上下两部分，书架下部结合楼梯踏步设置成"看台"形式，大大提高了幼儿拿取图书的范围；同时，幼儿拿取图书后，还可随意坐在"看台"上阅读（图 2-104）。

图 2-103　较高的书架旁放置备用小梯子（深圳爱波比国际幼儿园）
资料来源：深圳圆道品牌顾问有限公司（VMDPE 圆道设计）

图 2-104　结合楼梯踏步设置的满墙书架（深圳爱波比国际幼儿园）
资料来源：深圳圆道品牌顾问有限公司（VMDPE 圆道设计）

（2）阅读区分区设置，可分成绘本故事类阅读区和百科类阅读区等，以低矮的书架进行区域划分，书架上投放相应区域的图书，方便幼儿就近拿取。例如，上海某幼儿园主题图书馆，通过地面高差的变化以及低矮的书架，将阅读区分为绘本阅读区和百科阅读区（图2-105），百科阅读区又进一步分为动物主题、城市交通、人体与宇宙等。绘本阅读区可容纳约15名幼儿自由或结伴阅读，百科阅读区可容纳约10名幼儿阅读。这种分区设置的方式，可以帮助幼儿快速在众多书籍中找到自己想要的图书，同时初步建立类的概念，培养初步的信息检索能力。

条件允许的幼儿园，图书阅览空间除投放纸质、布质图书外，还可投放电子类书籍，并可设置专门的视听区。视听区可提供iPad、智能点读笔、互动课桌、视频投影仪、电视机、录音机等多媒体工具与设备，供幼儿进行音像检索、电子阅读、听故事、故事复述等，培养幼儿的信息检索能力和良好的倾听习惯，学会感知和理解语言。为减少干扰，视听区宜与其他区域适当分隔。

2）分享交流与故事表演及所需空间布置

幼儿的语言能力是在交流和运用的过程中发展起来的，幼儿期是语言发展，特别是口语发展的重要时期。幼儿园鼓励幼儿与同伴、成人相互交流、探讨，丰富幼儿的语言表达能力。图书阅览空间中的图书分享交流活动主要有：①教师向幼儿介绍图书、图片的名称和内容，以激发幼儿对阅读的欲望和兴趣；②引导幼儿观察图书画面，结合画面讨论故事内容，学习建立画面与故事内容的联系；③引导幼儿回忆书中的故事情节，有条理地说出故事的大致内容，大胆推测、想象故事情节的发展，改编故事部分情节或续编故事结尾；④鼓励幼儿自主阅读，并与他人讨论自己在阅读中的发现、体会和想法；⑤鼓励幼儿用故事表演等方式表达自己对图书和故事的理解，以发展幼儿的语言表达能力和想象力。因此，图书阅览空间需为教师和幼儿提供图书分享和讨论的空间，座椅等家具常成环绕式布置，中间留有教师或幼儿进行分享的空间（图2-106）。分享交流空间以容纳一个班的幼儿活动为宜。

图2-106　云南纸飞机幼儿园（上图）与南京牛首河幼儿园（下图）图书阅览空间中的分享交流空间
资料来源：西安迪卡建筑设计中心

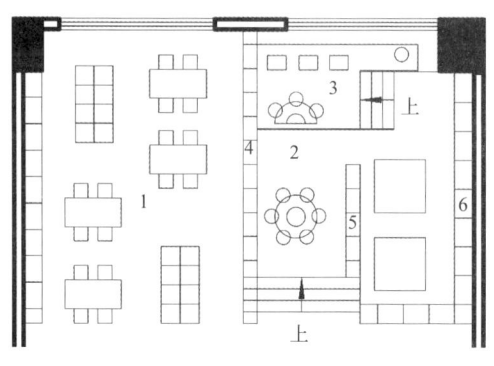

图2-105　阅读区分区设置
1绘本阅读区2百科阅读区
3制作区4动物主题
5城市交通6人体与宇宙
资料来源：改绘自上海市教育委员会教育技术装备中心.去哪儿玩：幼儿园专用活动室优秀案例集[M].上海：少年儿童出版社，2019.

其中，故事表演是将故事情节再现，情景表演，需借助各种道具，幼儿分角色进行故事情节的表演，以加深幼儿对故事的理解，在表演中锻炼幼儿的语言表达能力。表演区的大小需根据童话剧的角色需要设定，一般每个童话剧分 5 ~ 10 人扮演不同角色，表演区应能容纳一个童话剧所需角色同时表演的需要，在条件允许的情况下可考虑设置足够表演的"舞台空间"。如果受到图书阅览空间面积限制，可考虑将表演舞台移至中厅、过厅等公共空间（图2-107），既可减少对图书阅读的干扰，又可打造成全园聚会的场所。

3）美工创编及所需空间布置

幼儿园鼓励幼儿用绘画等方式表达自己对图书和故事的理解，鼓励幼儿将自己感兴趣的故事或其他图书内容画下来并讲给别人听；鼓励和支持幼儿自编故事，并为自编的故事配上图画，制成图画书。让幼儿体会以写写画画的方式表达自己的想法和情感，并在写写画画的过程中体验文字符号的功能，培养书写兴趣。由于活动主要发生于桌面上，该区域需布置一定数量的桌椅，并准备供幼儿随时取放的纸、笔等材料，满足幼儿自由涂画的需要。幼儿的美工创编作品需要一定的展示区域，可贴于墙面上，或用作故事表演区的场景等。

4）资料检索与图书借阅及所需空间布置

随着多媒体技术的发展及幼儿（尤其是大班下学期）阅读信息能力的增强，信息的查找和检索可以成为幼儿的一种学习方式，故有条件的幼儿园图书阅览空间可提供多媒体检索服务，幼儿通过电脑、iPad 等多媒体设备，可尝试用语音检索快速找到所需要的那本书。该区域宜靠近图书阅览空间入口处，配置电脑桌和座椅，通过低矮隔断围合（图2-108）。

图 2-107　外移至中庭的表演区

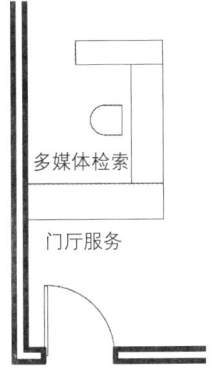

多媒体检索

门厅服务

图 2-108　资料检索与图书借阅区

幼儿园图书阅览空间还可为家长和幼儿提供图书借阅服务，使图书资源得以共享，为推进亲子阅读提供条件。有条件的幼儿园还可提供图书自助借还机，供家长和幼儿进行图书自助借还操作。图书借阅服务区通常设置在图书阅览空间入口处。

3. 图书阅览空间的设置方式

图书阅览空间的设置方式有两种：一是独立设置，二是与廊道空间、过厅、门厅、楼梯等公共空间结合设置。

1）独立设置

图书阅览空间设置于一间固定的房间内，可保证图书阅读活动相对安静，便于图书资料、多媒体设备等的保管。图书阅览空间可根据需要划分为若干区域（图2-109），在阅读区、分享交流区、美工创编区、图书借阅区的基础上，还可进一步划分出若干小区域。若阅读区设有桌椅，美工创编区可与之合并。

为给幼儿提供多样化的阅读环境，图书阅览空间可以设计成比较自由的空间形式，如在图书阅览空间一角设置地台或台阶、设置不同高度的个性化小空间等（图2-110），方便幼儿拿取图书后就近随意坐下、趴下或进入个性化小空间中阅读。为使阅览空间更加自在有趣，图书阅览空间内还可采用弧形、圆形等进行空间环境创设，并将各小空间设于不同高度。

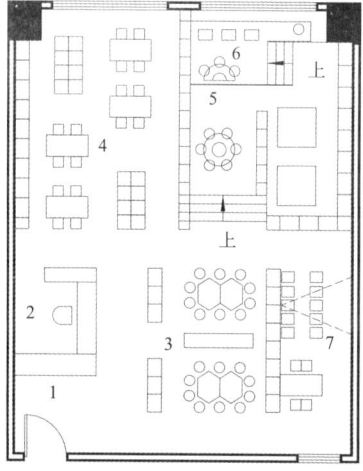

图 2-109　图书阅览空间内可划分为若干区域
1 门厅服务
2 多媒体检索
3 主题阅读区
4 绘本阅读区
5 百科阅读区
6 美工创编区
7 视听区
资料来源：改绘自：上海市教育委员会教育技术装备中心.去哪儿玩：幼儿园专用活动室优秀案例集 [M].上海：少年儿童出版社，2019.

图 2-110　空间形式自由的图书阅览空间
资料来源：海口山高幼儿园
（右图）：西安迪卡建筑设计中心

2）与廊道空间、过厅、门厅、楼梯等公共空间结合设置

图书阅览空间也可与廊道空间、过厅、门厅、楼梯等公共空间结合设置，可引发幼儿自发性阅读活动，但需尽量减少交通流线对阅读活动的干扰。

廊道空间是幼儿使用较多的空间，有的幼儿园廊道空间较为宽阔，图书阅览空间可适当对廊道空间开放，并将图书阅览空间一部分功能外溢，使用频率也会得到增加。但图书阅读活动作为需要投入专注力的活动，必须要与交通空间有一定的空间分隔。可采用以下方式：①图书阅览空间设在廊道空间一侧，适当对廊道空间开放，采用隔断、借阅柜台、书柜、绿植等与廊道空间分隔（图2-111），可在与廊道空间交界处设置图书借阅、资料检索等空间，而将需要安静环境的阅读空间远离廊道空间设置，以减少交通流线对阅读活动的影响。②图书阅览空间设在廊道空间尽端，并对廊道空间开放。尽端空间在一定程度上可以带来相对安静、静谧的心理感受，同时符合幼儿喜于进入自己"小世界"的特点。图书阅览空间一部分功能也可外溢到廊道空间（图2-112），在此摆放低矮的书架，适当投放图书，使体验式阅读可以随时随地发生。

过厅空间因与各幼儿生活单元均有较好的可达性，常成为公共图书阅览空间的设置场所。尤其受面积限制时，可以让一部分幼儿在公共图书阅览空间活动，另一部分幼儿在生活单元内活动。但公共图书阅览空间需通过家具等加以适当限定，或设置在过厅较安静处，以减少周围交通对图书阅读的干扰（图2-113）。

图2-112 广州圣果（誉山国际）幼儿园外溢到廊道一侧的图书阅览空间
资料来源：西安迪卡建筑设计中心

图2-111 广州圣果幼儿园向廊道空间适当开放的图书阅览空间
资料来源：西安迪卡建筑设计中心

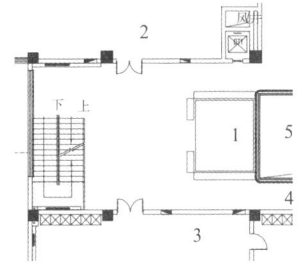

图2-113 与门厅结合的图书阅览空间
1 图书阅览空间
2 多功能活动室
3 幼儿生活单元
4 走廊
5 中庭上空

门厅常常成为幼儿放学后停留玩耍的空间，有些幼儿园也作为个别幼儿等候家长接走的场所。这一区域设置图书阅览空间时需考虑幼儿阅读活动的即时性，无法持续较长时间专注阅读，可以投放少量的互动性立体图书、展示幼儿美工创编的绘画、手工艺品等，以观察和体验式阅读为主要方式。家具及设施投放不宜过多，设于门厅一角（图2-114），或通过片墙、隔断、地台、家具等适当加以限定（图2-115），放置适合幼儿尺度的桌椅、沙发等，满足幼儿即时阅读的需要。

　　幼儿上下楼梯时可引起瞬发阅读，幼儿的阅读场所也可结合楼梯空间设计。为减少上下楼梯的交通对阅读造成的干扰，图书阅览空间可设于楼梯旁边较安静的角落里（图2-116）或楼梯顶层。该处的阅读场所可与楼梯呼应设计成"看台"形式，周边墙体或"看台"下部设置图书存储空间，方便幼儿拿取图书坐在"看台"上阅读。"看台"面层以木质、软式铺装为宜，以免幼儿坐在上面时受凉。该空间亦可成为图书分享交流、故事表演活动的场所。

图2-115　与门厅结合的图书阅览空间
1 图书阅览空间 2 中庭 3 幼儿生活单元 4 走廊 5 厨房备餐间 6 门厅

图2-114　设于门厅一角的图书阅览空间

图2-116　OB托幼一体园设于楼梯旁边角落里的图书阅览空间
资料来源：株式会社日比野设计

2.2.3 美工空间

幼儿园美工空间是幼儿开展美术表现和创造，获得审美体验的活动场所。艺术是幼儿教育的五大领域之一，2012年教育部颁布的《3～6岁儿童学习与发展指南》指出，"幼儿艺术领域学习的关键在于充分创造条件和机会"，引导幼儿"用自己的方式去表现和创造美"[3]，培养幼儿初步感受美和表现美的情趣和能力。因此，幼儿园美工空间需为幼儿提供艺术欣赏、表现和创作的环境，创造条件让幼儿感知和欣赏多种美术作品和形式，并为幼儿提供适合其年龄特点的丰富多样、便于取放的材料、工具或物品，引导幼儿运用多种材料进行想象、创作，尊重并支持幼儿自发的表现和创造。

1. 美工空间设计的一般要求

1）因有大量幼儿进行艺术表现和创作所需的材料、工具或物品，美工空间宜相对独立。

2）平面形式与尺度宜满足至少一个班幼儿开展美工活动的需要。

3）为保证美工活动用水、幼儿洗手等的需要，美工空间内需设置适量的用水设备。

4）室内环境创设应有一定的艺术氛围，并符合幼儿年龄特点，有利安全和易于清洁。

5）宜设置于各个班级均方便到达的位置，且邻近幼儿公共卫生间，以满足幼儿在专用活动空间活动期间的如厕需求。

2. 幼儿在美工空间内的活动方式及其功能需求

《教育学名词》中对美工活动的解释是"指绘画、泥工、纸工和自制玩具等美术、手工活动"[18]。活动进行方式有集体教学、个别化学习和创意美工等多种形式。

各类美工活动的开展需借助丰富的美工材料、工具及设施设备等，故幼儿园美工空间中需设置一定的美工操作空间和材料储存空间，材料、工具等通常存储于材料柜或材料储藏架上，美工操作活动多在桌面、涂鸦墙等上面进行（图2-117）。多数美工活动需要用水调颜料，如水彩、扎染、陶艺等活动，幼儿在活动过程中需要取水、换水、洗手、擦洗美工用具，美工空间内需设置适量的用水设备。美工空间还应为幼儿创设展示自己作品的条件，引导幼儿相互交流、互相欣赏、共同提高，故美工空间还需要一定的交流展示空间。

图2-117 ibg school 美工空间
资料来源：株式会社日比野设计

3. 美工空间的平面布局

美工空间的平面布局方式与美工活动的内容、开展方式紧密相关，平面布局方式可有以下两种：

1）美工操作空间划分成不同区域布置，区域内放置桌椅或供幼儿进行美工操作的设施,材料柜（架）设置在相应区域周边（图2-118）。

图2-118 美工操作空间按美工活动类型分区域设置

图 2-120　设置桌椅、画架的绘画区

图 2-121　SM 保育园门厅处的涂鸦墙
资料来源：株式会社日比野设计

图 2-122　KNO Nursery / KNO 保育园廊道空间上的涂鸦墙
资料来源：株式会社日比野设计

　　幼儿园的美工活动通常包括绘画、泥工、纸工、创意制作等。美工空间面积比较充裕时，宜根据美工活动类型将美工操作空间划分成不同区域，各区域投放相应美工材料、工具等，材料柜或材料储藏架设置在相应区域周边，或用材料柜或材料储藏架进行区域分隔。区域内应放置桌椅或供幼儿进行美工操作的设施，周围留走道，方便幼儿活动和相互间的交流。一般幼儿可自由选择区域进行艺术创作。各区域的设置并不是一成不变的，而是根据幼儿的发展需要进行动态调整，根据各区域的主题适时投放合适的材料和设施。

　　（1）绘画活动及所需空间布置

　　美国发展心理学家加德纳将儿童绘画发展分为三个主要阶段：涂鸦阶段（2～4岁），图示阶段（4～8岁），写实阶段（9岁及以后）。从年龄分布来看，幼儿园小班幼儿大多处于涂鸦阶段，中大班幼儿多处于图示阶段。

　　小班幼儿正处于对色彩的敏感期，其绘画活动通常以玩色游戏为主，通过玩色来丰富小班幼儿的绘画体验，让幼儿在玩色的过程中体验创作的乐趣，激发幼儿对美术的兴趣，其活动的方式主要是自主涂鸦。玩色活动一般发生在墙面、桌面、地面等多种空间。而中大班幼儿的绘画活动形式较小班幼儿丰富，既有在桌面或画架上进行的书画活动，也有丰富的玩色游戏，比如幼儿扎染，还有在墙面、地面上进行的涂鸦游戏（图 2-119）。

　　因此，绘画区域的设计要综合考虑不同年龄幼儿的绘画需求，利用涂鸦墙、画板等设置竖向绘画区，设置配套桌椅形成桌面绘画区等（图 2-120），并提供多种绘画工具及材料，供幼儿积累使用不同工具、材料进行绘画的经验。此外，考虑到绘画活动的特点，绘画区宜靠近水源，方便幼儿取水、换水、洗手等。

　　绘画区域可与室外平台相连接（图 2-119），天气好的时候，幼儿可随时将画板移至室外平台上，进行"写生"等绘画活动。涂鸦活动也可外溢到门厅、过厅、廊道等空间（图 2-121、图 2-122），设置各种形式的涂鸦墙，方便幼儿随时进行涂鸦。

图 2-119　日本 HZ 托幼一体园幼儿在画架和地上进行绘画活动
资料来源：株式会社日比野设计

（2）泥工活动及所需空间布置

泥工活动作为幼儿美工活动的一种类型，以黏土为主要材料，用手和一些辅助工具捏塑成各种物体，其活动过程都是在手指间完成的，有助于幼儿手指的精细动作、大小肌肉的协调发展，培养幼儿的动手创造能力。泥工活动一般是直接在桌面上进行，操作时需要用水调和黏土等材料，操作完后幼儿需要洗手，因此泥工区要邻近水池（图2-123）。有条件的幼儿园可利用儿童陶艺拉坯机等泥工操作工具辅助创作，甚至单独设置陶艺坊（图2-124），但要考虑用电安全。

（3）纸工活动及所需空间布置

作为幼儿园美术领域之一的纸工活动，深受孩子们喜爱，也是培养幼儿创造力的有效途径。纸工一般包括粘贴、撕贴、折纸、剪纸等。空间配置供幼儿操作的桌椅，邻近桌椅配备材料储藏柜，投放各类纸工材料，材料柜的高度不宜过高，便于幼儿取用。有的幼儿园还以传统的纸艺创作文化为主题开展造纸、活字印刷、拓印、剪纸等主题活动。室内布置除了可操作的桌面外，还需要提供专门的工具，活动中也需要用水，因此，纸工操作空间宜邻近用水设施。

（4）创意制作活动及所需空间布置

创意制作区是幼儿大胆创作的场所，一般投放多种类型的材料，如点状材料、线状材料、片状材料、块状材料和用于捆绑、粘合、装饰的辅助材料、工具等，支持幼儿对材料的探索使用及整合多种经验的创意制作。该区域需设置存放材料的储存空间，地面铺设地毯、地垫或放置桌椅供幼儿进行创意制作（图2-125）。

图2-123 在桌面上进行泥工活动的泥工区

图2-125 美工创意制作区

图2-124 云南棒棒糖理想园陶艺坊
资料来源：西安迪卡建筑设计中心

2）美工操作空间集中设置，配置可供幼儿进行美工操作的桌椅或设施，周边布置材料柜（架）。

当美工空间面积较小，无法做到分区域设置时，可采用将美工操作空间集中设置的方式，供幼儿操作的桌椅集中排列，周围预留走道。走道宽度要满足幼儿来回行动拿取材料以及教师动态观察并指导个别幼儿活动的需求。各类材料储存柜（架）按活动类型或工艺类型分类摆放在操作空间四周。幼儿自主选择美工活动类型，拿取相应的美工材料，就近到桌椅上进行美工操作活动。这种设置方式减少了交通面积，空间利用率有所提高，但功能分区不够明确，使用上较易交叉干扰（图 2-126）。

图 2-126 美工操作空间集中布置

作品展示是幼儿间互相交流、欣赏、共同提高的重要环节。在美工活动结束后，教师通常会组织幼儿相互欣赏作品，并引导幼儿分享活动中的快乐与制作经验，以激发幼儿对多种美工活动的好奇与兴趣。因此，在美工空间内设置作品展示空间是有必要且有意义的。展示的方式可以是多样的，可利用墙面、顶面、展示架等对应展示在各美工区域内，也可专门划分出展示区域进行展示（图 2-127），或将幼儿作品张贴、悬挂于门厅、过厅、走廊、楼梯等处，便于不同班级幼儿之间相互欣赏。

4. 美工空间的界面设计

美工空间的界面设计应重在营造出充满创意艺术氛围的环境，有效利用美工空间的墙面、顶面、地面、隔断等界面空间。美工空间内的墙面、隔断等需根据美工活动的特点来设计，主要从以下几方面考虑：①局部墙面设计成涂鸦墙，使得墙面空间成为活动空间的一部分；或用玻璃隔断围合形成涂鸦区，玻璃隔断也可作为涂鸦墙使用，增加幼儿在不同材料上涂鸦的感受与经验。②墙面作为储存和展示空间的一部分（图 2-128），靠墙设材料储藏柜、陈列柜，墙面张贴幼儿绘画作品、艺术画等，激发幼儿的创作兴趣。

美工空间的顶面设计要结合美工活动特点创设艺术氛围，考虑幼儿的身心特点，选用比较温馨的材料和色彩，对于高大的室内空间，可通过悬挂一些装饰物、幼儿美工作品等，在视觉上降低空间高度，使得空间的尺度更符合幼儿的心理需求（图 2-128）。

图 2-127 美工作品展示区

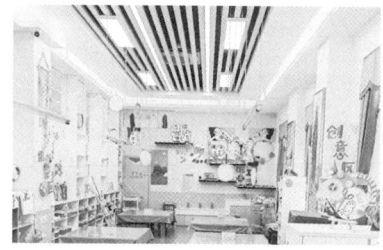

图 2-128 美工空间墙面与顶面

2.2.4 建构空间

幼儿园建构空间是幼儿运用丰富、适宜的建构材料开展建构活动的专用场所。建构游戏又称结构游戏（constructive play），是指幼儿利用各种建筑和结构材料（积木、积塑、金属结构材料、沙子、雪等）进行各种建筑和构造活动，以及反映现实生活的游戏。《3～6岁儿童学习与发展指南》指出，幼儿园要"用多种方法帮助幼儿在物体与几何形体之间建立联系"，如"鼓励和支持幼儿用积木、纸盒、拼板等各种形状材料进行建构游戏或制作活动""引导幼儿体验图形之间的转换"等。[3]因此，幼儿园建构空间需为幼儿创设开展多种建构活动的环境，满足幼儿通过自主搭建表达对周围事物的认识，从而培养动手操作能力、空间想象能力、创造性思维、交往能力、数学思维能力等。

1. 建构空间设计的一般要求

1）因需存放大量建构材料和未完成作品，建构空间宜相对独立。

2）平面形式与尺度宜满足一个班幼儿开展多种建构活动的需要。

3）室内环境设计应考虑幼儿使用的特点，有利安全和易于清洁。

4）宜设置于各班幼儿均方便到达的位置，且宜邻近幼儿公共卫生间。

2. 幼儿在建构空间内的活动方式及其功能需求

杨枫的《学前儿童游戏》中将结构游戏分为积木建筑游戏、积塑构造游戏、积竹游戏、金属构造游戏、拼图游戏、穿珠、串线、编织游戏、玩沙、玩水、玩雪等。其中，玩沙、玩水、玩雪等结构游戏大多在户外开展。室内建构活动的开展形式一般有自由建构、模拟建构和主题建构等：自由建构没有具体的建构要求，幼儿可以依照个人兴趣自主确立建构内容，自主选择材料与同伴进行搭建，教师不随意打断；模拟建构即幼儿依照平面图或实物图进行搭建，从中学习建构技能，比如对实物、玩具形象的模拟，对照片、图画的模拟等；主题建构有明确的建构主题，一般围绕生活中熟悉的特定的建筑物进行搭建，幼儿在游戏前需要事先做好主题协商和游戏计划，是一种有共同目的指向性的游戏活动，适合在中、大班开展，一般分组进行。

图2-129 桌面上主要进行小型建构材料搭建
资料来源：西安迪卡建筑设计中心

幼儿在建构空间内的活动通常发生在地面、桌面及墙面上。桌面以小型建构材料搭建活动为主（图2-129），比如用雪花片积木搭建鲜花、飞机、房子等；地面以较大型的积木搭建活动为主（图2-130），比如利用单元积木搭建小区、幼儿园等建筑物；墙面主要以乐高墙的方式呈现，主要投放乐高积木。建构活动的开展需要大量的建构材料支持，建构空间的材料一般包括搭建类、穿插类、辅助类材料等。辅助材料包括暗示性辅助材料（比如毛绒玩具）、美工材料（蜡笔、水彩笔、手工纸、记号笔、剪刀、双面胶、固体胶等）

图2-130 大型积木搭建活动主要发生在地面上
资料来源：西安迪卡建筑设计中心

和废旧材料（纸盒、瓶子、罐子、报纸、宣传单等）等，以满足幼儿在完成搭建后进一步美化作品的需要。建构材料一般根据材料的种类、型号、批次、大小、形状、颜色等储存在储存柜、收纳篮、透明收纳箱、收纳筐等储存用具内。幼儿在活动结束后需要根据存放区张贴的材料图片将不同的材料分类摆放进收纳箱、收纳柜或收纳筐中，以培养幼儿分类整理、自主收纳的良好习惯。材料储存区的位置一般按照建构空间的划分邻近相应建构区设置，方便幼儿取用。

在搭建结束后，教师会组织幼儿互相参观和交流、分享搭建经验和活动中的趣事，并根据幼儿的意愿保留幼儿想要留存的和尚未完成的作品。因此，建构空间除了创设供幼儿开展建构活动的操作空间和建构材料储存空间外，还应设置作品展示空间。

3. 建构空间的平面布局

考虑到建构活动的内容、建构材料的种类以及建构活动开展方式等影响因素，建构空间的平面布局主要有以下两种：

1）建构活动空间分区设置，区域内设置地垫或桌椅等辅助幼儿进行建构活动的设施，建构材料储存在相应的区域周边。

建构活动空间可按建构活动的类型划分成不同的建构区域，如积木区、积塑区、积竹区、金属构造区、拼图区等。区域内可根据建构材料的特点及建构活动的需求铺设地垫或放置配套桌椅，各区域间用低矮的材料柜或材料收纳筐进行半围合式分隔，形成较独立的活动区域。一般使用较大型的积木搭建的建构活动，由于需要的空间较大，适合在地面开展，需预留足够的地面空间，地面上可铺软质地垫，以免幼儿操作时受凉。而一些使用小型建构材料搭建的建构活动，比较适合在桌面上开展，因此这类材料的搭建活动区域需要配套桌椅，桌子可自由拼接，幼儿围坐在桌边进行自主搭建或小组搭建，宜投放接插类积木，有门、窗等较高结构的材料，便于幼儿独立操作（图 2-129）。

也可以使用不同材质或不同颜色的地垫、不同颜色的地板贴纸将地面划分成不同的建构区（图 2-131），并预留走道，便于幼儿合作建构，幼儿在各区域可以进行自主建构或者分组建构。

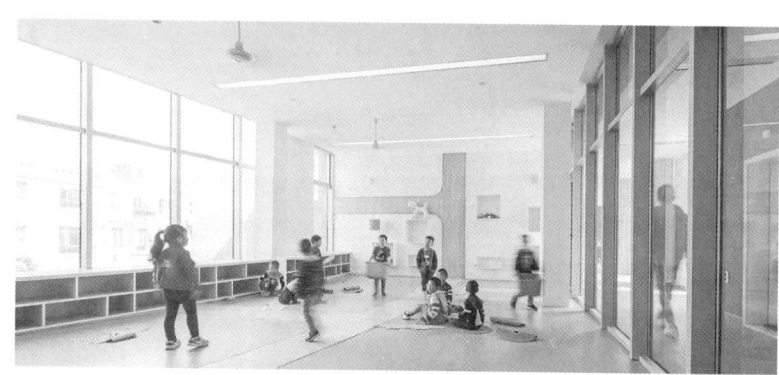

图 2-131　上海金山区金蔷薇幼儿园建构空间用不同颜色的地板贴纸将地面划分成不同的建构区
资料来源：曼景建筑设计事务所

2）建构活动区集中设置，材料储存区靠墙设置在建构区四周。

建构区集中设置也是幼儿园常采用的布置方式之一。为使小型建构材料搭建与较大型积木搭建活动均能顺利进行，建构活动通常在地面开展，建构材料在建构活动区四周靠墙分类放置，幼儿进入建构空间后，自主选择建构材料及建构伙伴，在所选建构材料的附近地面就近开始建构活动（图2-132）。

建构活动结束后，对于幼儿想保留的作品以及未完成的需要在下次活动时继续搭建的作品，应提供展示和存放的空间，一般利用建构空间的墙面、窗台、物品摆放架等空间，有序、有创意地陈列幼儿完成的或未完成的作品。

4. 建构空间的设置方式

1）独立设置

建构活动是比较热闹的活动，独立设置建构空间（图2-133），既能避免建构活动产生的噪声对周围班级的干扰，也能够按照不同年龄段幼儿的身心发展规律设置多种形式的建构区域，如地面建构区、桌面建构区、乐高墙等，还能投放更丰富的建构材料，并提供专门的作品展示区域，增强幼儿的成就感。幼儿还可以互相帮助，观摩欣赏，达到合作的目的。但是，独立封闭的建构空间容易使幼儿的建构作品不能很好地向幼儿园呈现，可以采取面向交通空间一侧设置通透玻璃的措施，以便幼儿的建构作品能够对幼儿园环境氛围起到一定的渲染作用。

图 2-132　以地面建构为主集中布置建构活动区

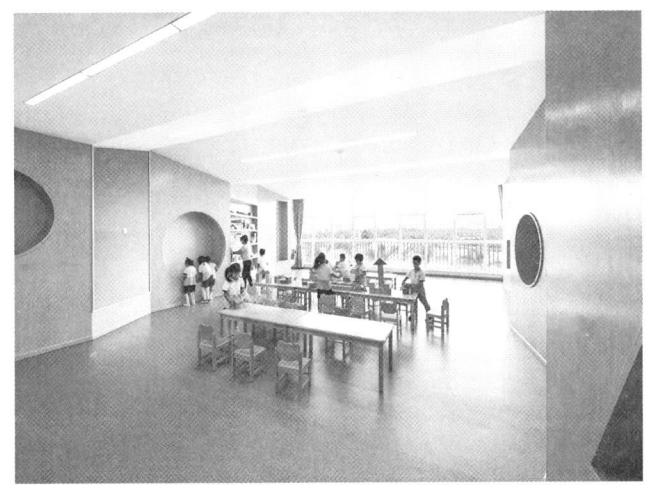
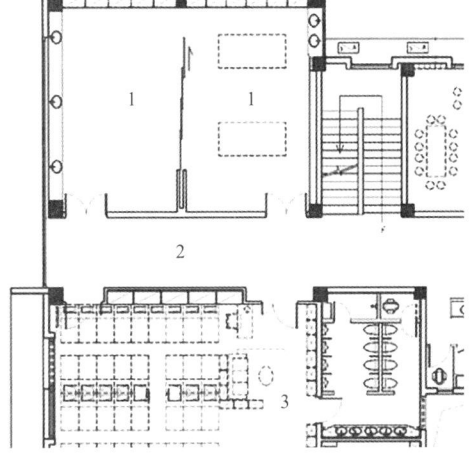

图 2-133　云南纸飞机幼儿园独立设置的建构空间（左图），平面示意图（右图）
1 建构空间 2 走廊 3 幼儿生活单元
资料来源：西安迪卡建筑设计中心

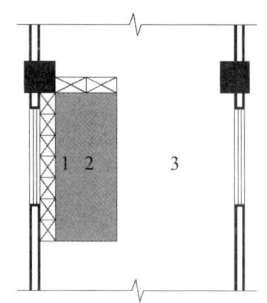

图 2-135 沿廊道空间一侧设置的建构区（上图），平面示意图（下图）
1 储物柜 2 地垫 3 走廊

图 2-136 海口山高幼儿园的乐高墙
资料来源：西安迪卡建筑设计中心

2）与过厅、廊道空间等公共空间结合设置

没有条件设置独立建构空间的幼儿园，可利用一些开放的公共空间作为建构区域。例如设于开放的公共大厅内，空间开阔，气氛活跃，也是展示幼儿搭建成果的较好区域。设在公共空间内的建构空间多以地面建构为主，一般采用铺设地垫的方式对建构空间做出限定，围绕地垫放置相应的建构材料储存柜、收纳箱等，围合应尽量减小对公共交通的影响（图 2-134）。

在廊道空间较宽的情况下，根据具体空间环境条件，可适当划分出一部分空间，通过材料储存柜、地垫等限定出不被人流穿行的较独立地带，作为幼儿建构活动的场地（图 2-135）。或在廊道空间一侧设置"建构小屋"，通过各种有趣的洞口对廊道空间适当开放（图 2-130）。虽然面积条件有限，但却是吸引幼儿、展示幼儿搭建积木成果的良好区域。

5. 建构空间的界面设计

建构空间的地面一般全部铺上安全的软弹性地垫，方便幼儿坐在上面进行地面建构，并防止幼儿搭建时受凉，若建构作品倒塌，还可减少撞击地面产生的噪声。

室内墙面设计可以从以下几方面考虑：①利用幼儿伸手可及的墙面布置乐高墙（图 2-136），幼儿可在墙面进行操作；②用于展示幼儿感兴趣的热点图片、幼儿自己设计的图片、幼儿完成作品的图片，支持幼儿有意观察和表达表现；③靠墙摆放建构材料储存柜/箱/篮/筐、作品展示柜等。

顶面可结合建构的特点，设计各种几何形状。有的幼儿园在建构空间的屋顶装上大镜子，当幼儿在搭建大型建筑物时，可以通过镜子看到高高的屋顶上面的情况，以及搭建物体的整体情况，便于幼儿根据搭建需求对搭建物体做出调整。

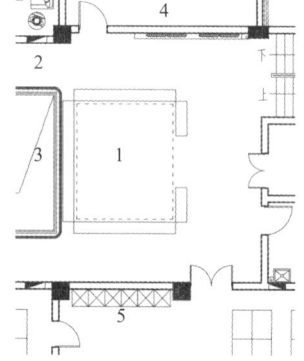

图 2-134 设在公共空间内建构区（左图），平面示意图（右图）
1 建构空间 2 走廊 3 中庭上空 4 会议室 5 幼儿生活单元

2.2.5　角色游戏空间

幼儿园角色游戏空间是幼儿自主进行角色装扮和角色交往的场所。在角色游戏中，幼儿通过对现实生活的模仿，再现社会中的人际交往，练习社会交往的技能。

《3～6岁儿童学习与发展指南》指出，"幼儿社会领域的学习与发展过程是幼儿社会性不断完善并奠定健全人格基础的过程""幼儿阶段是社会性发展的关键时期，良好的人际关系和社会适应能力对幼儿身心健康发展以及知识、能力和智慧作用的发挥具有重要影响"。"幼儿园应多为幼儿提供自由交往和游戏的机会，鼓励他们自主选择、自由结伴开展活动"，并且"可以经常打破班级的界限，让幼儿有更多机会参加不同群体的活动。"[3]

角色游戏活动需要在特定情境下开展，目前幼儿园生活单元内虽然普遍设置角色游戏区，但经常需要临时布置场地和摆放材料，给教师组织角色游戏带来一定的困难。为给幼儿创设和提供更为有效的角色游戏环境和条件，有条件的幼儿园可以设置专门的角色游戏空间，为幼儿营造不同情境，投放引发想象和适合角色交往互动的各类材料，促使各年龄段的幼儿均能根据自己的意愿和已有经验，通过模仿、装扮，创造性地反映生活，积累人际交往和解决问题的经验。

1. 角色游戏空间设计的一般要求

1）应可开展多种角色游戏活动,空间具备一定的弹性和可变性。

2）室内环境创设应考虑不同年龄段幼儿角色游戏活动的特点。

3）宜设于各班幼儿均方便到达的位置。

2. 幼儿在角色游戏空间内的活动及其功能需求

幼儿在角色游戏空间内的活动主要分为两类：一类是生活模仿游戏，另一类是职业体验游戏，室内空间应根据活动的需要营造相应的场景。角色游戏活动通常有三个阶段：①讨论确定游戏主题，协商并分配角色，幼儿进入营造好的游戏场景中，进行合理装扮，摆放物品；②幼儿自主游戏，教师观察指导；③收拾整理材料，分享交流经验。

1）生活模仿游戏及所需空间布置

生活模仿游戏是幼儿通过扮演家庭成员中的不同角色，模仿生活中人物的动作和语言，体验与周围其他人、事、物的关系的角色游戏活动。小班以此类游戏为重点。小班的幼儿由于刚从家庭来到幼儿园，容易出现分离焦虑，稳定幼儿情绪、让他们对幼儿园有归属感成为第一要务。生活模仿游戏恰能使幼儿在游戏中体验不同的家庭角色，使他们在角色扮演中通过摆弄材料、模仿成人的动作等舒缓分离焦虑，从而获得安全感和心理慰藉。中大班也可以开展生活模仿游戏，但材料和玩法会随着幼儿能力和年龄的增长而变化。

图 2-137　生活模仿游戏空间

图 2-138　职业体验游戏空间

生活模仿游戏空间常见的如"娃娃家"，通常按照家的功能进行布局，可创设客厅、餐厅、寝室、厨房、卫生间等空间，利用隔断、屏风、家具等进行空间分隔，营造安全、温馨、互动材料丰富的"家"中的某一（或某些）场景（图 2-137）。幼儿在其中打扫卫生、招待客人、整理床铺等，获得真实的生活体验。

2）职业体验游戏及所需空间布置

职业体验游戏是幼儿对将来社会生活的预演，幼儿通过对各种职业中角色的扮演，体验成人的生活，学习社会知识，满足社会交往的需要，为他们适应以后的成人社会、理解人与人之间的关系、学习合理的行为方式、遵守社会规则等提供了一个重要途径。

随着生活经验的丰富，中班幼儿已具有一定的角色意识，幼儿开展角色游戏的主题也较小班广泛，职业体验游戏空间通常从更加贴近幼儿生活的餐厅（火锅店、小吃店）、面包店、饮品店、小超市、理发店、小医院等开设。由于大班幼儿能自主地确定角色游戏的主题、内容，乐于与同伴合作游戏，能进行初步的分工与协商，所以职业体验游戏空间的内容可以进一步扩大至幼儿生活中不常接触的范围，例如照相馆、商场、银行等。

职业体验游戏空间又称"小社会"，通常用轻便隔断、家具等限定出不同的"职业"游戏区域，如餐厅、甜品店（图 2-138）、小超市、小医院、茶艺坊等，投放相应的职业游戏材料，营造职业体验场景，并留有通道，使幼儿与教师能够方便地到达各区域。职业体验游戏空间需相对开放，以利于活动的开展，并保证教师能关注到每一位参与活动的幼儿。

3. 角色游戏空间的设置方式

角色游戏空间的设置方式有两种：一是独立设置，二是与廊道空间、过厅等公共空间结合设置。

1）独立设置

独立设置角色游戏空间时，通常将生活模仿类角色游戏（"娃娃家"）与职业体验类角色游戏（"小社会"）合设在一起（图 2-139），根据需要同时创设若干组角色游戏情境，场地和投放的材料、设施可以保留较长时间，有利于各班幼儿轮流或混合使用，但不够开放。角色游戏空间的布局要动静分区，如图书馆、医院诊室等

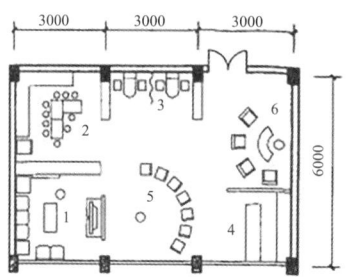

图 2-139　独立设置的角色游戏空间
1 家庭角色游戏 2 烹饪角色游戏
3 门诊角色游戏 4 购物角色游戏
5 交通角色游戏 6 接待角色游戏
资料来源：建筑设计资料集编委会. 建筑设计资料集：第 4 分册 [M]. 北京：中国建筑工业出版社，2017.

可设在较安静的位置，而较热闹的超市、餐厅等则需通过隔断等适当加以分隔，减少和避免不同角色游戏之间的相互干扰。

　　2）与廊道、过厅等公共空间结合设置

　　若廊道空间比较宽敞，可将职业体验类角色游戏空间与廊道空间结合设置，形成职业体验"一条街"。如图2-140咸阳市星期八小镇幼儿园，幼儿从各生活单元来到廊道空间，如同走进城市的街道，可形成较浓厚的职业体验氛围，大大提高角色游戏空间的使用率。需要空间不大的角色游戏空间，比如糖葫芦售卖处、门诊挂号处等，可直接设置在廊道空间上，通过轻便的家具、隔断限定空间，创设出不同职业所需的情境；需要稍大面积的角色游戏空间，比如建筑工地、包子铺等，可设置在廊道两端或角落局部凹进去的相对独立的小空间中，以便为角色游戏提供足够的场地（图2-141）。

　　过厅也是设置角色游戏空间的较好场所，其优点是空间较宽阔、开放，具有良好的可达性，可设置需要面积稍大的角色游戏空间，比如城市道路、斑马线、电话亭等公用设施以及路边的店铺等（图2-142），但需进行适当的空间限定，以减少公共交通对角色游戏活动的影响。

图2-142　海口山高幼儿园过厅中的角色游戏空间
资料来源：西安迪卡建筑设计中心

　　无论哪种设置方式，均可考虑将幼儿喜爱的一部分角色游戏空间，比如娃娃家、超市、餐厅、医院、理发店等，设置为相对固定的游戏屋（区），并将其他区域"留白"，根据角色游戏进展或生成的需要临时增设游戏场地。

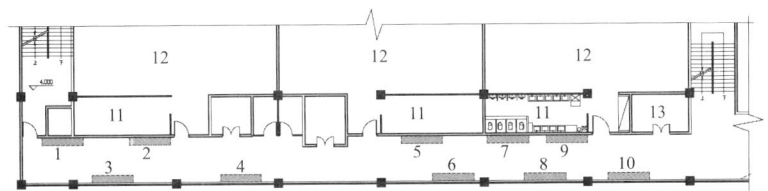

图2-140　咸阳市星期八小镇幼儿园职业体验"一条街"
1 窑洞 2 江南别院 3 石林 4 风筝区 5 纺织作坊 6 爆米花 7 同仁堂 8 剪纸 9 寺庙 10 糖葫芦
11 卫生间 12 幼儿生活单元 13 狗不理包子铺

图2-141　廊道上局部小空间内的角色游戏空间

2.2.6 烹饪空间

幼儿园保教活动与幼儿的生活距离越近，就越能引发幼儿的学习兴趣，幼儿的学习也就更有效。幼儿园的烹饪活动是幼儿非常喜爱的活动，幼儿亲自参与制作美食、品尝美食、分享美食，从食物的享受者成为实际操作者，在此过程中了解食物的营养价值，懂得尊重别人的劳动成果，从而养成良好的饮食习惯，提高基本的生活能力。许多幼儿园的烹饪活动在生活单元中进行，但由于烹饪所需的材料、工具、器皿等的缺失，只能进行简单的烹饪操作，因此专门的烹饪空间成为一些幼儿园设置的专用活动空间之一。

1. 烹饪空间设计的一般要求

1）因需投放烹饪所需的材料、工具、器皿等，烹饪空间宜靠近厨房并相对独立设置。

2）空间布局应符合烹饪流程，满足幼儿进行多种烹饪活动的需要。

3）室内空间相对开放，保证教师能关注到每一位幼儿。

4）为保证烹饪活动各环节的正常进行，烹饪空间内宜配置适量的插座和水池。

5）室内环境设计应符合幼儿的年龄特点和身体尺度。

2. 幼儿园烹饪空间内进行的活动及其功能需求

幼儿园烹饪空间内进行的活动常围绕一个幼儿力所能及的主题（如制作三明治）展开，教师需提前准备相关烹饪材料、工具、器皿等。幼儿到烹饪空间活动时，可穿上厨师服、戴上厨师帽，进入烹饪空间后先洗手。由于幼儿年龄较小、生活经验不足等方面的原因，烹饪活动往往需要教师先引导幼儿认识、讨论烹饪材料、烹饪工具等，为幼儿演示烹饪过程，提出幼儿动手操作的要求，然后幼儿再动手操作。幼儿可自主选择或通过教师分发烹饪材料、烹饪工具等，独立或分工合作进行洗、切、拌、煎等烹饪操作，教师巡回指导。烹饪完成后，教师会带领幼儿品尝、分享美食。烹饪空间的布置应为上述活动提供条件支持。

1）烹饪活动所需室内布置

为存放烹饪材料、工具、器皿等，需设置适合幼儿尺度的低矮橱柜（图2-143）。可将即将用到或常用的放置于橱柜上，便于幼儿拿取和使用，不常用的或用完收起的存放于橱柜内。幼儿园烹饪活动常用到电烤箱、微波炉等电器设备，可放置于橱柜上，亦可嵌入橱柜中。有条件的幼儿园可设置冰箱，以便更好地储存食材。为保证电器设备的正常使用，宜配置适量的插座。

幼儿清洗水果、蔬菜以及进入烹饪空间时洗手的水池也是烹饪空间必备的，通常根据烹饪空间人数设置若干幼儿用水池和一个成人用水池。幼儿用水池距地面的高度宜为0.50 ~ 0.55m，宽度宜为 0.40 ～ 0.45m，水龙头的间距宜为 0.55 ～ 0.60m。水池通常结合橱柜设计，橱柜上留有适当的台面，用于放置洗好的水果、蔬菜，或用于切菜、切水果等。水池旁边可考虑放置垃圾桶，方便将摘下的菜叶、削掉的果皮及其他垃圾扔进去（图 2-143）。

幼儿在烹饪空间的烹饪操作活动需要一定长度的操作台面，可在橱柜台面上完成。为满足全体幼儿烹饪操作的需要，除沿墙设置橱柜外，还可设置岛台，并限定出烹饪操作区（图 2-144）。有些烹饪操作活动（如拌凉菜、制作甜点等）也可在桌面上完成，故烹饪空间还可设置一定数量的幼儿桌作为操作台面，操作桌间需留出供教师和幼儿通行的距离（图 2-145）。该区域还需留出教师讲解演示的空间，并保证教师视角可以完全覆盖所有幼儿。

烹饪操作区域可分为制作中国传统美食的中餐区和感受西方美食制作的西餐区，所需的烹饪材料、工具、器皿等分区投放。

2）品尝、分享活动所需室内布置

烹饪活动完成后，教师通常会组织幼儿品尝、分享美食并交流制作美食的过程、心得等。可将幼儿烹饪完成的食物直接放置在操作台面上，幼儿围绕操作台面品尝、分享食物；也可单独设置适量的桌椅作为品尝、分享区，桌椅间留出通行距离，幼儿围绕桌椅进行品尝、分享活动。

图 2-143　烹饪空间中低矮的橱柜和水池

图 2-144　台州三门大孚双语幼儿园烹饪操作区

资料来源：上海思序建筑规划设计有限公司

图 2-145　西安某幼儿园烹饪空间

图 2-146　云南纸飞机幼儿园 DIY 厨房
资料来源：西安迪卡建筑设计中心

图 2-147　广州狮子国际幼儿园烹饪空间
资料来源：深圳圆道品牌顾问有限公司（VMDPE 圆道设计）

3. 烹饪空间的平面布局

幼儿园烹饪空间大致可分为烹饪区和品尝、分享区两个功能区，布局方式有两种：

1）烹饪区与品尝、分享区分区布置（图 2-146），以适合幼儿尺度的低矮烹饪操作台面围合限定出烹饪区，另外设置适量的餐桌椅作为品尝、分享区。面积较大的烹饪空间可采用这种布局方式。若烹饪空间面向室外绿化场地设置，可将品尝、分享区布置在靠窗的位置，形成良好的就餐环境；或对外设置推拉门，天气晴好的时候，将品尝分享活动移至室外进行。

2）烹饪区与品尝、分享区合并布置。若烹饪空间面积较小，可在烹饪空间中设置适量幼儿桌作为品尝、分享台面兼烹饪操作台，橱柜、冰箱等沿烹饪空间周边靠墙布置（图 2-147）。

除上述专用活动空间外，幼儿园还可根据园所条件和课程特色创设体现其园所特色的专用活动空间，如体能训练空间（图 2-148）、文化体验馆（图 2-149）、棋艺室（图 2-150）、木工坊（图 2-151）等，并在其中创设丰富多样且与幼儿生活经验、兴趣及发展需求相吻合的活动空间，以满足幼儿健康、语言、社会、科学、艺术等方面发展的需要。

| 148 | 149 |
| 150 | 151 |

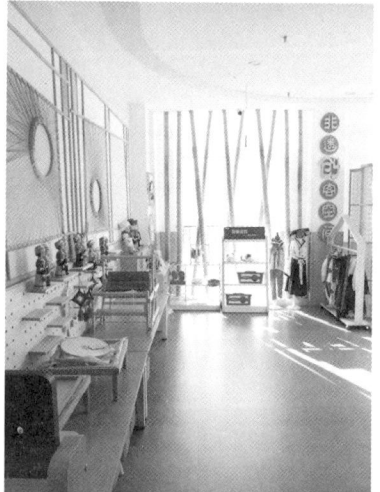

图 2-148　体能训练空间

图 2-149　文化体验馆

图 2-150　云南棒棒糖理想园棋艺室
资料来源：西安迪卡建筑设计中心

图 2-151　广州狮子国际幼儿园木工坊
资料来源：深圳圆道品牌顾问有限公司（VMDPE 圆道设计）

2.2.7　多功能活动室

幼儿园多功能活动室是供全园幼儿共同进行音乐、体育、节日集会等多功能活动的空间[9]以及观摩教学的场所。天气恶劣时，各班还可将部分小型体育活动从室外移至多功能活动室进行。

1. 多功能活动室的位置

多功能活动室的位置选择，是由其多种功能使用的要求决定的：

1）应与各幼儿生活单元的活动空间联系方便，同时又要避免噪声干扰（图2-152）。

由于多功能活动室的主要功能是各班日常需要场地较大活动的开展以及节日联合集会、演出，因此多功能活动室应与各幼儿生活单元联系便捷，方便幼儿到达。为避免雨雪等恶劣天气影响幼儿使用，当多功能活动室独立设置时，宜邻近主体建筑，并与主体建筑用带雨篷的走廊连通，严寒和寒冷地区应做封闭连廊。

同时，由于在多功能活动室进行的活动易产生较大的声响，为尽量减少对邻近幼儿生活单元产生的噪声干扰，多功能活动室要与幼儿生活单元有适当的距离；距离不够时，多功能室应采取相应的隔声措施。

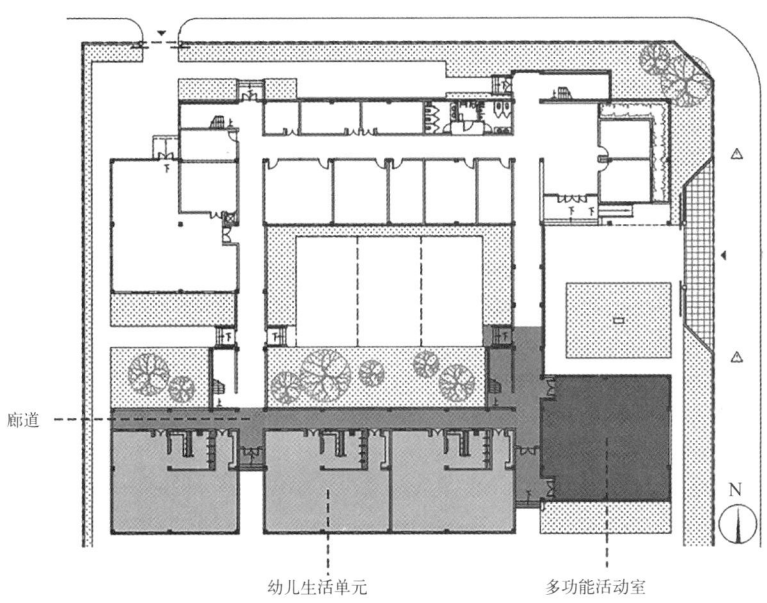

廊道 --- 幼儿生活单元 多功能活动室

图 2-152　多功能活动室与幼儿生活单元联系方便
资料来源：改绘自中华人民共和国教育部，中华人民共和国住房和城乡建设部，东南大学建筑设计研究院有限公司. 幼儿园标准设计样图 19J823 [S]. 北京：中国计划出版社，2019.

2）宜靠近幼儿园主入口

多功能活动室靠近幼儿园主入口设置（图2-153），可方便对外使用，如进行观摩教学、召开家长会或面向社区开展科学育儿指导等活动时，外来人员无需深入幼儿园内部，以免对其他幼儿生活用房带来干扰或造成人员交叉感染。

3）宜与全园共用室外活动场地相连接

多功能活动室通常比各幼儿生活单元的活动空间大，雨、雪、雾霾等恶劣天气时，本应在室外开展的部分小型体育活动或游戏可在此进行。多功能活动室邻近全园共用室外活动场地布置（图2-153），可方便室内外活动场地随时根据天气变化进行切换。

2. 多功能活动室的设置形式

多功能活动室在6班及以上规模的幼儿园中至少设一间，其设置形式有以下几种：

1）自成一单元，与主体建筑通过连廊或过厅联系

多功能活动室往往比幼儿园的生活单元等其他空间层高更高、面积更大。根据《托儿所、幼儿园建筑设计规范》JGJ 39—2016（2019年版）的规定，多功能活动室的室内最小净高为3.9m，而幼儿生活单元活动空间与睡眠空间的室内最小净高为3.0m。将多功能活动室自成一单元设置，可使其空间形态和结构形式较少受其他空间组合的限制，有较高的设计自由度。

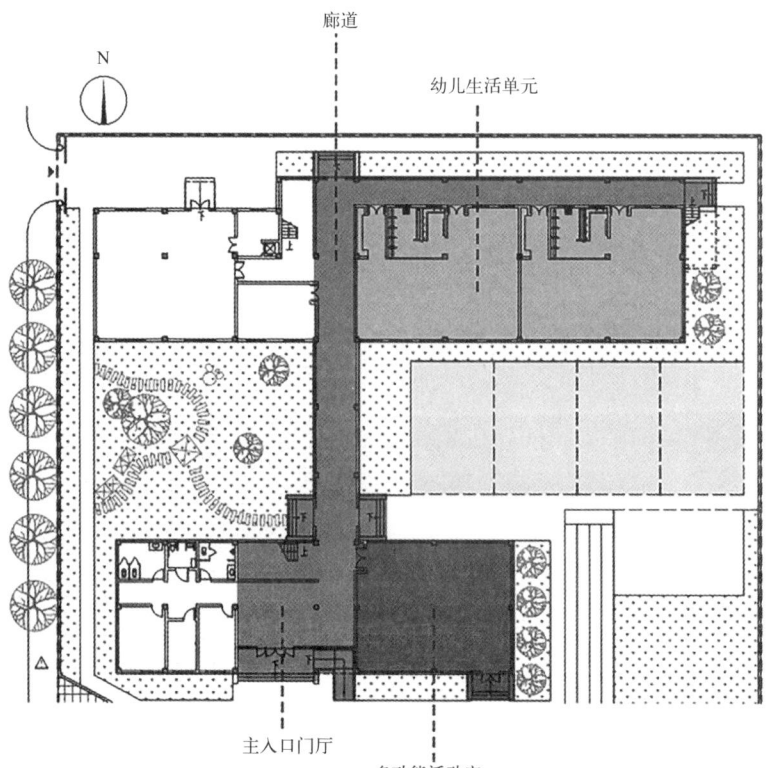

图2-153 多功能活动室靠近幼儿园主入口或全园共用室外活动场地

资料来源：改绘自中华人民共和国教育部，中华人民共和国住房和城乡建设部，东南大学建筑设计研究院有限公司.幼儿园标准设计样图19J823 [S].北京：中国计划出版社，2019.

多功能活动室自成一单元设置可分为两种情况：一是多功能活动室脱离主体建筑独立设置，可将其建筑空间形态较好地展现出来，有利于充分发挥其自身设计的自由度，使之成为建筑的核心和点睛之笔；但需邻近主体建筑中的幼儿生活单元，并与主体建筑用带雨篷的连廊连通，使幼儿能方便到达，并不受雨雪等恶劣天气的影响（图 2-154）。二是设于主体建筑一侧，与幼儿生活单元保持一定的距离，可减少干扰，同时又联系方便（图 2-155）。

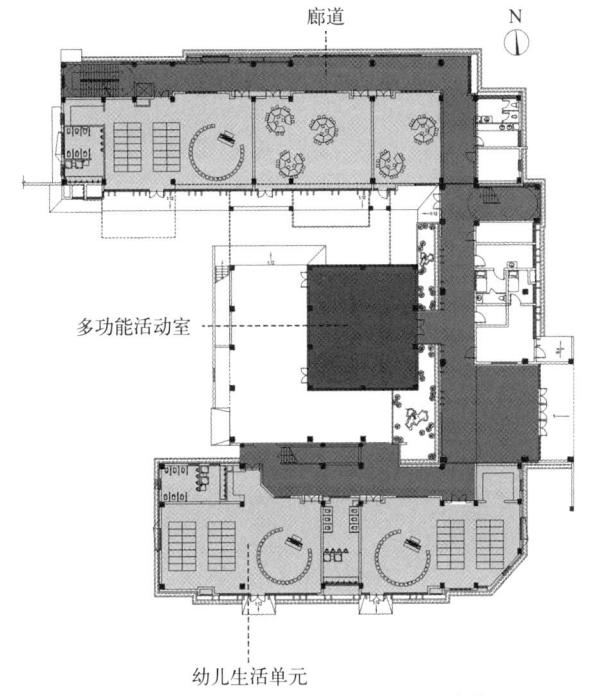

图 2-154　独立设置的多功能活动室成为建筑的核心（义乌市佛堂镇倍磊幼儿园）
资料来源：改绘自上海思序建筑规划设计有限公司提供的底图

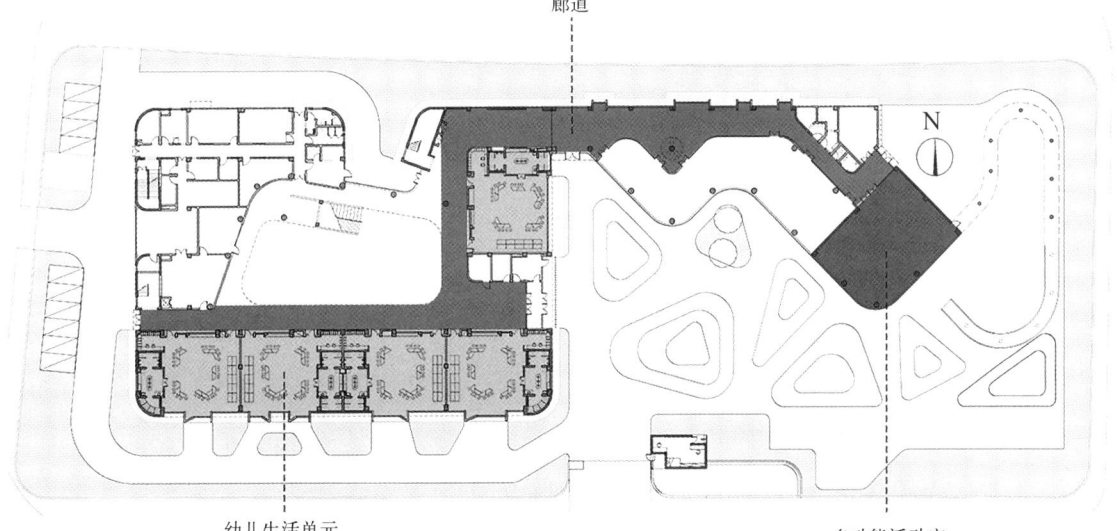

图 2-155　多功能活动室位于主体建筑一侧自成一单元（黄陵县新区幼儿园）
资料来源：改绘自 BIAD 第六建筑设计院提供的底图

幼儿园建筑设计

2）设于主体建筑内

（1）设置成独立的房间，形成多功能活动室

多功能活动室设于主体建筑内时，通常与幼儿生活单元联系便捷，但易对幼儿生活单元产生较大的干扰，故进行多功能活动的空间通常设置成房间，形成多功能活动室，并设于一角或与幼儿生活单元保持适当的距离。为了邻近室外公共活动场地并便于疏散，多功能活动室常设于底层（图2-156）。但由于多功能活动室层高较高、体量较大，需妥善处理与主体建筑的结构及层高关系。若多功能活动室设于顶层，结构及层高关系较易处理，但应注意解决疏散及上下人流对其他楼层空间干扰问题。如图2-157，位于局部顶层的多功能活动室，设置了单独的出入口和疏散楼梯，直通室外公共活动场地。

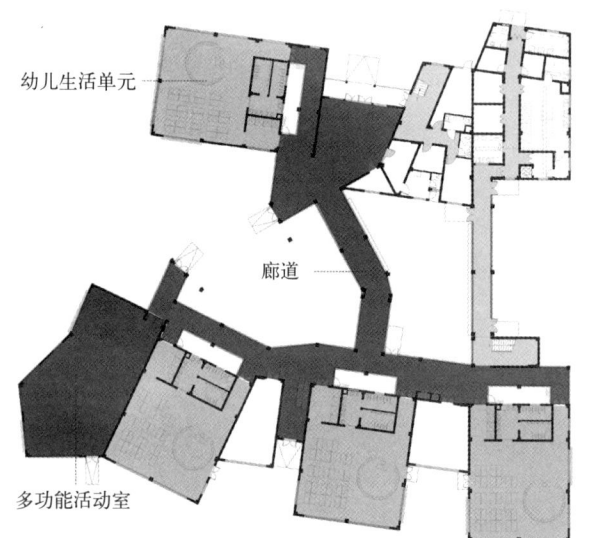

图2-156　多功能活动室设于主体建筑底层（国科温州第一幼儿园）
资料来源：改绘自上海成执建筑设计有限公司提供的底图

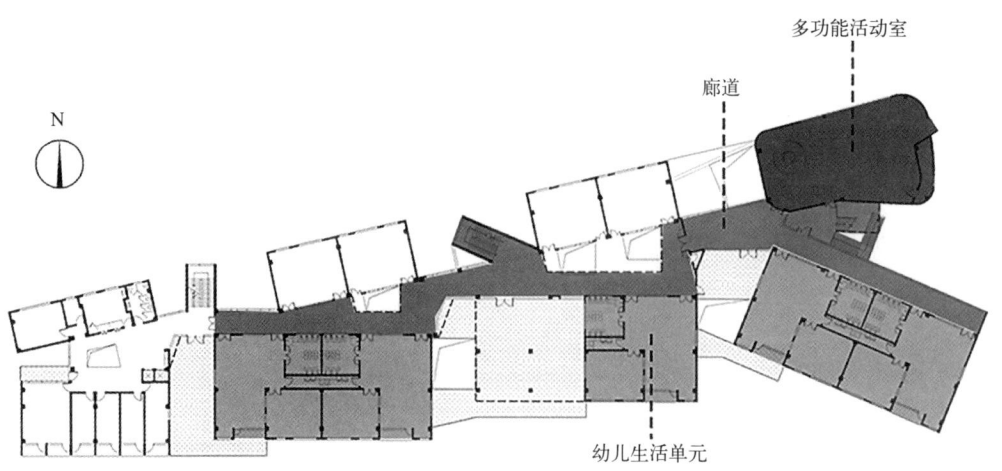

图2-157　多功能活动室设于主体建筑顶层（上海万科实验幼儿园）
资料来源：改绘自刘宇扬建筑事务所提供的底图

96

（2）与交通空间结合，形成多功能活动厅

多功能活动空间还可与交通厅结合或利用楼层走廊扩大空间，形成多功能活动厅，可大大节省交通面积，并与周围空间形成良好互动，但对幼儿生活单元等空间干扰较大。如图2-158，厦门心蒙·蒙特梭利幼儿园集室内运动、节日集会、演出等多种功能为一体的多功能活动厅设置于三层(顶层)，以减少对下面楼层(一、二层)幼儿生活单元等空间的干扰；并与通高中庭相结合，与中庭空间形成良好互动；同时，门外即为屋顶室外活动场地，形成室内外结合的大活动场地，跑道从中庭衍生出来，利用连续自然的曲线划分出不同主题活动区域，并通过塑胶跑道串联起所有室内外活动。

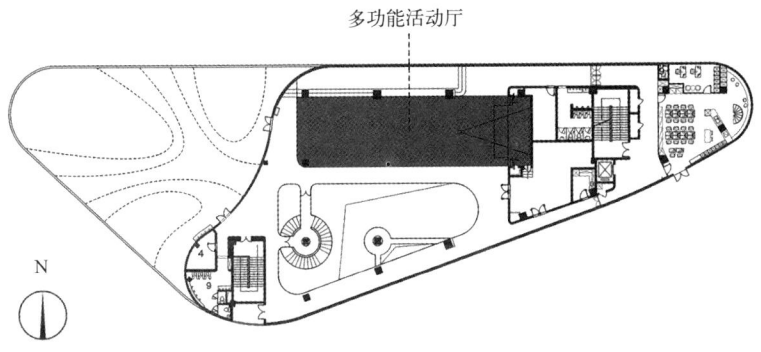

图2-158 厦门心蒙·蒙特梭利幼儿园与中庭相结合的多功能活动厅
资料来源：改绘自立木设计研究室提供的底图

3. 多功能活动室的设计要求

1）应能满足音乐、体育、节日集会等多种全园集中活动所需的面积和尺度。根据《幼儿园建设标准》建标 175—2016 的规定，多功能活动室（综合活动室）的人均使用面积指标应符合表 2-8 的规定，同时，《托儿所、幼儿园建筑设计规范》JGJ 39—2016（2019 年版）规定，多功能活动室的使用面积不应小于 90m^2。

表 2-8 幼儿园多功能活动室人均使用面积指标（m^2/人）

用房名称	面积指标			
	3 班	6 班	9 班	12 班
综合活动室	0.70 ~ 1.00	0.70 ~ 1.00	0.60 ~ 0.90	0.50 ~ 0.80

资料来源：中华人民共和国住房和城乡建设部，中华人民共和国国家发展和改革委员会．幼儿园建设标准 [S]．建标 175—2016. 北京：中国计划出版社，2016: 6.

图 2-159 国科温州第一幼儿园多功能活动室
资料来源：上海成执建筑设计有限公司

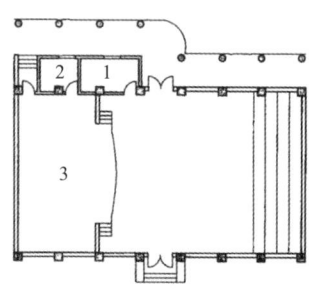

图 2-160 多功能活动室平面布置示意图
1 卫生间 2 控制室 3 舞台
资料来源：建筑设计资料集编委会．建筑设计资料集：第 4 分册 [M]．北京：中国建筑工业出版社，2017.

2）为满足开展多种室内日常音乐和体育活动、节日集会与演出、观摩教学及各种教研活动等的需要，应设置必要的表演区（如简易舞台等）（图 2-159），宜附设控制室或储藏间用以存放多媒体设备、家具、教具等（图 2-160）。

3）应采用柔性易清洁的楼地面，不宜采用硬质楼地面。幼儿在多功能活动室进行的活动多为运动量较大的体育、舞蹈等活动，尤其是雨、雪、雾霾等恶劣天气时，本应在室外进行的体育活动便需移至多功能活动室进行。地砖、水磨石等硬质楼地面会使幼儿的脚感生硬，影响踝关节的发育，容易发生摔伤事故。因此，多功能活动室楼地面应具有一定弹性、安全，以木地板为宜。

4）由于多功能活动室容纳的人数较多，为保证紧急情况下的安全疏散，多功能活动室应设两个双扇平开门（图 2-160），且均应向人员疏散方向开启，开启的门扇不应妨碍走道疏散通行，门净宽不应小于 1.20m[9]。

5）为使多功能活动室有良好的直接天然采光，其窗地面积比应不小于 1/5；窗台面距地面高度不宜大于 0.60m[9]，以免遮挡幼儿的视线，产生封闭感。

6）由于多功能活动室通常是全园最大的公共活动空间，为避免空间的压抑感并符合室内健康卫生要求，室内净高应不小于 3.9m[9]。

7）幼儿在多功能室活动时往往噪声较大，多功能活动室的顶棚、墙面可结合装修设置吸声材料。

8）室内顶棚、墙面等的设计应符合幼儿的特点，色彩以暖色调为宜。

4. 多功能活动室的空间形式

多功能活动室的空间形式往往服从于幼儿园建筑空间组织形式的需要。比如江苏硕集幼儿园（图2-161），以多层建筑三面围合出一个内向空间，制造出一个"群山环抱"的"谷地"，多功能活动室既是"群山"中的一员，又与内向的庭院及其周围廊道共同被围合在中间，形成室内外结合的公共活动和游戏的场所。再如，杭州浦乐幼儿园杨家墩分园中的多功能活动室，服从于幼儿园建筑六边形类蜂巢的空间组织形式的需要，呈现六边形的平面形式（图2-162）。

多功能活动室常规的平面形式为长方形（图2-163）、正方形，为获得空间的活泼感，还可以采用多边形（图2-164）、扇形、圆形、平行四边形及切掉一个角或一端呈圆弧形的方形（长方形、正方形）等（图2-165）。由于其体量较大、结构处理常有别于幼儿园建筑的其他空间，多功能活动室又常成为幼儿园建筑造型处理的重点。

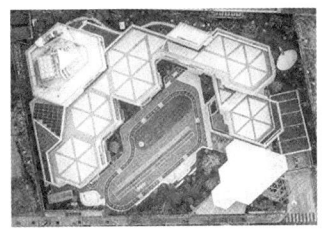

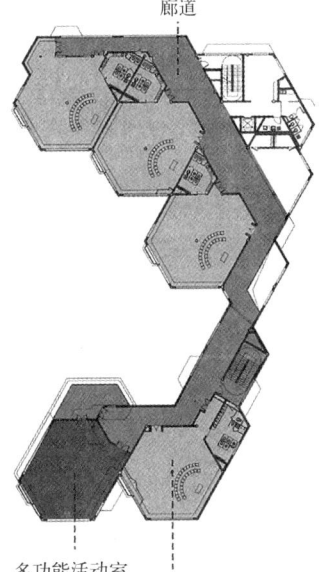

图2-162 杭州浦乐幼儿园杨家墩分园六边形多功能活动室服从于"蜂巢"的建筑空间组织形式
资料来源：大象建筑设计有限公司（goa大象设计）

图2-161 江苏硕集幼儿园多功能活动室服从"群山环抱的谷地"的空间组织形式
资料来源：北京Crossboundaries建筑事务所

图2-163 灵宝儿童成长中心长方形多功能活动室
资料来源：unarchitecte 张赫天建筑师事务所

图2-164 形态活泼的华东师范大学附属双语幼儿园六边形多功能活动室
资料来源：山水秀建筑事务所

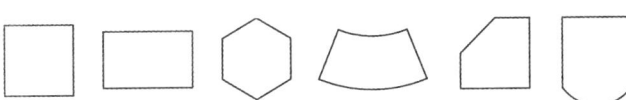

图2-165 多功能活动室的平面形式

2.3 幼儿园服务管理用房与供应用房

2.3.1 服务管理用房

幼儿园的服务管理用房，是为幼儿教育和保健服务管理的空间，同时具有对外联系的功能。

1. 服务管理用房的功能构成及面积指标

幼儿园的服务管理用房宜包括晨检室（厅）、保健观察室、教师值班室、警卫室、储藏室、园长室、财务室、教师办公室、会议室、教具制作室等，各用房的最小使用面积宜符合表2-9的规定。

表2-9　服务管理用房各房间的最小使用面积（m²）

房间名称	规模		
	小型	中型	大型
晨检室（厅）	10	10	15
保健观察室	12	12	15
教师值班室	10	10	10
警卫室	10	10	10
储藏室	15	18	24
园长室	15	15	18
财务室	15	15	18
教师办公室	18	18	24
会议室	24	24	30
教具制作室	18	18	24

资料来源：中华人民共和国住房和城乡建设部.托儿所、幼儿园建筑设计规范JGJ 39—2016（2019年版）[S].北京：中国建筑工业出版社，2019.

规模较小的幼儿园，可将服务管理用房进行增减或合并使用，合用的房间面积也可以适当减少。全日制幼儿园教师值班室和门卫收发室可在服务管理用房面积指标内统筹安排。寄宿制幼儿园比全日制幼儿园人均使用面积在隔离室、集中浴室（0.12m²/人）、教师值班室等的指标上有所增加，其他用房面积指标均与全日制幼儿园相同。

2. 主要服务管理用房的设计

1）晨检室（厅）

晨检室（厅）是每日清晨对入园幼儿进行健康检查的空间。全日制幼儿园每个工作日都要对入园幼儿进行例行晨检，主要是观察幼儿的精神状态、体温、皮肤等是否正常，是否有感冒、沙眼等疾病，若发现异常，要将幼儿带到保健观察室或请家长领幼儿去医院进一步检查或医治，这对保证全园幼儿健康有着重要作用。

为便于晨检人员监控入园的幼儿，以免漏查，晨检室（厅）应设在建筑物的主入口处，或与门厅结合形成晨检接待厅，保证患病幼儿不进入园内，避免幼儿交叉感染。由于对幼儿晨检通常是由保健医生担任，因此晨检室（厅）还应靠近保健观察室。如图2-166所示的幼儿园，保健医生每日清晨在门厅主入口处对入园幼儿进行晨检，保健观察室设置在建筑主入口旁边。

2）保健观察室

幼儿园保健观察室是为幼儿入园晨检发现患病的幼儿或在托途中生病、受伤的幼儿临时隔离、观察、治疗的空间，其功能以幼儿健康检查、疾病预防为主，同时承担部分幼儿常见小病、小伤的处理。

（1）保健观察室的位置应靠近建筑物的主出入口处（图2-166），方便医务人员对入园患儿进行简单的医治及家长来园领幼儿去医院进一步检查或医治。

（2）由于患儿的疾病极易传染其他幼儿，所以患病幼儿至保健观察室的路线应与健康幼儿活动路线分开，且保健观察室应与幼儿生活用房有适当的距离，并宜设单独的出入口。

（3）保健观察室内应设置诊断办公桌、幼儿诊查床、药橱、常用诊疗设备、洗手盆等（图2-167），一旦幼儿发生身体的伤害或危急病症，在未送医院之前，可在幼儿园进行相应的紧急处理。

（4）保健观察室内应设独立的厕所，厕所内应设幼儿专用蹲位和洗手盆。否则，患儿需要大小便时必须到其他公共卫生间，既不方便，也易传染别人。

幼儿园通常还会设置隔离室，以收容在托途中生病的幼儿。即幼儿在园一旦被发现生病，先会被送到保健观察室进行初步诊断，为避免交叉感染，轻病儿在隔离室进行诊治，重病儿或患有传染病的幼儿则在隔离室短时等待家长前来送往医院进一步诊治。规模小的幼儿园可在保健观察室内设置一张幼儿观察床，作临时诊治及观察幼儿病情用。

（5）隔离室要紧邻保健观察室，其间设置玻璃隔断或观察窗，并设置内部专用通道（图2-167），以便保健医生随时能观察到病

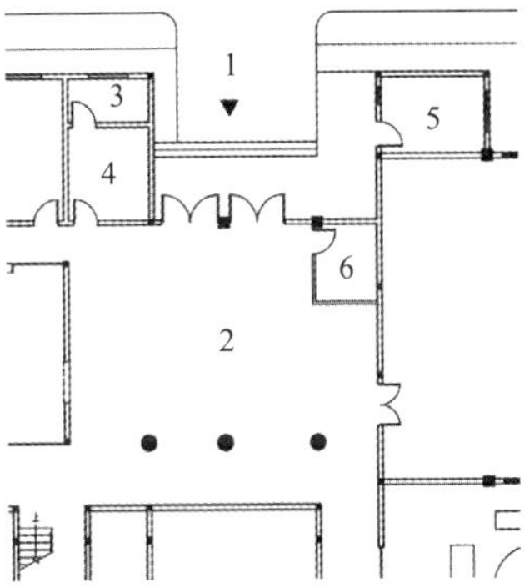

图2-166　门厅出入口处晨检
1 主入口
2 门厅兼晨检厅
3 隔离室
4 保健观察室
5 门卫
6 储藏间

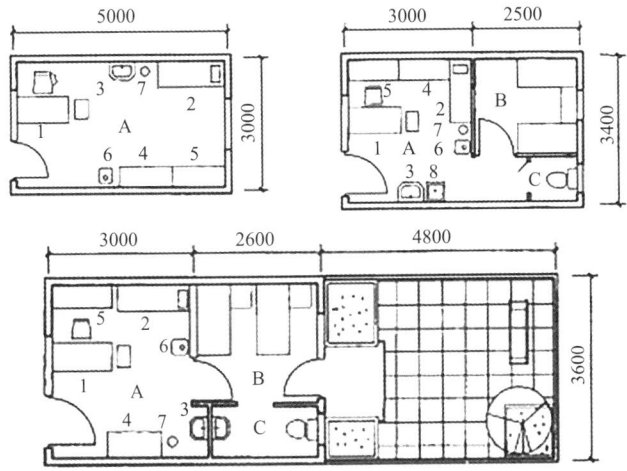

图2-167　保健室、隔离室
A 保健室
B 隔离室
C 卫生间
1 诊察桌
2 诊察床
3 洗手盆
4 药品柜
5 病例柜
6 身高体重器
7 污物桶
8 污水池
资料来源：建筑设计资料集编委会.建筑设计资料集：第4分册[M].北京：中国建筑工业出版社，2017.

儿的状况，适时进行诊治。

（6）隔离室内宜设置病儿专用厕所，既可方便病儿如厕，又可防止疾病传染。

3）教师办公用房

（1）教师办公用房主要供教师进行教学备课及教学法研究使用，包括教师办公室、教具制作室、会议兼资料室，寄宿制幼儿园还应设置教师值班室。

（2）通常设置在主体建筑内，要与幼儿生活用房联系方便，应有安静的环境。

（3）教师办公用房可与行政办公部分组合成办公区域，集中设置于建筑的主入口附近（图2-168），便于对内对外的教学交流与管理；除了集中设置的教师办公用房外，幼儿生活单元内部也需要设置教师办公空间，以满足教学及活动需求，且方便教师对各自班级幼儿的照管。

（4）教师办公室内应设置可以摆放电脑的办公桌，还要设存放教具、文具、幼儿作业等的橱柜。会议兼资料室除设置会议桌外，还可设置橱柜存放幼教书籍、刊物等供教师阅读之用。

4）行政办公用房

（1）行政办公用房是供行政、管理人员使用的房间，包括园长室、财务室、储藏室（供储藏总务用品、体育器材及杂物之用）等。

（2）其位置应对内、对外联系方便，且避免家长来访或外部人员联系工作时深入幼儿园内部，一般设于建筑主入口附近（图2-168）。

（3）园长室宜设两张可放电脑的办公桌，供园长和副园长办公，同时要配置文件柜、书柜等，最好再布置一组沙发以供接待之用。

（4）财务室是供结算幼儿园收支和家长缴纳各项费用之用的，室内应布置可放置电脑的办公桌、复印打印机、保险柜等设备，以及存放文件、用品等的橱柜。

5）警卫室

（1）警卫室是幼儿园的门户，供门卫人员管理大门、夜间值班及日常收发之用。

（2）通常与幼儿园的入口大门、围墙相结合，设于幼儿园的主入口处；若幼儿园用地局促，也可设置在主体建筑的主入口处（图2-166）。

（3）警卫室对内对外都要有良好的视野，以利于安全管理。

6）教职工厕所

教职工厕所供园内教职工及外来人员使用，必须严格与幼儿使用的卫生间分开。供教师使用的厕所也可以设在相应班级幼儿生活单元内，其尺寸应按成人标准设置，每班一个厕位，必须设门扇，使教师厕所与幼儿卫生间相互隔离，互不干扰。

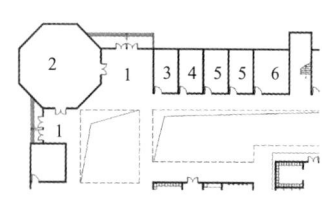

图2-168 办公用房集中设置
1 门厅
2 多功能活动室
3 值班室
4 接待室
5 办公室
6 教职工厕所

2.3.2 供应用房

幼儿园的供应用房是供幼儿园人员饮食、饮水、洗衣等后勤服务使用的空间，是保教活动正常开展的后勤保障，与幼儿生活用房有着密切的联系。

1. 供应用房的功能构成及面积指标

幼儿园的供应用房宜包括厨房、消毒室、洗衣间、车库等，各项用房人均使用面积指标应符合表 2-10 的规定。

表 2-10　供应用房各项用房人均使用面积指标（m²/人）

用房名称	面积指标			
	3 班	6 班	9 班	12 班
厨房（全日制）	0.40 ~ 0.50	0.70 ~ 0.72	0.69 ~ 0.71	0.68 ~ 0.70
厨房（寄宿制）	0.46 ~ 0.56	0.76 ~ 0.78	0.75 ~ 0.77	0.74 ~ 0.76
洗涤消毒用房	0.09	0.09	0.08	0.07

注：办园规模大于 12 班时，可参照 12 班的人均面积指标。
资料来源：中华人民共和国住房和城乡建设部，中华人民共和国国家发展和改革委员会 . 幼儿园建设标准 [S]. 建标 175—2016. 北京：中国计划出版社，2016.

2. 主要供应用房的设计

1）厨房

幼儿园的厨房，是根据科学的膳食计划定制出的菜谱，通过专业的厨师为幼儿烹制安全无毒、膳食结构和营养素比例合理、热能充足、适合幼儿消化的饮食的场所，对保障幼儿身体健康起重要作用。

幼儿园厨房可进行可视化设计（图 2-169），面向廊道空间的一侧设大玻璃面，使幼儿能够观察餐食制作过程，引起幼儿对食物及烹饪过程的兴趣，从而懂得珍惜粮食、尊重别人劳动成果。

日本一些幼儿园常在厨房旁边设置幼儿集中就餐的餐厅（图 2-170），餐厅与室外平台相连，成为幼儿享用美食的场所。厨房与餐厅之间设置透明玻璃窗和取餐台，幼儿可透过玻璃窗观察厨房的烹饪过程，激发对食物的兴趣；又可学习自己到取餐台按量取食，锻炼生活自理能力。

图 2-169　FS Kindergarten and Nursery / FS 托幼一体园的可视化厨房
资料来源：株式会社日比野设计

图 2-170　日本 NFB 保育园厨房旁边设置餐厅
资料来源：株式会社日比野设计

（1）厨房的位置

厨房多有油烟、气味、噪声等的干扰，从卫生、管理及安全方面考虑幼儿厨房的位置应满足以下要求：

①应在幼儿生活用房的下风位，自成一区（图2-171），并应与幼儿生活用房有一定距离，避免对幼儿生活用房油烟、气味、噪声干扰的同时，便于幼儿厨房通风散味，能更好地保持幼儿园厨房的卫生。

②应与幼儿就餐的生活单元联系便捷，运送饭菜应不受风雨影响，可设置在生活用房的一端（图2-171）；若厨房与幼儿就餐地点不在同一幢建筑内，宜设封闭连接廊。

③不得设在幼儿生活用房的上部和下部。

（2）厨房的设计要求

①应设置专用对外出入口，使杂物流线与幼儿流线分开，并应设置杂物院。为避免堆放的杂物对幼儿园其他区域造成污染，杂物院应与其他部分相隔离，并设置独立的对外出口，以免运送杂物时经过其他区域。

②厨房内应按厨房工艺要求设置相应的空间，包括主副食加工间、主副食库、配餐间、员工更衣室、洗消间等，主要空间的使用面积应根据厨房的工艺使用要求和有关标准设置，各空间应按工艺流程合理布局（图2-172、图2-173），合理组织内部交通流线，避免生、熟食物的流线交叉，并应符合国家现行有关卫生标准和现行行业标准《饮食建筑设计标准》JGJ 64 的规定。厨房加工间室内净高不应低于3.00m[9]。

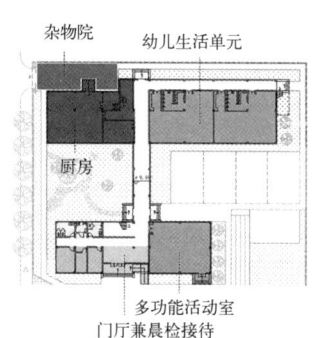

图2-171　幼儿厨房的位置
资料来源：改绘自中华人民共和国教育部，中华人民共和国住房和城乡建设部，东南大学建筑设计研究院有限公司．幼儿园标准设计样图19J823[S]．北京：中国计划出版社，2019．

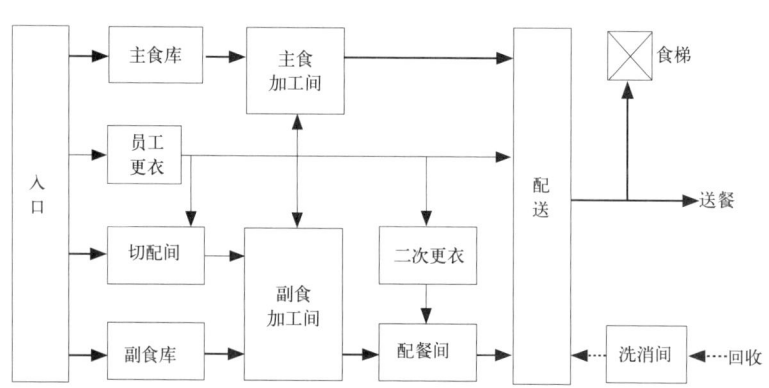

图2-172　幼儿厨房平面功能关系图
资料来源：建筑设计资料集编委会．建筑设计资料集：第4分册[M]．北京：中国建筑工业出版社，2017．

③厨房室内墙面、隔断及各种工作台、水池等设施的表面应采用无毒、无污染、光滑和易清洁的材料（图2-174）；墙面阴角宜做弧形；地面应防滑，并应设排水设施。

④幼儿园建筑为二层及以上时，应设提升食梯。幼儿用餐，一般由专人负责从厨房配送食品，用餐完毕后，还须将餐具送回厨房消毒，这种往返运输的劳动量很大。为了减轻工作人员的劳动量，除水平运输可用保温车运送外，楼层的垂直运输，在适当位置设置食梯，通往各层的小备餐间或各班生活单元。食梯呼叫按钮距地面高度应大于1.70m[9]。

2）消毒间

①消毒间主要是对幼儿使用的玩具、书籍、衣物等物品进行消毒的空间。由于消毒方式不同，对房间的设备、设施要求也不同。

②6班及以上规模的幼儿园应设置洗涤消毒间，6班以下的幼儿园应设置洗涤消毒设备。

3）洗衣房

①大部分全日制幼儿园的床上用品由家长带回家清洗，但如果由园内统一清洗，需要设洗衣房。寄宿制幼儿园幼儿衣物、床品等一般由园内统一清洗，因此寄宿制幼儿园应设置集中洗衣房。

②洗衣房的位置应便于晾晒衣物。

③洗衣房内应能放置洗衣机、烘干机，并设置能够洗小件衣物的洗池。

④洗衣房旁最好能设一间库房，暂存干净衣被，内设用于叠衣被的案桌。

4）车库

当幼儿园场地内设汽车库时，汽车库应与幼儿活动区域分开，应设置单独的车道和出入口，并应符合现行行业标准《车库建筑设计规范》JGJ 100和现行国家标准《汽车库、修车库、停车场设计防火规范》GB 50067的规定[9]。

图2-174 厨房内部陈设

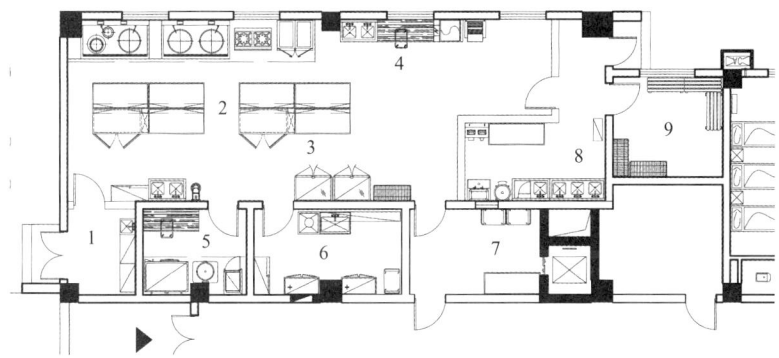

图2-173 西安某幼儿园厨房平面布置图

1 更衣间 2 主操作间 3 切配区 4 机械加工区 5 面点间 6 洗消间 7 备餐间 8 粗加工间 9 库房

幼儿园建筑设计

2.4　交通联系空间

　　幼儿园建筑的交通联系空间包括门厅、廊道空间、楼梯等，连接幼儿园各功能空间，设计中要着重注意：

　　（1）满足交通联系和安全疏散的要求，交通路线简洁、通畅、导向清楚、人流分布均匀合理。

　　（2）交通联系空间应与幼儿生活空间合理配置与组合。

　　（3）符合幼儿生理、心理、行为特点。

　　幼儿园建筑的交通空间除应满足基本交通联系功能外，还应结合幼儿教育的需求，成为有别于成人建筑的、适合幼儿使用的空间。

2.4.1　门厅

　　门厅是建筑的外门与内部之间的过渡空间，具有人流集散、方向转换、空间过渡、空间衔接等作用。

1. 门厅的功能

　　1）门厅具有接纳、聚集和分配疏导人流的功能，是进出建筑物、水平交通及垂直交通间的联系枢纽（图2-175）。幼儿每天入园后首先进入建筑的门厅，然后通过楼梯、廊道等空间到达各幼儿生活单元。

　　2）一般来说，幼儿园门厅承担着咨询、报名、接待、等候等功能（图2-176），以免来访者或家长进入幼儿园内部，保证幼儿生活空间安静，防止外界病毒携带者进入。

　　3）因晨检室（厅）设在建筑物的主出入口处，门厅成为全日制幼儿园每工作日对入园幼儿进行例行晨检的场所，以保证患病幼儿不进入园内，避免幼儿互相传染。

　　4）门厅是幼儿园对外展示的窗口（图2-177）。走进幼儿园，最先进入的位置就是门厅，幼儿园的办园理念、发展目标等常常在这里体现，幼儿创意作品、主题活动成果等也可在这里展示。

　　5）幼儿园的门厅还可成为幼儿进行多种活动的空间（图2-178）。幼儿放学时可在此逗留玩耍，雾霾或阴雨天可在此活动，节日可在此举行庆祝活动。

图2-175　内外交通、横向竖向交通汇聚之所（EZ托幼一体园）
资料来源：株式会社日比野设计

图2-176　问询、等候之处（云南棒棒糖理想园）
资料来源：西安迪卡建筑设计中心

177│178

图2-177　对外展示的窗口

图2-178　游戏的场所（福建莆田金棕榈幼儿园）
资料来源：福建国广一叶建筑装饰设计工程有限公司

106

2.门厅空间的设计

1）幼儿园门厅设计的一般要求：

（1）合理确定建筑出入口和门厅的位置，设置足够数量的出入口（门）以利于疏散。

幼儿入园或离园时往往人流量较大，建筑的主要出入口及门厅应该与幼儿园的主要出入口密切联系、通畅便捷，避免道路迂回（图2-179）。

（2）应根据幼儿园的规模、与之相联系的水平与垂直交通数量，结合门厅的具体功能，确定适宜的门厅面积及空间高度。

（3）门厅内的人流流线要简明、通畅，要注重主要人流方向的空间引导。

门厅起着水平与垂直交通枢纽的作用，水平方向与建筑出入口及通向各空间的廊道相联系，垂直方向与楼梯相联系（图2-180）。通往幼儿生活单元的廊道空间应导向明确，通往楼层的主楼梯通常设在门厅内或门厅附近较显眼处。

（4）应适应幼儿园教育的要求，符合幼儿特点。

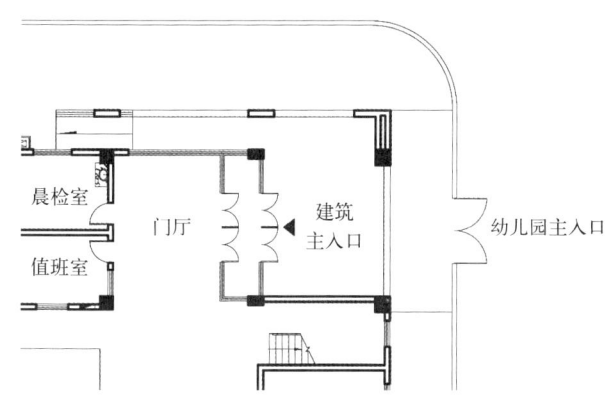

图2-179 建筑主要出入口、门厅邻近幼儿园主要出入口设置

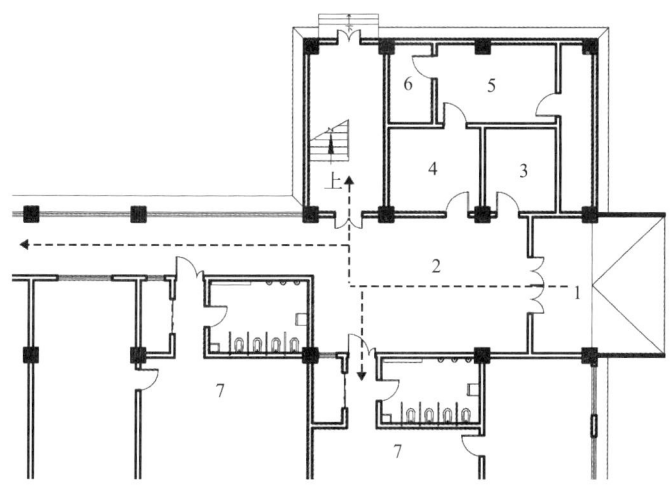

图2-180 门厅内的人流流线
1 主入口
2 门厅
3 晨检室
4 医务室
5 隔离室
6 卫生间
7 幼儿生活单元

2）门厅空间的形式

幼儿园门厅按照开敞度和竖向空间的高度可以分为以下几种形式：

（1）按开敞度分，可分为封闭式门厅、半开敞式门厅和架空式门厅。

① 封闭式门厅——是通常采用的室内门厅形式（图2-180、图2-181），门厅周围均有气候边界，特别是在北方寒冷、严寒地区，冬天可以御寒保暖，避免冬天冷风侵袭。封闭式门厅有时与共享中庭结合（图2-182），既是水平、垂直交通联系之处，也是幼儿在雾霾、雷雨等恶劣天气无法到室外活动时，室内宽敞明亮的活动场所。

② 半开敞式门厅——通常对外设大门便于管理，朝向内部庭院的界面打开，通向幼儿园各功能部分的通道为敞廊。如图2-183，厦门新南幼儿园门厅对内部庭院完全敞开，孩子们能够在室内外环境间轻松地游戏、探索和学习。

③ 架空式门厅——利用建筑下部架空空间作为门厅（图2-184），有时为保持建筑造型完整，又要保证人流穿越，可采用架空式门厅。

图2-184 成都广都幼儿园开敞式门厅
资料来源：成都本末建筑设计咨询有限公司

图2-181 封闭式门厅

图2-182 黄陵县新区幼儿园与共享中庭结合的门厅
资料来源：BIAD第六建筑设计院

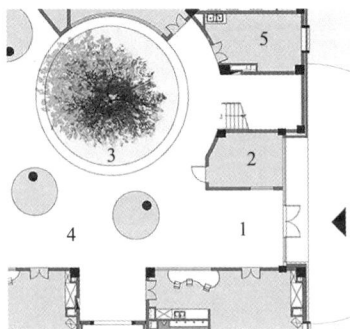

a.门厅对外设大门，对内面向庭院敞开
1门厅 2门卫兼消控 3庭院 4公共空间 5晨检

b.从庭院方向看门厅

图2-183 厦门新南幼儿园半开敞式门厅
资料来源：厦门合立道工程设计集团股份有限公司

（2）按竖向空间的高度分，可分为两大类：$H = h$ 的门厅空间；$H > h$ 的门厅空间（H：门厅空间的高度；h：标准楼层高度）。

① $H = h$ 的门厅空间——这种竖向高度的门厅是通常采用的门厅形式。除满足交通功能外，常兼晨检、接待、家长等候等功能，还可成为承载幼儿游戏、聚会等活动的空间（图2-185）。门厅中也可置入天井、大树等，恶劣天气幼儿需在此活动时，可感受到舒适的自然时光（图2-186）。

② $H > h$ 的门厅空间——这种竖向高度的门厅常被设计成通高空间，可使上下层空间视觉连通，成为游戏、休息的场所（图2-187）。也可与中庭结合，将光引入室内，光线透过天窗洒下，形成丰富的光影效果，使幼儿的成长过程中所需的阳光成为重要的物理空间要素，并提供幼儿雾霾、雷雨等恶劣天气较为充足的活动场地（图2-182）。

3）门厅空间的尺度

幼儿园建筑门厅的空间尺度，首先要容纳所需功能，同时要适合幼儿的尺度，具体包括平面尺度和空间尺度：

（1）平面尺度

全日制幼儿园每日对入园幼儿进行例行晨检，而晨检通常在门厅出入口处进行；同时，幼儿入园和离园时间相对集中，不宜在室外等候，门厅还应能容纳部分幼儿及家长滞留。因此，除交通功能外，晨检、接待成为幼儿园门厅的基本功能。《幼儿园建设标准》建标175—2016规定，晨检接待厅（门厅）人均使用面积指标应符合下表2-11的规定。若需设置展示或其他活动空间，可根据所需尺度适当增加面积。

图2-187　台州稚荟树幼儿园通高门厅使上下层空间视觉连通
资料来源：门觉建筑设计事务所

表2-11　全日制幼儿园晨检接待厅（门厅）人均使用面积指标（m²/人）

空间名称	面积指标			
	3班	6班	9班	12班
晨检接待厅	0.20	0.20	0.18	0.16

资料来源：中华人民共和国住房和城乡建设部，中华人民共和国国家发展和改革委员会. 幼儿园建设标准 建标175—2016[S]. 北京：中国计划出版社，2016.

图2-185　湖北十堰A+自然幼儿园入口门厅兼等候区
资料来源：西安迪卡建筑设计中心

图2-186　台州三门大孚双语幼儿园门厅中置入天井、大树，使幼儿在此活动时可感受到舒适的自然时光
资料来源：上海思序建筑规划设计有限公司

（2）空间尺度

幼儿园的门厅空间要有适宜的空间尺度，若尺度过大，幼儿在门厅空间会缺乏归属感和安全感；若尺度过小，幼儿在门厅空间会感觉压抑或无法进行正常行为活动。其空间尺度不仅要符合幼儿的生理尺度，而且要满足幼儿的心理需求。

① 符合幼儿的生理尺度

3 岁幼儿是幼儿园中平均身高最低的幼儿群体，其平均身高为0.9m（视线高度为 0.7m 左右）。因此，幼儿园门厅空间若局部地面抬高（降低）作为专用活动空间使用（图 2-188），抬高（降低）高度不应超过 0.7m。一方面，这样可以保证门厅空间中的幼儿与专用活动空间的幼儿能够近距离亲密地进行视觉和语言上的交流；另一方面，《民用建筑设计通则》中规定：人流密集场所的台阶高差超过 0.70m，当侧面临空时，应有防护设施[11]，而防护设施（比如栏杆）不仅会干扰幼儿之间的视觉交流，更会减弱他们之间交流的亲密度。

② 满足幼儿的心理尺度

幼儿对小尺度空间情有独钟，对他们来说，大部分空间尺度都过于空旷、高大，幼儿置身其中缺少所需的领域感和安全感；反之，幼儿处在小尺度空间中会更加安心踏实和自由自在，他们可以不受干扰地用特有的活动和交流方式与同伴进行互动。对他们来说，最具有亲切感的空间是高度仅有 1.2m 的小空间，这种高度的空间能够完全把成年人排斥在外。纵然，我们不能把幼儿园建筑设计建造在这样的尺度上，但应该给予幼儿心理特点和要求充分的考虑，营造出的整体空间尺度应尽可能满足或接近他们的心理需求；或营造局部小尺度空间（图 2-188、图 2-189），通过门厅空间顶棚和地面的局部抬高或降低、利用楼梯下面的空间等，营造适合幼儿进行活动的竖向高度，不仅要满足幼儿活动所需相关设施的合理布置，还要满足幼儿对小尺度空间的需求，避免大体量给幼儿的空旷感，为幼儿营造亲切、有安全感的空间。

图 2-188　门厅局部地面抬高作为阅读空间

图 2-189　EZ 托幼一体园门厅主楼梯下的小尺度空间

资料来源：株式会社日比野设计

2.4.2 廊道空间

廊道空间联系着水平方向的各功能空间，幼儿每天在其中穿行，还会引发各种公共活动。幼儿园建筑的廊道空间在满足幼儿的生理、心理和行为特点的同时，还应适应幼儿园教育的要求，提供给幼儿一个富有童趣、具有复合功能的廊道空间（图2-190、图2-191），增加幼儿在廊道空间中的体验感。

1. 廊道空间的功能

1）廊道空间最基本的功能是交通功能，即联系同层各功能空间，使各空间彼此保持水平交通的互达（图2-192）。

2）廊道空间可展示幼儿作品（图2-193），储藏幼儿的书包、衣服、鞋帽等（图2-194），课间为幼儿提供休息场所，放学时给家长提供等候空间（图2-195）。

图2-190 富有童趣的廊道空间

图2-191 具有复合功能的廊道空间（日本AN幼儿园）
资料来源：株式会社日比野设计

图2-192 廊道空间使同层各空间保持彼此水平交通的互达[厦门新南幼儿园（左图）和舟山绿城育华幼儿园（右图）]
资料来源：厦门合立道工程设计集团股份有限公司（左图），大象建筑设计有限公司（goa大象设计）（右图）

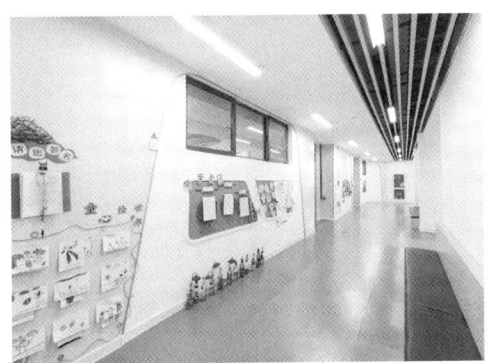  

图2-193 廊道作为展示空间（义乌市佛堂镇倍磊幼儿园）
资料来源：上海思序建筑规划设计有限公司

图2-194 廊道上的储藏空间

图2-195 休息等候之所（上海金山区金蔷薇幼儿园）
资料来源：曼景建筑设计事务所

3）幼儿园的廊道空间也可成为支持区域（专用）活动的场所。

《幼儿园工作规程》明确提出"幼儿园应当将环境作为重要的教育资源""支持幼儿自主选择和主动学习"[4]，廊道空间也可成为支持幼儿自主活动的场所。由于受面积的限制，幼儿生活单元内进行的区域性自主活动常常外溢到廊道空间上（图 2-196），增强了廊道空间的积极性、趣味性。同时，由于不再追求设置专门的功能室，廊道空间成为创设开放式专用活动空间的场所之一。在廊道空间上可以设置阅读空间（图 2-197）、种植植物的自然角，可以是角色游戏的区域（图 2-198），甚至廊道的墙面也可成为幼儿随时涂鸦的场所（图 2-199）。

图 2-196　广州圣果幼儿园廊道上的自主活动空间
资料来源：西安迪卡建筑设计中心

图 2-197　IZY 托幼一体园廊道上的阅读空间
资料来源：株式会社日比野设计

图 2-198　成都广都幼儿园廊道上的自然角和角色游戏空间
资料来源：成都本末建筑设计咨询有限公司

图 2-199　日本 DS 保育园廊道上可随时涂鸦的墙面
资料来源：株式会社日比野设计

4）廊道空间还可成为幼儿游戏活动的乐园。

游戏是幼儿的基本活动，多种游戏活动可在廊道空间展开。一些幼儿喜爱、大小适宜的游戏装置、设施，例如：滑滑梯、钻爬洞、攀爬设施、摇摇椅、跷跷板等（图2-200），可设置于廊道空间上，营造出多种类型的幼儿游戏活动空间，丰富廊道空间的活动内容，进一步提高廊道空间的趣味性、活力和吸引力。尤其是在雷雨、雾霾等恶劣天气时，廊道空间更可成为幼儿游戏活动的乐园。宽敞或与边厅结合的廊道空间，还可进行跑、跳、骑幼儿车等运动量较大的活动（图2-201、图2-202）。

廊道空间也是室内外的过渡空间。可将铺装等由室外延伸到室内，在廊道的出入口附近形成内外空间的沟通，达到内外空间的有机联系（图2-203）。

图2-203　廊道空间——内外空间的沟通之所（台州三门大孚双语幼儿园）
资料来源：上海思序建筑规划设计有限公司

图2-200　日本KO幼儿园（左图）OM保育园（右图）廊道空间上的游戏装置、设施
资料来源：株式会社日比野设计

图2-201　台州三门健跳大孚双语幼儿园可供幼儿尽情奔跑的廊道空间
资料来源：上海思序建筑规划设计有限公司

图2-202　杭州浦乐幼儿园杨家墩分园可骑幼儿车的廊道节点空间
资料来源：大象建筑设计有限公司（goa大象设计）

2. 廊道空间设计的一般要求

1）应满足安全疏散的要求。

2）应提供能够容纳幼儿多样活动的复合型积极空间。

3）应符合幼儿特点，根据幼儿的兴趣、爱好和感受，增加廊道空间的趣味性。

3. 廊道空间的平面设计

廊道空间的平面设计包括平面尺度和平面形式两方面，平面尺度不仅要满足安全疏散长度和宽度的要求，而且要满足布置一定的幼儿自主活动空间的需求，以增加廊道空间的可体验性；平面形式要能够合理、有效组织各种交通流线，还要具有趣味性和吸引力。

1）平面尺度

幼儿园建筑廊道空间平面尺度，包括：纵向（长）和横向（宽）两个方面的尺度。

① 纵向尺度

廊道空间的长度必须满足建筑设计防火规范的要求。根据《建筑设计防火规范》GB 50016—2014（2018 年版）的规定，耐火等级为Ⅰ、Ⅱ级的幼儿园建筑，两个安全出口之间的疏散门至最近安全出口的直线距离不应大于 25m，即位于两个安全出口之间的走廊长度不能超过 50m；而位于袋形走道两侧或尽端的疏散门至最近安全出口的直线距离不应大于 20m，即袋形走廊的长度不能超过 20m。当走廊为敞开式外廊时，建筑内开向敞开式外廊的房间疏散门至最近安全出口的直线距离可按本规定增加 5m[8]。

另外，C. 亚历山大在《建筑模式语言》一书中指出，大约 50英尺（15m）是走廊长度的临界值，走廊一旦超过这个长度，就会使人产生厌烦和沉闷感[15]。因此，除应满足安全疏散的要求外，为避免幼儿通过狭长的廊道空间而产生厌烦感，增加廊道空间的趣味性，可在廊道空间纵向尺度上每隔 15m 左右的距离设置一个转折点或空间放大点。

② 横向尺度

幼儿园建筑廊道空间横向尺度首先应该满足安全疏散的要求，《托儿所、幼儿园建筑设计规范》JGJ 39—2016（2019 年版）中规定的幼儿走廊最小净宽见表 2-12：

表 2-12　幼儿园走廊最小净宽（m）

房间名称	走廊布置	
	中间走廊	单面走廊或外廊
生活用房	2.4	1.8
服务、供应用房	1.5	1.3

资料来源：中华人民共和国住房和城乡建设部. 托儿所、幼儿园建筑设计规范 JGJ 39—2016（2019 年版）[S]. 北京：中国建筑工业出版社，2019.

幼儿园建筑廊道空间的尺度还要能够容纳幼儿的多样活动。因此，在廊道空间上布置幼儿自主活动空间或游戏装置时，该部分廊道空间需要适当放大。

2）平面形式

幼儿园建筑廊道空间作为一种线性空间，具有线性可以转折、弯曲的特性。因此，可以利用转折、弯曲的手法增加廊道空间的趣味性，形成"I""L""U""回"字形和曲线形等平面形式（图2-204～图2-207），使廊道空间形成具有节奏感的连续空间。还可综合运用局部转折、错位和放大的手法（图2-208），进一步提高廊道空间的趣味性和吸引力，也使得廊道空间具有丰富的层次性和节奏感。

当在廊道空间上设置空间节点，用以布置区域（专用）活动空间或游戏装置等时，可考虑在以下五个位置（图2-209）：a.在廊道空间错位处；b.廊道空间直线距离大于15m时，每隔15m处；c.在廊道空间转折处；d.在廊道空间"三岔口"处；e.在廊道空间的尽端处。空间节点的设置，不仅丰富廊道空间的平面形式，而且容易给幼儿营造出归属感、安全感，形成幼儿喜欢停留、游戏、交流的廊道空间。

图2-205　直线形廊道空间简洁明快（台州稚荟树幼儿园）
资料来源：门觉建筑设计事务所

图2-206　曲线形廊道体现空间的流动感（台州三门大孚双语幼儿园）
资料来源：上海思序建筑规划设计有限公司

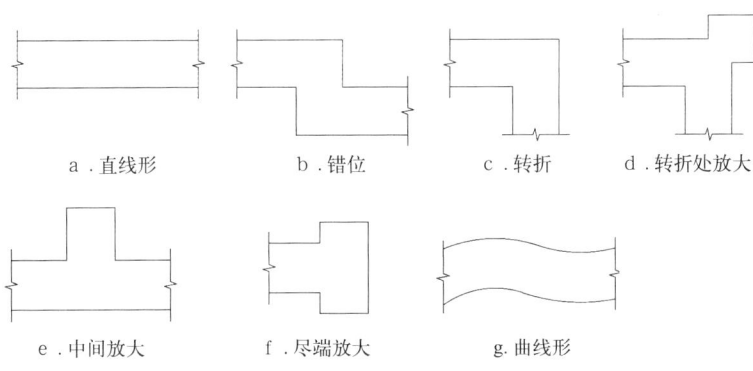

a.直线形　　b.错位　　c.转折　　d.转折处放大

e.中间放大　　f.尽端放大　　g.曲线形

图2-204　线性廊道空间局部转折、错位和放大形成多种平面形式

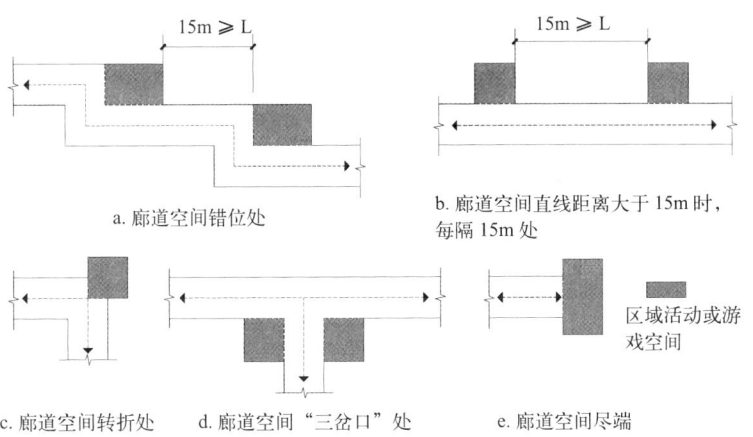

15m ≥ L

a.廊道空间错位处

15m ≥ L

b.廊道空间直线距离大于15m时，每隔15m处

c.廊道空间转折处　　d.廊道空间"三岔口"处　　e.廊道空间尽端

区域活动或游戏空间

图2-209　廊道空间上空间节点的设置方式

图2-207　廊道空间的转折增加空间体验感（台州稚荟树幼儿园）
资料来源：门觉建筑设计事务所

图2-208　转折、错位的廊道空间富有层次感和节奏感（乌斯河镇中心幼儿园）
资料来源：东意建筑工作室

4. 廊道空间的空间设计

幼儿园建筑廊道空间不仅要有丰富的空间形式，还要符合幼儿生理、心理和行为所需尺度。

1）空间尺度

幼儿生活空间部分廊道空间的空间尺度，除满足规范要求外，还要符合幼儿的生理尺度，局部地面抬高（降低）作为区域（专用）活动或游戏空间时（图2-210、图2-211），抬高（降低）的高度不宜超过0.7m，方便廊道空间中的幼儿与区域（专用）活动或游戏空间的幼儿进行视觉和语言上的交流；另外还要满足幼儿对小尺度空间所带来的安全感、亲切感情有独钟的心理需求，营造局部小尺度空间（图2-212）。对幼儿来说最具有亲切感的空间高度为1.2m。

图2-210　ST保育园廊道空间局部地面降低作为阅读空间
资料来源：株式会社日比野设计

图2-211　日本OB托幼一体园廊道空间局部地面抬高作为涂鸦区
资料来源：株式会社日比野设计

图2-212　日本AN幼儿园（左图），日本CO托幼一体园（右图）廊道上的局部小尺度空间
资料来源：株式会社日比野设计

2）空间形式

空间具有三维特性，不仅受平面因素的影响，而且还受高度因素的影响。因此，廊道空间形式的丰富，不仅要从平面角度出发，也要从竖向角度考虑，才能营造出丰富的、适合幼儿身心特点的廊道空间。

廊道空间的竖向高度，是由廊道空间的地面和顶棚决定的。根据顶棚和地面的变化导致廊道空间竖向高度的变化，可以将廊道空间形式分为3大类：$H < h$ 的空间；$H = h$ 的空间；$H > h$ 的空间（H：廊道空间或廊道空间局部的高度；h：标准楼层高度）。

（1）$H < h$ 的廊道空间

这种竖向高度的廊道空间，适合布置运动量不大的幼儿自主活动空间（图2-213）和一些小型的游戏装置或设施，甚至不用布置任何活动设施，只需简单布置一些棉垫或者座椅，幼儿也非常喜欢到这种空间来。因为这种空间在尺度上更适合幼儿，能够营造良好的归属感和安全感，满足幼儿的行为、心理需要。

（2）$H = h$ 的廊道空间

这种竖向高度的廊道空间，通常是主要交通空间，可在这种廊道空间局部放大或尽端部分布置一些幼儿自主活动或游戏空间（图2-214、图2-215），容纳运动量不是很大的活动。

（3）$H > h$ 的廊道空间

这种竖向高度的廊道空间，一般多位于廊道空间的中部或尽端，且多与门厅、中庭、边厅等结合布置。在这样的空间中常常布置一些区域（专用）活动空间或游戏装置、设施（图2-216），可进行阅读、角色表演等活动及滑滑梯、攀爬等运动量比较大的活动；同时，能使幼儿通过不同高度的廊道空间形成视觉上的互动，如图2-217通高空间中各层廊道空间交错，使处在不同高度廊道空间的幼儿形成视线与行为的互动，激发空间活力。

在平面和竖向的共同作用下，廊道空间的形式可以丰富、多变、趣味性十足。

图2-213 广州圣果幼儿园廊道中安静的阅读空间
资料来源：西安迪卡建筑设计中心

图2-214 日本 AN 幼儿园局部放大的廊道空间成为攀岩之所
资料来源：株式会社日比野设计

图2-215 日本 OB 托幼一体园廊道尽端的涂鸦墙和阅读空间
资料来源：株式会社日比野设计

216 | 217

图2-216 广州圣果幼儿园廊道空间中的阅读空间和游戏设施
资料来源：西安迪卡建筑设计中心

图2-217 乌斯河镇中心幼儿园各层廊道空间交错，形成视线与行为的交互游戏
资料来源：东意建筑工作室

2.4.3 楼梯

楼梯是建筑物的垂直交通设施之一，通过楼梯可以到达不同高度的空间。

1. 楼梯的功能

1）楼梯的首要功能是联系竖直方向上各空间的交通（图2-218），同时起到引导人流和安全疏散的作用。

2）楼梯在幼儿园中有时也可以成为幼儿活动的空间。楼梯踏步可以作为座椅成为幼儿游戏、阅读的空间（图2-219），楼梯下部可以成为幼儿的"私密小屋"（图2-220），楼梯还可与滑梯结合成为幼儿爬上爬下的"大玩具"（图2-221），或与看台结合形成观演、聚会空间（图2-222）。

3）楼梯还可用于进行空间划分。如图2-223，广州狮子国际幼儿园，利用贯穿空间的大楼梯，将幼儿阅读平台、滑梯、开放式烹饪教室及角色扮演区等分段式穿插在不同高度的空间内，划分出更多可以用来发展幼儿天性的自主活动空间。

图2-218 楼梯作为垂直交通（福建金棕榈幼儿园）
资料来源：福建国广一叶建筑装饰设计工程有限公司

图2-219 楼梯踏步作为座椅成为幼儿游戏空间（EZ托幼一体园）
资料来源：株式会社日比野设计

图2-220 楼梯下部幼儿的"私密小屋"（日本AN幼儿园）
资料来源：株式会社日比野设计

图2-221 楼梯与滑梯结合，成为幼儿爬上爬下的"大玩具"（广州狮子国际幼儿园）
资料来源：深圳圆道品牌顾问有限公司（VMDPE圆道设计）

图2-222 楼梯与看台结合形成观演、聚会空间（北京乐成四合院幼儿园）
资料来源：MAD建筑事务所

图2-223 利用楼梯划分出不同高度的开放空间（广州狮子国际幼儿园）
资料来源：深圳圆道品牌顾问有限公司（VMDPE圆道设计）

4）楼梯以其独特的造型，还可成为建筑室内外空间的重要装饰性部件（图2-224）。

2. 楼梯设计的一般要求

1）幼儿园主体建筑至少应设两部疏散楼梯，主楼梯通常设于门厅内，位置应明显、突出（图2-225），另一部楼梯与主楼梯的距离应符合建筑设计防火规范的规定。

2）幼儿行动迟缓、动作较慢、安全意识差，在发生紧急情况时，为使幼儿迅速疏散到室外，楼梯间在首层应直通室外。

3）楼梯设置的数量和总宽度应按幼儿通行安全和建筑设计防火规范的要求确定，在此基础上，尽量减少楼梯数量以降低交通联系空间所需面积。

4）楼梯间应有直接的天然采光和自然通风。

5）严寒地区不应设置室外楼梯。

3. 楼梯的形式

楼梯按梯段可分为单跑楼梯、双跑楼梯和多跑楼梯，梯段的平面形状有直线形、折线形等。

1）单跑楼梯

单跑楼梯在两个楼板层之间有一个梯段，无中间休息平台。由于单跑梯段踏步数不能超过18级，故单跑楼梯一般用于层高不高的空间，可设于通高的幼儿活动空间、门厅、廊道、中庭等空间中（图2-226）。

图2-226　AKN保育园单跑楼梯
资料来源：株式会社日比野设计

图2-224　楼梯也是建筑室内外空间的重要装饰性部件（厦门心蒙·蒙特梭利幼儿园（左图），湖北十堰A+自然幼儿园（右图））
资料来源：立木设计研究室（左图），西安迪卡建筑设计中心（右图）

图2-225　主楼梯位置明显、突出（深圳爱波比国际幼儿园（左图），舟山绿城育华幼儿园（右图））
资料来源：深圳圆道品牌顾问有限公司（VMDPE圆道设计）（左图），大象建筑设计有限公司(goa大象设计)（右图）

2）双跑楼梯

双跑楼梯在两个楼板层之间有两个梯段和一个中间休息平台，是应用最为广泛的一种楼梯形式，具体包括直行双跑、平行（对折）双跑、折行双跑等形式。

直行双跑楼梯是直行单跑楼梯的延伸，在两楼板层之间增设了中间休息平台，将单梯段变成了双梯段。由于具有较强的导向性，常设于人流量较大的门厅、中庭、边厅等空间中，起着引导人流的作用。直行双跑楼梯可仅上一层楼，并可与"看台"结合设置，既是交通空间，又可供幼儿随意坐在梯段旁边的"看台"上休息、活动（图 2-227）；也可几层间连续设置，以平台与各楼层连接。

平行双跑楼梯（图 2-228）是最常用的楼梯形式之一，楼梯上升的空间可回转往复。当上下多层楼面时，比直跑楼梯人流行走距离短，节约交通面积。从安全角度考虑，无楼梯井的双跑楼梯是幼儿园适宜采用的楼梯形式。

折行双跑楼梯的两梯段成一定的折角，人流导向较自由。两梯段的折角多为 90°（图 2-229），也可大于或小于 90°。若折角大于 90°，行进方向性类似于直行双跑楼梯，导向性较强，常设于仅上一层楼的门厅、中庭等空间；若折角等于或小于 90°，可在多楼层间形成回转延续的楼梯空间。

3）多跑楼梯

多跑楼梯常见的为三跑或四跑楼梯，分别在两个楼板层之间有三个或四个梯段和两个或三个中间休息平台，具体包括直行多跑、折行多跑等形式。由于折行多跑楼梯往往有楼梯井，为防止幼儿爬上楼梯扶手滑行、玩耍，必须采取防止幼儿攀登和穿过的

图 2-227 与"看台"结合的直行双跑楼梯（黄陵县新区幼儿园）
资料来源：BIAD 第六建筑设计院

图 2-228 平行双跑楼梯
（上海金山区金蔷薇幼儿园）
资料来源：曼景建筑设计事务所

图 2-229 90°折角的折行双跑楼梯（海口山高幼儿园）
资料来源：西安迪卡建筑设计中心

措施。如图 2-230，河南灵宝儿童成长中心的折行多跑楼梯，在三层楼间形成回转延续的楼梯空间，楼梯井扶手处采用竖向线条的防护措施，形成向上升腾的空间效果。

另外，楼梯还有平行双分、平行双合、交叉跑（剪刀）等多种形式。

楼梯的形式具体需要根据所处位置、空间效果营造的需要、楼梯间的平面形状与大小、楼层高低与层数、人流多少与缓急等因素确定。若幼儿园建于坡地，各空间依山坡地势建造，则楼梯可依附坡地设置，以休息平台连接不同高度的空间。

4. 楼梯踏步

1）由于幼儿腿长比成年人短，幼儿使用的楼梯踏步尺寸相应减小，供幼儿使用的楼梯踏步高度宜为 0.13m，宽度宜为 0.26m[9]；

2）螺旋形或扇形踏步的踏面宽度不一，易造成踏空，危及幼儿行走安全，因此疏散楼梯严禁使用螺旋形或扇形踏步[9]；

3）楼梯踏步面应采用防滑材料，踏步踢面不应漏空，踏步面应做明显警示标识；

4）每个楼梯梯段连续踏步级数一般不应超过 18 级，亦不应少于 3 级，梯段改变方向时，平台扶手处的最小宽度不应小于梯段净宽[9]。

5. 楼梯的栏杆与扶手

1）幼儿安全意识差，好动，故幼儿园的外廊、室内回廊、内天井、阳台、上人屋面、平台、看台及室外楼梯等临空处应设置防护栏杆，栏杆应以坚固、耐久的材料制作，防护栏杆的高度应从可踏部位顶面起算，且净高不应小于 1.30m[9]，以确保幼儿使用时的人身安全。

图 2-230 回转延续的折行多跑楼梯（河南灵宝儿童成长中心）
资料来源：unarchitecte 张赫天建筑师事务所

2）考虑幼儿身高特点，楼梯除设成人扶手外，应在梯段两侧设幼儿扶手（图 2-231），可在成人扶手中间增设，其高度宜为 0.60m[9]，底层及顶层扶手端部应纵向延伸 1 个踏步宽度，扶手端部和转弯部位不应有棱角。

3）幼儿上、下楼梯时易发生嬉闹、攀爬等行为，甚至有些幼儿爬上楼梯扶手滑行、玩耍，故幼儿使用的楼梯，其楼梯井净宽度大于 0.11m 时，防护栏杆必须采取防止幼儿攀登和穿过的构造[9]，并不应有任何可蹬踏的横向杆件及装饰物，防止幼儿从楼梯上滑落，坠落至楼梯井底。

4）幼儿好奇、好动，游戏时头部或身体易钻入栏杆空隙中，为防止这种安全事故的发生，当采用垂直杆件做栏杆时，其杆件净距不应大于 0.09m[9]。

5）出入口台阶高度超过 0.30m 并侧面临空时，应设置防护设施，防护设施净高不应低于 1.05m[9]。

图 2-231 楼梯栏杆与扶手

第3章 幼儿园建筑空间组织模式

3.1 幼儿园建筑空间的功能与流线关系

幼儿园建筑的各空间构成部分是一个既互相联系又相对独立的整体。其中,幼儿生活用房占主导地位,服务管理用房和供应用房从属于幼儿生活用房。通过整合功能空间关系,分解使用人群构成及使用流线,幼儿园的流线一般可划分为幼儿流线、服务流线和供应流线,形成幼儿园建筑功能空间流线及组织关系。

图 3-1 为幼儿园建筑各空间的功能与流线关系分析图。

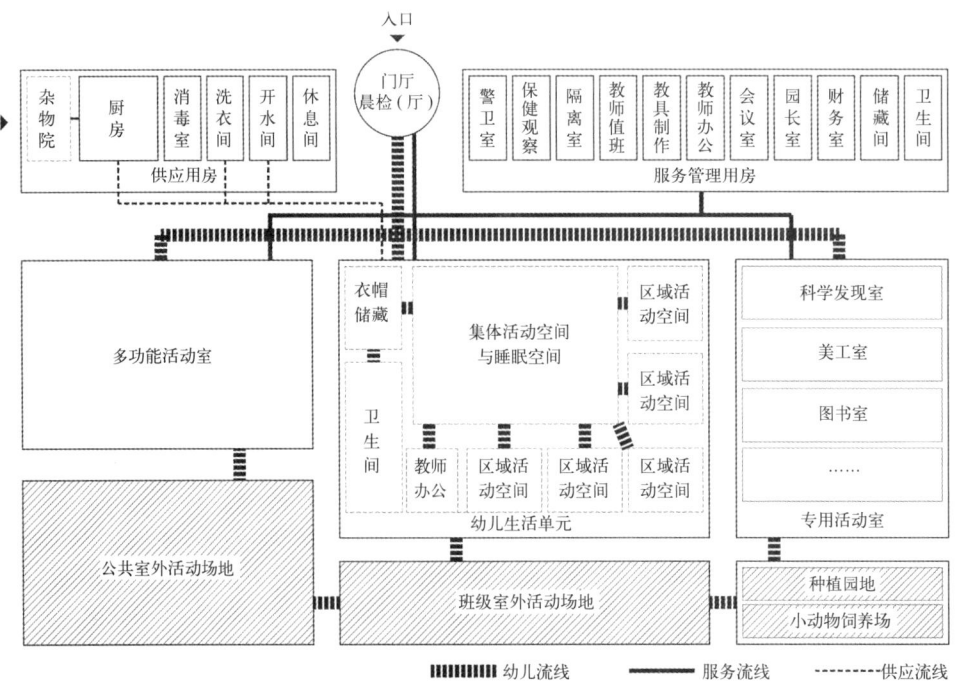

图 3-1 幼儿园建筑功能及流线关系

3.2 幼儿园建筑空间组织方式

幼儿园生活单元是幼儿生活的基本空间，将若干个幼儿生活单元组合进行建筑设计，方便管理并利于卫生防疫。《托儿所、幼儿园建筑设计规范》JGJ 39—2016（2019 年版）规定："幼儿园建筑宜按生活单元组合方法进行设计，各班生活单元应保持相对的独立性。"[9] 因此，我国幼儿园建筑仍主张按幼儿生活单元组合方法进行设计。

按照主要联系方式的不同，单元式组合可以分成廊式、厅式、庭院式、混合式和分散式等几大类型。

3.2.1 廊式

廊式组合方式是主要通过横向廊道将各功能用房连接起来的方式。即在廊道一侧或两侧布置房间（图 3-2），各房间相对独立，房间之间通过走道保持联系。其中，在廊道一侧布置房间（图 3-3），通常将房间单面布置在朝向较好的一侧，优点是几乎所有房间都能有好的采光、通风和日照条件，但当布置的房间较多时，会使交通流线过长，各空间之间的联系度减弱，廊道设置于朝向较差的一侧，一般在北方宜封闭，在南方可开敞。在廊道两侧布置房间（图 3-4），通常将幼儿生活单元、多功能活动室、专用活动空间等幼儿生活用房布置在朝向好的一面，将服务管理用房、供应用房分布在朝向较差的一面。优点是公共交通面积少，房间紧凑，有利于节能、节地。但由于廊道两侧房间并列相对，易造成相互干扰，且不利于组织穿堂风，廊道内缺少自然光照明，较为黑暗，需辅以人工照明。

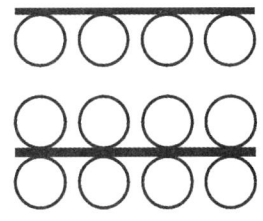

图 3-2 廊式组合示意图

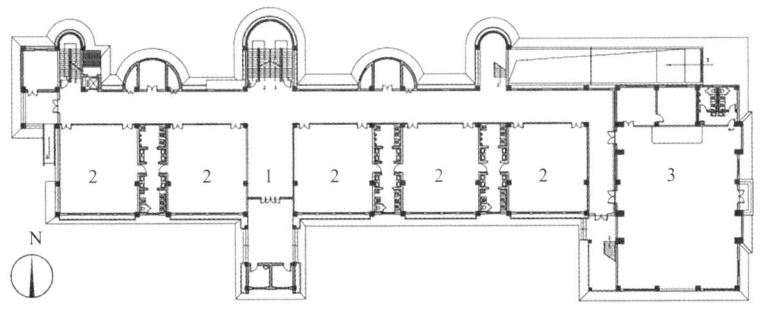

图 3-3 廊道一侧布置房间（西安市第一保育院一层平面图）
1 入口门厅
2 幼儿生活单元
3 多功能活动室

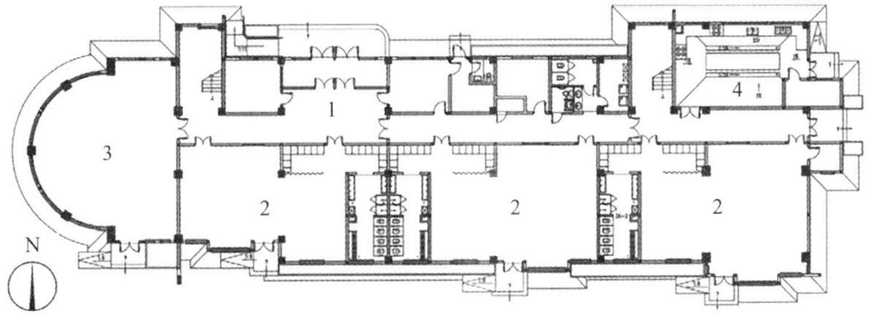

图 3-4 廊道两侧布置房间（武灵市东塔园艺幼儿园一层平面图）
1 门厅
2 幼儿生活单元
3 多功能活动室
4 厨房

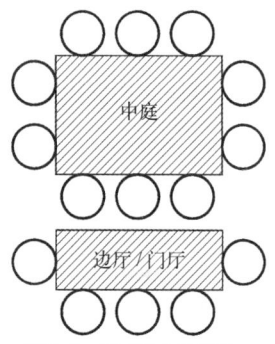

图 3-5　厅式组合示意图

3.2.2　厅式

厅式组合是以大厅为中心直接连接各功能用房（图 3-5），通常将幼儿生活单元、多功能活动室、专用活动空间等幼儿生活用房布置在大厅的南侧，将服务管理用房、供应用房分布在大厅的北侧。其优点是没有冗长的走廊，面积比较集中，联系方便，交通线路短捷；缺点是由于房间围绕大厅，往往采光、通风欠佳。因此，这里的厅通常是位于建筑中间通高、顶部为采光窗的中庭（图 3-6、图 3-7），或侧面和顶部均可设置采光窗的边厅（图 3-8、图 3-9）或门厅。大厅除了起联系各功能空间的作用外，常常用作室内公共活动的场所，尤其是在雨、雪、雾霾、酷暑等恶劣天气时，可以为幼儿提供一个不受恶劣天气影响的运动场所。

图 3-6　西安航天城第三幼儿园中庭

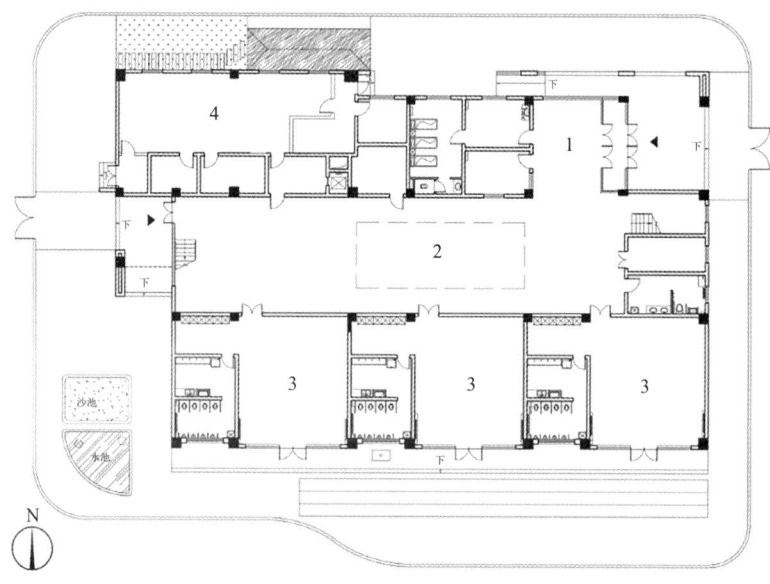

图 3-7　中庭式（西安航天城第三幼儿园一层平面图）
1 门厅 2 活动中庭 3 幼儿生活单元 4 厨房
资料来源：西安航天城第三幼儿园

图 3-8　厦门心蒙·蒙特梭利幼儿园边厅
资料来源：立木设计研究室

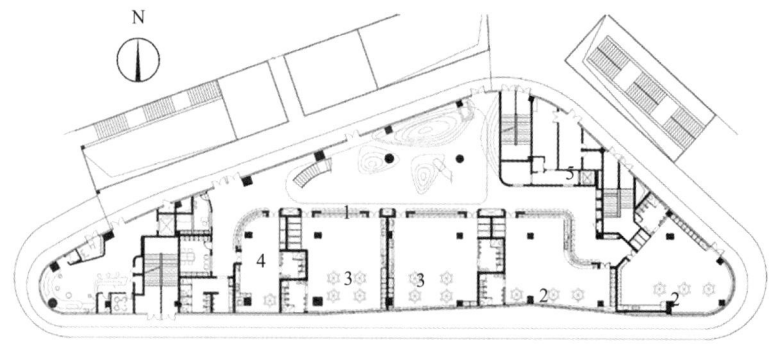

图 3-9　边厅式（厦门心蒙·蒙特梭利幼儿园一层平面图）
1 中庭 2 IC 教室 3 CASA 教室 4 综合教室 5 厨房
资料来源：立本设计研究室

3.2.3　庭院式

庭院式组合是以内庭院为中心，各功能用房围绕庭院四周设置，廊道作为联系室内外的过渡空间。优点是可以通过庭院将幼儿生活用房与服务管理用房和供应用房适当分隔，减小相互间的干扰，并有利于形成良好的通风和采光条件；但若内庭院设置室外活动场地，会对周围各功能用房产生一定的干扰，并且占地面积较大，不利于节能、节地。庭院的形状多样，可为方形、矩形、圆形、椭圆形、不规则形等（图3-10）。

幼儿园的庭院可以有多种功能，根据其功能，可分为景观型庭院和活动型庭院。

1）景观型庭院以观赏性植被景观为主，具有一定的气候调节机能。例如成都广都幼儿园（图3-11），内部庭院以种植绿植为主，半封闭的外廊围绕庭院布置（图3-12），使得室内外环境交互渗透，起到改善气候条件的作用。

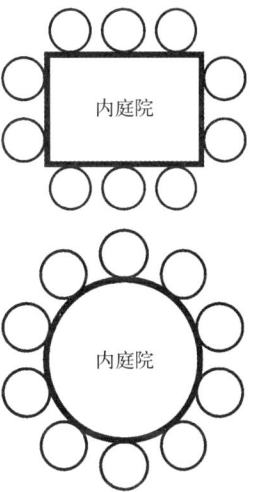

图3-10　庭院式组合示意图

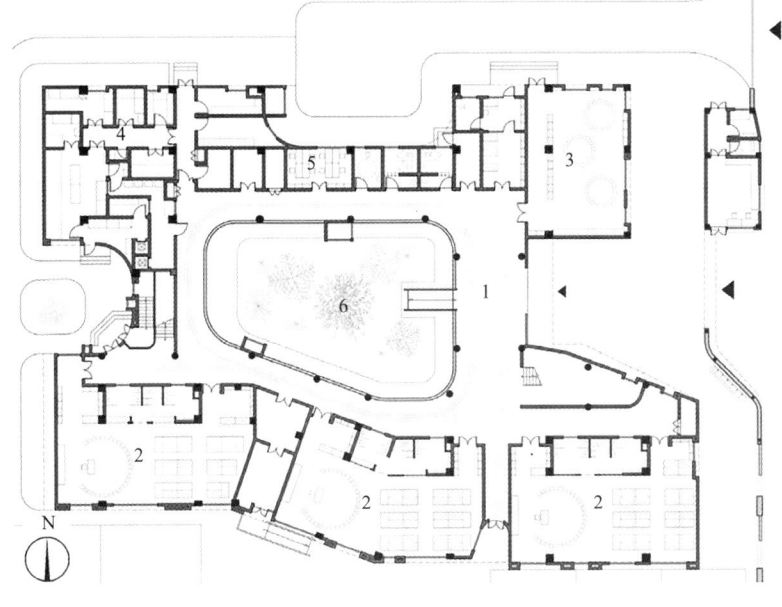

图3-11　庭院式（成都广都幼儿园一层平面图）
1 门厅
2 幼儿生活单元
3 多功能活动室
4 厨房
5 办公
6 内部庭院
资料来源：成都本末建筑设计咨询有限公司

图3-12　成都广都幼儿园景观型庭院空间
资料来源：成都本末建筑设计咨询有限公司

图 3-14　厦门新南幼儿园活动型内庭院空间
资料来源：厦门合立道工程设计集团股份有限公司

图 3-16　IBOBI SUPER SCHOOL 围合式户外场地
资料来源：深圳圆道品牌顾问有限公司（VMDPE 圆道设计）

图 3-15　庭院式（IBOBI SUPER SCHOOL 平面图）
1 入口门厅 2 班级活动单元
3 多功能活动室 4 厨房 5 备餐间
6 美工空间 7 办公区
8 户外科学探究区 9 自然探究区
10 建构探究区 11 探险区
12 运动乐园 13 玩趣体能 14 沙池
资料来源：深圳圆道品牌顾问有限公司（VMDPE 圆道设计）

2）活动型庭院是指内部庭院主要作为幼儿进行各种中小型游戏活动的场所，如厦门新南幼儿园（图 3-13），建筑内部"掏"出两个庭院，被设计成一大一小两个圆圈，作为幼儿户外活动之用，并与方整的建筑形成反差，内部主要的廊道空间环绕在庭院周围，自然串出一个"8"字形空间，产生可无限穿梭循环的流线，增加了建筑的流动性和流畅感（图 3-14）。

另外，还有的庭院则既可作为室外活动场地，又种植有一定的绿植，如 IBOBI SUPER SCHOOL，建筑围绕户外场地布置，围合式户外场地承载了运动、游乐、探究、教学、集会、表演等多种功能，同时穿插了植物的种植，并相互融合（图 3-15、图 3-16）。

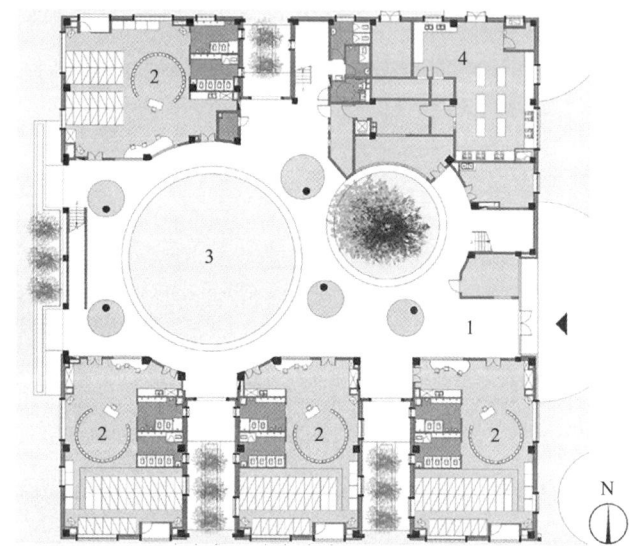

图 3-13　庭院式（厦门新南幼儿园一层平面图）
1 门厅 2 幼儿生活单元 3 内部庭院 4 厨房
资料来源：厦门合立道工程设计集团股份有限公司

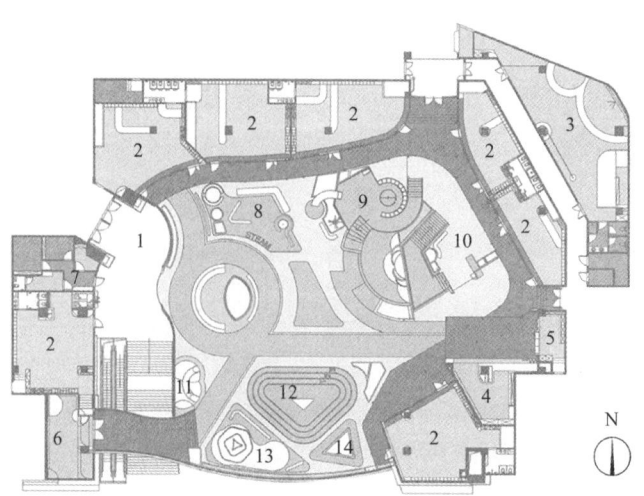

3.2.4　混合式

混合式是综合运用多种组合形式的组合方式。按其平面形态特征划分，通常有"L"形、"U"形、树枝形、风车形等形式（图3-17）。

1．"L"形平面布局

这种平面布局通常建筑围绕庭院或室外活动场地相邻两边布局，对日照要求较高的幼儿生活单元布置在南向，日照要求不高的空间布置在东（西）向或北向。例如三门健跳大孚双语幼儿园（图3-18、图3-19），以三层建筑半围合出一个内向庭院空间，让幼儿在园内生活、活动时免于外部嘈杂的干扰。幼儿生活单元布置在场地南侧，确保最大时长的日照。包裹中央庭院的建筑形态为层层退台，为幼儿构建出一个立体垂直的户外活动场地。

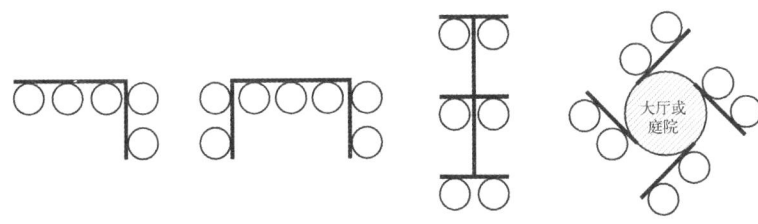

图3-17　混合式组合示意图

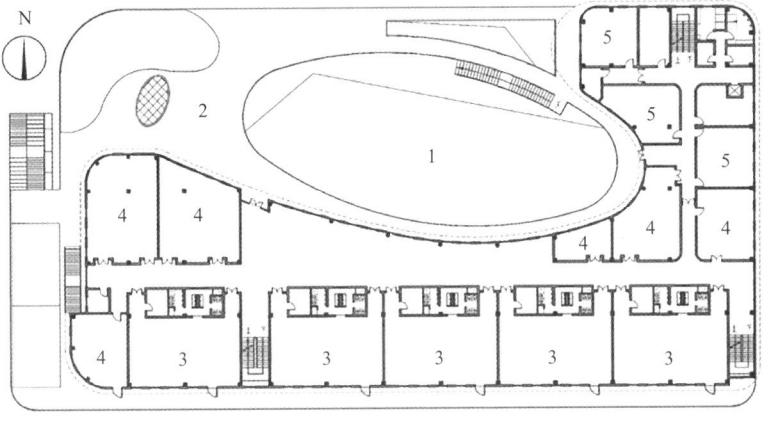

图3-18　"L"形平面布局（台州三门健跳大孚双语幼儿园二层平面图）
1　庭院上空
2　活动平台
3　幼儿生活单元
4　专用活动空间
5　办公
资料来源：上海思序建筑规划设计有限公司

图3-19　台州三门健跳大孚双语幼儿园建筑围绕中心庭院成"L"形布局
资料来源：上海思序建筑规划设计有限公司

2. "U" 形平面布局

这种平面布局通常建筑围绕庭院或室外活动场地三面布置，对日照要求较高的幼儿生活单元南向布置，日照要求不高的空间布置在东侧或西侧。如湖北十堰 A+ 自然幼儿园（图 3-20、图 3-21），建筑围绕户外活动空间呈 "U" 形布局，幼儿生活单元布置在 "U" 形南向的两翼，确保日照充足，门厅与服务管理用房和供应用房布置在东侧，位于中央的户外空间设置活动装置，鼓励幼儿快乐探险。

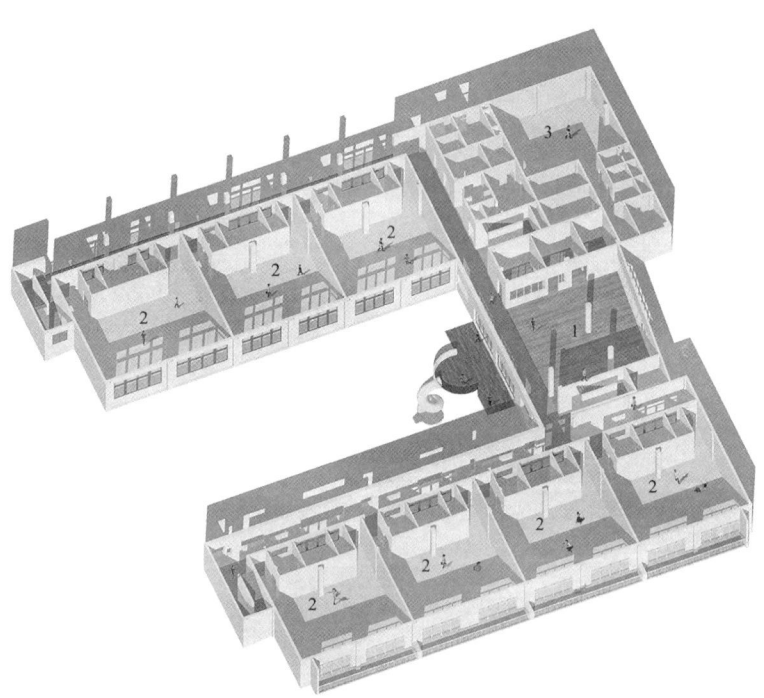

图 3-20 "U" 形平面布局（湖北十堰 A+ 自然幼儿园一层）
1 门厅 2 幼儿生活单元 3 厨房
资料来源：西安迪卡建筑设计中心

图 3-21 湖北十堰 A+ 自然幼儿园建筑围绕中心庭院成 "U" 形布局
资料来源：西安迪卡建筑设计中心

3. 树枝形平面布局

这种平面布局通常用在南北方向比较长的狭长地形中，由于幼儿生活单元的活动区与睡眠区冬至日底层满窗日照不应小于3h，为避免建筑间日照的相互遮挡，建筑往往呈树枝形布置。例如苏州太湖新城吴郡幼儿园（图3-22、图3-23），考虑用地尺寸、分班活动场地和集中大操场之后，采用一条南北贯穿的连廊将三排幼儿生活单元连接起来，形成树枝状布局。三排幼儿生活单元由北向南平行排开，可以将小、中、大班三个年级各自集成在每一排中，三排相互间拉开适当距离，以保证充足的日照。西侧的大操场被多功能活动室和连廊三面环抱，既使用方便，又可减少对幼儿生活单元的干扰。

图3-23 苏州太湖新城吴郡幼儿园建筑沿南北贯穿的连廊成树枝状布局

资料来源：启迪设计集团股份有限公司

图3-22 树枝形平面布局（苏州太湖新城吴郡幼儿园一层平面图）
1 门卫 2 门厅 3 晨检室 4 幼儿生活单元 5 多功能活动室 6 厨房 7 公共活动场地
8 分班活动场地
资料来源：启迪设计集团股份有限公司

4. 风车形平面布局

这种平面布局通常建筑围绕大厅或庭院模仿风车的扇叶向四周展开布置，具有中心离心性、边缘开放性的特点。如台州三门大孚双语幼儿园（图 3-24），以"守护"为主要理念，似双手环抱，幼儿园围绕椭圆形的庭院空间，采用双曲线的建筑形体，打造风车形平面布局。南向曲线布置幼儿生活单元，中心庭院与双曲线相交处的入口空间相连，并通过室外楼梯可到达二层室外平台，又可从二层室外平台顺势沿景观坡道将幼儿的活动空间延展到地面上的室外活动场地（图 3-25 ～图 3-27）。

图 3-24 风车形平面布局（台州三门大孚双语幼儿园二层平面图）
1 中心庭院
2 二层室外平台
3 景观坡道
4 幼儿生活单元
5 辅助教室
6 办公
资料来源：上海思序建筑规划设计有限公司

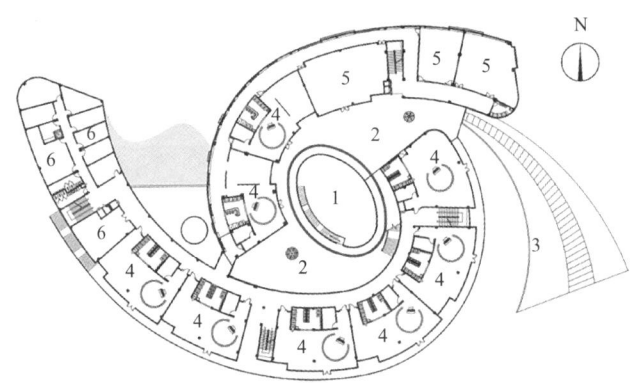

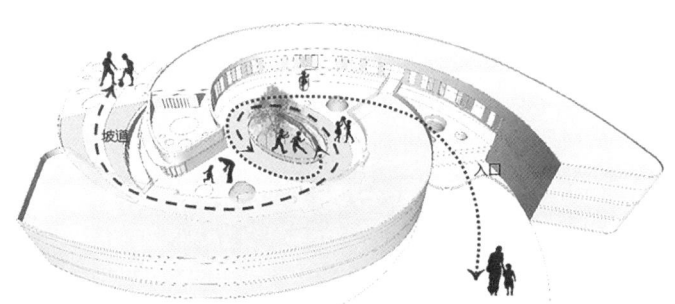

图 3-25 台州三门大孚双语幼儿园风车形平面布局的中心离心性、边缘开放性示意图
资料来源：上海思序建筑规划设计有限公司

图 3-26 台州三门大孚双语幼儿园中心庭院（上图）与二层平台空间（下图）
资料来源：上海思序建筑规划设计有限公司

图 3-27 台州三门大孚双语幼儿园二层平台通向地面室外活动场地的景观坡道
资料来源：上海思序建筑规划设计有限公司

3.2.5　分散式

分散式是将各功能空间在满足使用条件下分散布置在场地上，其特点是平面布局灵活、自由，易形成尺度、形态各异的室内外公共空间，灵活运用场地环境营造有益于幼儿身心发展的建筑环境。但由于平面布局较为分散，需用地充足，且需以廊等交通空间联系各功能空间。如江苏北沙幼儿园（图 3-28），呼应了乡村广阔沃野上星罗棋布房屋的原生肌理，用若干"小屋式"结构分解了幼儿园所需的总建筑体量，形成散落于场地的建筑空间布局。

鸟瞰图

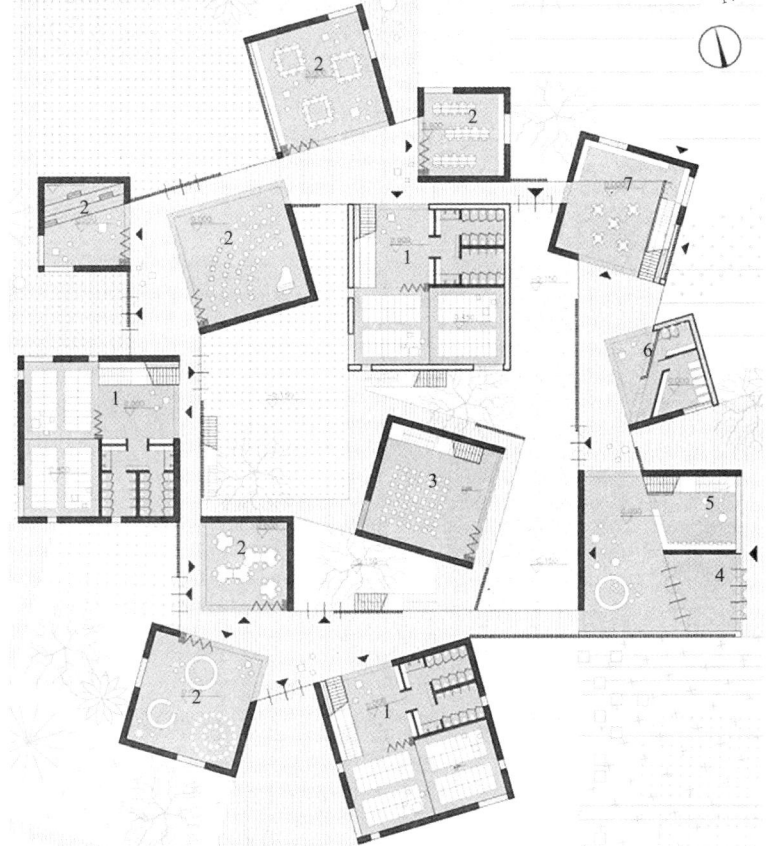

图 3-28　分散式（江苏北沙幼儿园一层平面图）
1 教室
2 特殊教室
3 多功能活动室
4 大厅
5 办公室
6 医务室
7 餐厅 & 厨房
资料来源：北京 Crossboundaries 建筑事务所

此外，随着我国幼儿教育的不断变革，教学组织方式也出现了多种形式，幼儿园建筑空间也随之发生了改变。例如北京乐成四合院幼儿园（图3-29），基于探索式"玩中学"的教育理念，建筑新建部分室内空间布局开放、自由，不同混龄学习组间并没有被封闭的墙隔开，而是借助建筑的支撑结构，每隔一段距离设置弧墙，形成"无边界"的学习空间。通过院落和廊道与之相连的三进四合院，是少儿课余文化、艺术、创作的活动场所及园方工作人员的办公室。再如，广州狮子国际幼儿园（图3-30、图3-31），利用有限的场地条件为幼儿打造了一个开放的、充满乐趣的空间环境。将滑梯、幼儿阅读平台、开放式烹饪空间及角色扮演区等分段式穿插在空间内。同时，一楼课室的门在打开后营造出一个可以组织小型演出或集体活动的空间。

幼儿园空间组织方式除了单元式组合方式和开放式组合方式外，还有一种半开放式组合。例如YM保育园（图3-32），通常按照年龄特点设置若干个保育室，但保育室内没有独立的卫生间，邻近保育室集中设置公共卫生间，供全园幼儿使用。幼儿用餐空间被单独设置在邻近厨房和室外环境的位置，形成集体用餐空间，并兼作多功能活动室（图3-33）。在室内公共空间中穿插了很多小尺度游戏空间。

图 3-29　水平展开的开放式（北京乐成四合院幼儿园一层平面图）
1 门厅
2 接待
3 行政办公室
4 会议室
5 图书室
6 剧场
7 室内体育场
8 家长中心
9 办公室
10 院长室
11 艺术舞蹈教室
12 作品陈列室
13 文化体验
14 创客空间
15 教室
16 厨房
17 午睡室
18 庭院
资料来源：MAD建筑事务所

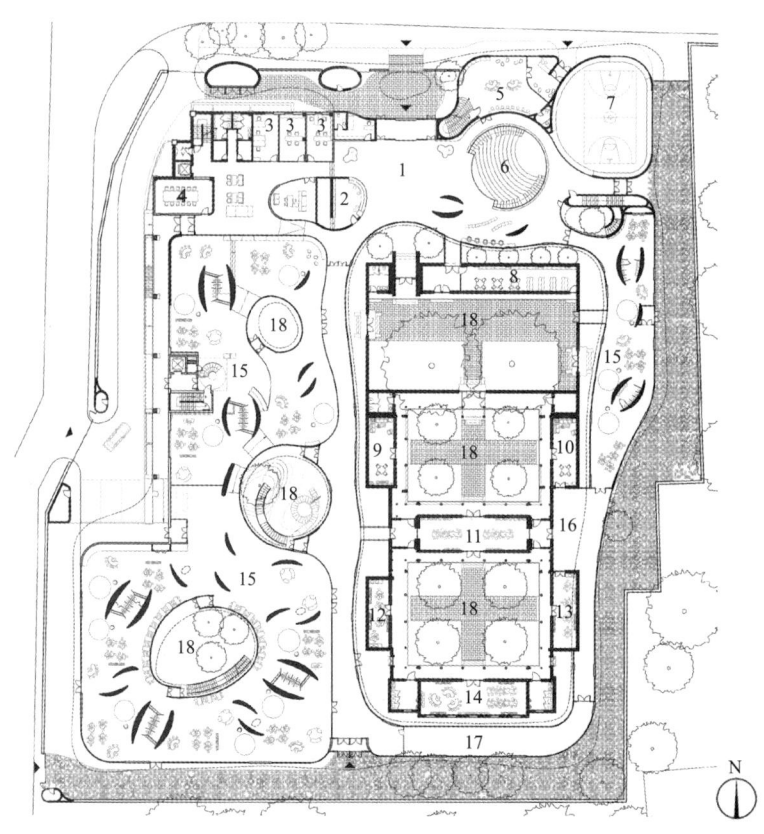

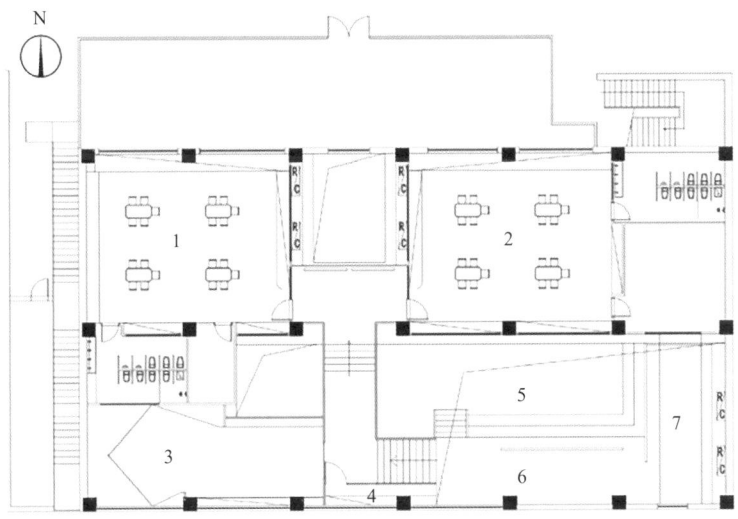

图 3-30　垂直展开的开放式（广州狮子国际幼儿园二层平面）
1 美术课室
2 科学课室
3 图书阅览区
4 滑梯
5 表演区
6 角色扮演区
7 烹饪区
资料来源：深圳圆道品牌顾问有限公司（VMDPE 圆道设计）

图 3-31　广州狮子国际幼儿园分段式穿插在不同标高上的活动空间
资料来源：深圳圆道品牌顾问有限公司（VMDPE 圆道设计）

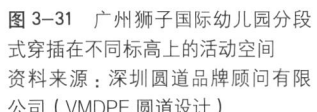
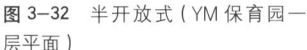

图 3-32　半开放式（YM 保育园一层平面）
1 餐厅
2 0-2 岁儿童保育室
3 保育室
4 厨房
5 教员办公室
6 储藏室
7 课后俱乐部
8 走廊
9 卫生间
10 儿童卫生间
资料来源：株式会社日比野设计

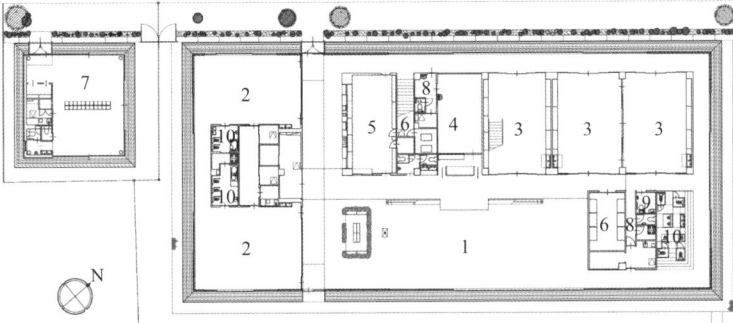

图 3-33　YM 保育园的集体用餐空间
资料来源：株式会社日比野设计

第**4**章 幼儿园建筑空间形态

4.1 幼儿园建筑形态

建筑的形态通常是指一个建筑的外部形状,是人们了解一个建筑最直观的印象,将对周围环境产生最直接的影响。同时,建筑形态还与其环境氛围、整体形象、内部空间、功能流线、结构特征都有十分密切的关系,尤其是幼儿园建筑,建筑形态对幼儿园总体功能布局、独特的流线组织及其内部空间的形态等都有着重要的影响(图4-1)。本小节从幼儿园建筑形态生成的影响因素、基本特征及形态构成三个方面概括性地阐述幼儿园形态设计中的要点。

图 4-1 上海金山区金蔷薇幼儿园建筑形态
资料来源:曼景建筑设计事务所

4.1.1 幼儿园建筑形态生成的影响因素

幼儿园建筑形态的生成受到很多因素的影响，其中包括环境氛围、整体形象、内部空间、功能流线、结构特征等。其影响内容各不相同，因此建筑形态设计是一个综合考量、最大化地兼顾各个要素的设计过程。

1. 环境氛围

环境对于幼儿园建筑形态有着较大影响。当幼儿园处于相对较好的整体环境时，其形态应尽量打散，让建筑单体尽可能多地融入环境中，尽量以自然采光、自然通风来调节内部环境，让幼儿能够更方便地进入环境中进行户外活动，创造更为紧密的室内外连接。另一方面，当幼儿园建筑周边环境相对复杂、不利于建筑的采光、通风时，可适当采取相对整体的建筑形态来规避不利影响，让丰富的内部空间或庭院来弥补环境的不足。

2. 内部空间

相比于外部形态，内部空间与幼儿活动的关系更为密切，因此从设计的角度来看内部空间的组织与设计是原因，而外部形态往往是结果。建筑的外部形态应该更多地体现出内部空间的主要特征，内部、外部空间在语言上保持一致。幼儿园建筑因幼教模式的多元化，作为承载"教与学"活动的内部空间的类型呈现出多样性，与之相对应的建筑形态也更为多样。

3. 功能流线

功能流线与幼儿园建筑形态也有着密切的关系。其内部流线往往更多考虑幼儿的活动特征和活动方式很多时候活动流线甚至成为空间设计的主要线索，各功能空间围绕活动流线展开。相比于形态特征给人的印象，功能流线与幼儿活动的关系往往更为密切。

4.1.2 幼儿园建筑形态基本特征

幼儿园建筑不同于其他民用建筑，因其使用功能主要针对幼儿，故其建筑规模、层数、尺度、布局及装饰性等内容均有其自身的特征。建筑形态受此影响，呈现出低层数、小尺度、组织灵活、形态多样等特征。

1. 低层数、小尺度

考虑到幼儿的身体特征及活动能力，幼儿园建筑中的幼儿生活用房部分应尽量放在一层，直接与室外活动场地相连接。如因具体的场地局限等条件约束，当其无法设置在一层时，按照《托儿所、幼儿园建筑设计规范》JGJ 39—2016（2019版）中所要求的幼儿园生活用房不应布置在四层及以上，应布置在三层及以下且不应布置在地下或半地下空间。基于此，幼儿园建筑往往呈现出低层数的形态特征。同时幼儿园不同于中小学及其他功能复杂的建筑类型，服务的人群数量不多，各类服务空间面积有限，因此建筑单体尺度不大。

2. 组织灵活、形态多样

幼儿园功能主要是以班级为单位展开的，其内部空间呈现出单元化的组织方式。在空间组织过程中，受幼儿动线的变化、公共空间的转换、庭院空间的介入等因素影响，单元组织方式非常灵活。另一方面，幼儿园建筑单体往往会塑造成适于幼儿心理特征的独特形态外观，而非以常见的体块形态进行组合，并与室内景观及活动庭院空间形成连续的室内外关系，其形态呈现出丰富性与多样性。

4.1.3 幼儿园建筑形态构成

1. 整体式形态

幼儿园建筑中整体式形态一般是以某个单一且完整的形态为主，各类功能房间被组织在一个完整的建筑形态内部，从外观难以分辨出幼儿生活单元。建筑内部幼儿生活用房及其他功能用房在建筑内部呈现较为紧密的空间联系。在形态朝向方面，整体式的形态仅有局部能完全朝向南侧，其内部幼儿生活单元的布置因此受到限制。为了能够更好地获得自然采光和自然通风，往往需要进行局部变化调整，通过掏挖变形的方式将内部空间向外打开，或通过增加灰空间的方式创造半室外活动空间及出入口过渡空间。整体式形态可以分为几何形态、具象形态、自由形态三种类型，它们的具体特征为：

图4-2　两个矩形体块组合成的几何形态（义乌大陈镇东塘幼儿园）
资料来源：上海思序建筑规划设计有限公司

1）几何形态：体块形态简单，一般由一个或几个规则的几何体块组合而成，内部空间交通组织高效，从外观看，此种形态不具有明显的建筑类型特征。如图4-2中的义乌市大陈镇东塘幼儿园，整体通过两个矩形体块组合，两个体块延长边垂直连接，形成半围合的室外活动空间，建筑形态简单，轮廓边界清晰。

图4-3　模拟棒棒糖的具象形态（云南棒棒糖理想园）
资料来源：西安迪卡建筑设计中心

2）具象形态：建筑形态借鉴某个原型外观，常以模拟幼儿常见物体为主，通过借用具象概念所具有的构型特征对幼儿园空间及功能进行组织。如图4-3所示云南棒棒糖理想园，建筑从整体形态上以棒棒糖为蓝本，借助其构图特征将幼儿园整体分为"圆环"与"长方体"两部分，两种形态有着各自不同的空间组织逻辑，设计者充分借用形态特征来组织幼儿生活用房与辅助功能空间。

3）自由形态：建筑形态较为灵活自由，通常呈现出弧面、折面的形态特征，并不明确表达某种具象概念。建筑往往通过自由的形态特点，形成灵活多样的外部空间，为幼儿提供丰富的室外活动场所。同时独特的建筑造型能够令人印象深刻，具有一定的标识性。如图4-4台州三门健跳大孚双语幼儿园，以弧面作为建筑形态边界，围合出形态自由的室外活动平台与庭院空间，弧形曲面也为幼儿创造出连续的活动流线。

图4-4　弧面为边界的自由形态（台州三门健跳大孚双语幼儿园）
资料来源：上海思序建筑规划设计有限公司

2. 分散式形态

分散式建筑形态的外观一般由多组建筑单体共同组合而成，各类功能用房分别被组织在不同的单体空间内部，并由廊道或者公共空间进行组织。通过单体建筑外观能够初步分辨出内部空间的功能类型。因其分散的建筑形态，幼儿生活单元及其他功能用房在建筑内部拥有相对独立的空间，又通过廊道及公共空间的组织实现相互之间的紧密联系。在采光与通风方面，分散式形态的各个单体能够更好地融入环境中，每个单体均有较好的采光面。不同于整体式形态的封闭性，散落的单体使建筑内部打开，从而使内部空间获得更好的自然采光与自然通风。同时形体分散也提供了良好的室内外空间关系，为幼儿活动提供了更为方便的室外庭院。分散式形态可以分为母题重复式、廊院串联式、聚落组合式三种类型，它们的具体特征为：

1）母题重复式：建筑由某一重复出现的相同或相似的单体形态（母题）所组成。不断重复的母题首先为幼儿生活单元，其他建筑空间则根据功能的不同分设于不同的母题中，并通过公共活动空间或交通廊道进行连接。此种类型建筑形态特征明显，建筑母题通常与室外景观及屋顶活动平台空间相融合。如图4-5所示，华东师范大学附属双语幼儿园采用六边形作为母题进行重复组织，充分利用边界形态特征使每个母题都相互连接，形成丰富有趣的外部造型。同时六边形母题通过虚化产生室外活动空间，每个室外空间有多个面与建筑相接，创造了丰富的室内外空间关系。

图4-5 母题重复式建筑空间形态（华东师范大学附属双语幼儿园）
资料来源：上海山水秀建筑事务所

2）廊院串联式：通过交通廊道将建筑单元体块与内部院落进行串联，建筑形态特征明显，建筑单元体块与院落空间相互围合限定，室内外空间联系紧密，并通过廊道组织成整体，交通流线简单高效，建筑采光及视野良好。如图 4-6 苏州太湖新城吴郡幼儿园，建筑通过交通廊道将多个矩形体块及活动庭院进行串联，使建筑室内外空间互相联系并将分离的室外空间形成整体，幼儿在廊道空间进行公共活动时，可以获得游廊串院的空间体验。

3）聚落组合式：多个单体建筑组合形成组团，并通过廊道及公共活动空间将各组团进行连接。每个组团内部形成内聚型院落，营造具有一定独立性的庭院空间，可以根据不同年龄对组团内部空间赋予不同特征。如图 4-7 哥伦比亚 Timayui 幼儿园，建筑由多个单体组合而成的组团连接构成，每个组团由三个体块围合，通过交通廊道连接成整体，每个组团中间形成一个内向型的共享庭院。整体组织逻辑清晰，组团形态辨识度较高，形成独特的形态特征，与环境融为一体，相得益彰。

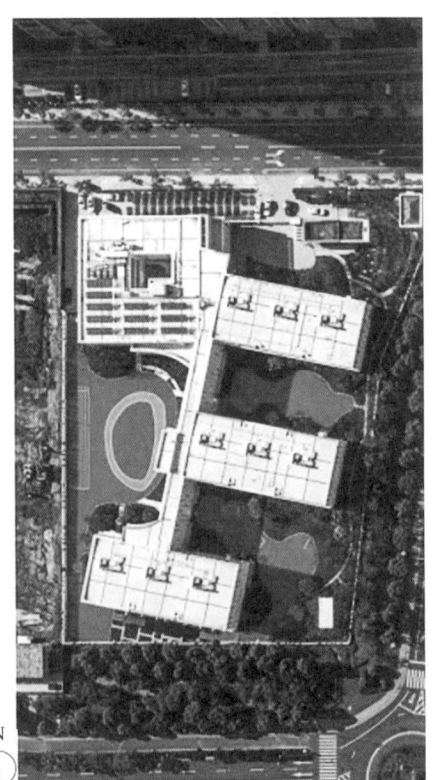

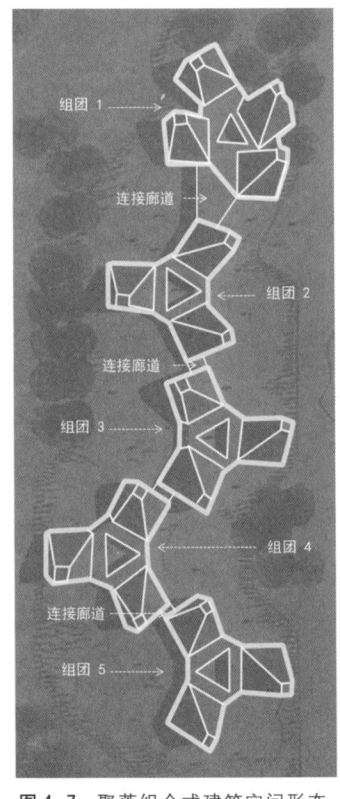

图 4-6　廊院串联式建筑空间形态（苏州太湖新城吴郡幼儿园）

资料来源：启迪设计集团股份有限公司

图 4-7　聚落组合式建筑空间形态（哥伦比亚 Timayui 幼儿园）

4.2　色彩

在幼儿的培养与教育中，智力及体力的培养在众多幼儿园及教育机构中受到广泛关注。但幼儿的情感的培养同样不可忽视，幼儿情感及性格的正确培养对形成健全的人格至关重要。幼儿在成长过程中对周围环境的色彩感知很敏感，色彩也会对他们的心理发育产生重要作用。在幼儿园建筑的发展过程中，色彩的研究与设计因此也变得非常重要。面对当前我国幼儿园建筑设计功能与空间越来越多元化，空间所需要的色彩也必将更加丰富且应具有针对性。不恰当的色彩使用，会对幼儿内心造成影响，容易让幼儿产生紧张、焦虑等不良情绪。幼儿期是人类思想认知的启蒙阶段，大脑对周围环境非常敏感，正确、恰当的色彩使用能够对幼儿心理产生积极的影响，能够帮助幼儿获得安全感、专注力、创造力等，让其能够在和谐美好的环境中学习与成长。

4.2.1　幼儿色彩视觉特征

我们在接收环境中色彩的信息时，主要是通过视觉和大脑两部分共同作用的，因此在研究色彩对人产生的作用时，视知觉的作用变得很关键。视知觉主要是由视觉接收及视觉感知两部分组成，是由眼睛接收到可见的光信息，进而再由大脑进行处理及反馈。因此我们所感知到的光线，都是由大脑经过加工处理后的图像呈现，光线对我们大脑的影响是无法避免的。

1. 幼儿视觉影响因素

幼儿对环境的观察与感知主要受到四个方面的影响：①首先是幼儿的视觉敏感度，对视觉信息敏感的幼儿能够敏锐地关注和获取周围环境及色彩的信息，足够的信息量是决定幼儿能否对周围色彩环境产生反馈的关键因素；②其次是视觉信息的总结能力，规律出现的环境信息，有助于幼儿理解并总结事物规律，有助于幼儿在大量的外界信息中提升记忆效率及思考能力；③再次就是图形图像的记忆及分辨，这个能力能够帮助幼儿快速识别物体的基本特征并快速找到事物之间的连接规律；④最后是视觉的想象力，通过提取视觉的记忆信息，构建模拟出事物的形象。幼儿阶段往往具有天生的好奇心和想象力，在其生长发育阶段应该更加注重培养这些能力。

2. 幼儿视觉特征解读

1）视觉年龄特征：幼儿的颜色视觉会随其年龄的增长产生明显的变化。在婴儿三个月左右时就开始形成初步的颜色辨别能力，能够区分黄色、橙色及红色，三岁左右已经开始能够分辨大部分不同色调，并且能够分辨几何图形特征，五岁左右已经能够分辨颜色的饱和度和色相之间的差别，这个阶段色彩对幼儿心理的影响相对比较明显（表4-1）。

表4-1　视觉年龄特征表

年龄	能力	色彩感知	心理特点	行为活动
2~3岁	感知能力初步发展，视觉记忆力增强	能够分辨几何图、具备颜色分辨力	观察模仿，能指出喜爱的颜色	模仿他人行为活动
3~4岁	感知力、注意力发展	分辨各种形状、颜色	依形分类、深度知觉较好	能够自主涂色
4~5岁	手眼协调能力及想象力提高	区分不同色调、饱和度及明度	开始积极主动参与活动，能够认知活动内容及活动规则	有自主选择性的目标活动
5~6岁	肌肉能力提升	可以掌握多种颜色名称、观察并临摹	能够自主进行思考，自控力、合作能力提升	大体能活动增多

　　2）色彩与心理感受：幼儿会对不同色彩产生不同的心理感受，色彩是对幼儿心理影响的重要环境因素。例如，暖色调环境中的红色、黄色等，会给人温暖、舒适的心理感受，幼儿在这样的环境中，能够产生一定的安全感；同时暖色调的环境，会在视觉感受上放大物体，拉近物体与幼儿的距离，能够更快速地建立幼儿与环境的联系。再如，冷色调环境中的绿色、灰色、蓝色，可以让幼儿快速冷静下来，并相对专注地阅读或者安静地思考，能够有效地培养幼儿专注力（图4-8）。

图4-8　墙面采用的绿色可使幼儿快速冷静、安静思考（上海金山区金蔷薇幼儿园）
资料来源：曼景建筑设计事务所

4.2.2 色彩心理感知对幼儿园空间的影响

现阶段我国在幼儿园空间设计方面还普遍缺乏对于色彩的深度考量，幼儿在空间中对于色彩产生的各种情绪往往被忽视。

1. 改善幼儿心理感受

合理地运用色彩能够改变幼儿的心理感受，有助于改善幼儿焦虑、不专注等情绪，尤其幼儿园是幼儿第一次离开家进入的教育场所，幼儿会对新的环境及生活存在陌生感，因此在环境设计时，需要充分考虑幼儿因此产生的焦虑情绪，在色彩设计上通过营造温馨的色彩环境给幼儿足够的安全感，不仅能够有效地安抚幼儿情绪，又能够促进其在学习、游戏过程中有更积极的参与。

2. 促进幼儿对图形图像信息的获取

幼儿3岁以后对外界环境中的色彩会有一定的敏感性，因此将日常的教学及生活内容用色彩的方式表达，能够增强幼儿对物品或者某个信息的认知，以及增强信息在幼儿大脑中的记忆，还能激发幼儿的图形图像想象力。同时空间中恰当的色彩装饰，能够帮助幼儿更快速地认知空间不同的位置和方向。

3. 调动幼儿的情感

幼儿认知世界的基本途径就是通过视觉将信息传入大脑并产生记忆与分辨，因此色彩图案能够让幼儿将颜色与脑中内在的认知建立关联，多种色相能够让幼儿对色彩产生更多的联想，从而激发对事物的兴趣，调动幼儿情绪和主动性。相比于单调乏味的色彩，丰富的颜色能够使幼儿更加活跃与兴奋，增加幼儿活动的积极性。

4.2.3 幼儿园色彩设计方法

幼儿园建筑的色彩要以幼儿的感官体验为基础，依据幼儿的视觉特征进行相应的色彩设计，并且需要关注幼儿园建筑中不同空间的功能需求，色彩也应更好地适应幼儿行为的动与静。

1. 幼儿生活单元色彩设计

不同年龄幼儿的行为及认知会有较为明显的差别，在幼儿生活单元色彩设计中，幼儿的年龄及其行为特征需被重点关注，色彩的运用应与之相协调。

幼儿进入小班一般年龄在三岁多，刚离开家庭进入幼儿园进行集体生活，并未完全摆脱家庭的影响。因此在小班室内色彩设计中，应更多关注幼儿的情绪，创造能够缓解焦虑的色彩环境。室内应尽量使用柔和的色彩，以木色、乳白色及淡黄色为主，尽量与家庭和皮肤的颜色接近，营造干净、柔和的色彩环境，提升幼儿的安全感（图4-9）。避免大面积使用高饱和度颜色对比产生强烈的刺激，以及避免大面积使用黑色、深蓝色、墨绿色等低亮度和低明度的颜色。

图4-9 柔和的色彩有助于提升幼儿的安全感（厦门心蒙·蒙特梭利幼儿园）

资料来源：立木设计研究室

图4-10 明度较高的色彩可营造干净明亮的活动氛围（国科温州第一幼儿园）
资料来源：上海成执建筑设计有限公司

中班幼儿相对小班，已经能够适应幼儿园集体生活，独立进行游戏和交流，在活动中对颜色也相对敏感。因此室内活动区建议以明度相对较高的色彩为主，营造干净明亮的室内活动氛围（图4-10），可考虑以白色、浅蓝、浅黄及浅紫色为主色调；睡眠区则主要以绿色、蓝色及浅灰色为主，能够使孩子安静下来，有助于幼儿休息。

幼儿一般在5岁多进入大班，该年龄的孩子活动能力明显增强，对色彩感知力也更为敏感，同时对幼儿园集体生活也已完全适应，并能主动进行各类活动和游戏。在大班室内色彩的设计中，可以使用相对丰富的色彩进行装饰，局部可以适当提高颜色饱和度及对比度产生色彩斑斓的氛围。色彩之间要冷暖相协调，主体色与配色应增加层次，激发幼儿的想象力与活力，以促进幼儿更好地在环境中进行活动。

2. 公共活动空间色彩设计

公共活动空间应根据不同的幼儿活动行为采用不同的色彩方案。例如图书阅读空间，在保证良好的采光条件下，适当采用浅蓝、浅黄、淡绿等色彩让幼儿能够快速安静下来，营造平静、专注的色彩氛围，如图4-11广州狮子国际幼儿园图书阅览空间，采用木质装饰内部空间，整体浅黄暖色调氛围，局部点缀浅绿色墙面、地毯，能够让幼儿安静专注地进行阅读，同时浅色调表面能够通过漫反射对空间进行补光，在幼儿长时间用眼的情况下，提供适宜的光环境，尤其大班的幼儿大部分已经具备独立阅读书本的能力，在室内色彩装饰中，恰当地调节阅读区的色彩，能够更好地帮助幼儿安静地进行阅读及其他需要专注的游戏活动。在肢体活动较多的空间，应适当采用明亮、饱和度较高的色彩进行搭配，能够让幼儿处于较为兴奋的状态进行活动，有助于幼儿的身体发育，如图4-12台州稚荟树幼儿园门厅，白色墙面为环境提供了充足的环境漫反射光，墙面色彩迎合主题进行点缀，同时天花板高饱和度的橙色能够在阴雨天光线不足的情况下为幼儿带来活跃的空间氛围。

图4-11 广州狮子国际幼儿园图书阅览空间
资料来源：深圳圆道品牌顾问有限公司（VMDPE圆道设计）

图4-12 台州稚荟树幼儿园门厅
资料来源：门觉建筑设计事务所

3. 交通空间色彩设计

交通空间是连接幼儿园各个房间的主要部分，幼儿大量的活动及交流都发生在这个空间中，因此该部分的色彩设计应充分考虑幼儿在其中的使用特征。空间本身宜采用饱和度相对较高的色彩，对各个班级的入口、走廊、楼梯口等进行提示，利用色彩增强幼儿对空间的识别与记忆，也可结合不同主题增设相应的色彩及图案装饰，使整个交通空间的色彩氛围更加活跃。图4-13 上海金山区金蔷薇幼儿园楼梯间整体为亮黄色，与廊道空间形成鲜明对比，幼儿在活动中能够通过颜色快速识别交通空间，并能通过不同颜色分辨空间的不同功能属性。

4. 外部色彩设计

建筑外部的色彩设计灵活性较大，色彩与建筑材料有着密切的关系。一般来讲，幼儿园建筑应保持明快的建筑外部颜色，使幼儿对建筑外观建立清晰的认知。不宜大面积使用玻璃幕墙或表面具有高反光特征的金属材料，避免因眩光造成的过亮和过热对幼儿健康产生影响，同时建筑外部不宜大面积使用黑色等低明度颜色。具体来讲建筑外部色彩设计应注意以下几点：

1）建议使用明度较高的颜色，形成清晰明快的外观色彩，避免大面积的低沉颜色带来消极压抑的情绪。同时明亮的色彩能够增强环境漫反射光，可以对周围环境进行适宜的补光，有利于幼儿眼睛的健康发育。

2）颜色的使用尽量简洁，可以一种颜色为底色适当增加其他配色，避免色彩过于复杂，尽量营造明快且干净的建筑外墙，为幼儿户外活动提供简单的背景环境。

3）外部色彩可以配合内部功能进行设计，让孩子产生记忆点，对幼儿园内部空间布局建立认知，快速熟悉周围环境。

图4-13　上海金山区金蔷薇幼儿园亮黄色楼梯间
资料来源：曼景建筑设计事务所

4.3 材料

建筑材料的选择对于建筑的空间环境、使用功能、外观形象都有十分重要的作用，尤其是幼儿园建筑，其材料的选择对低龄幼儿的健康及心理有着重要的影响。幼儿园建筑中的材料在日常使用中与幼儿的接触最为密切，因此材料的设计也应作为建筑设计中的重要环节。本小节从幼儿园建筑的地面材料、墙面材料及天花板材料三个方面概括性地阐述幼儿园建筑材料设计中的要点。

4.3.1 幼儿园地面材料

地面材料是幼儿在园内活动及休息时直接触碰且接触时间最长的材料，因此地面材料的考虑往往要优先于建筑的内外墙体及天花板材料。好的铺地材料能够更为有效地帮助幼儿活动及休息，同时能够直接保护幼儿的身体健康。

1. 软质材料的使用

幼儿在园的大部分时间处在活动和探索周围环境的状态，其运动量和运动时间往往占据幼儿活动的重要部分，且幼儿正处在生长发育的阶段，身体机能和协调控制能力相对成年人来说较弱，更容易摔倒及磕碰而受到伤害。因此在幼儿肢体活动可及的范围内应当设置软质材料，避免尖锐及坚硬的表面对幼儿造成的伤害；同时软质材质也应满足幼儿的正常活动要求，活动区域质地不宜过软，也应能够方便幼儿的正常走、跑、跳、爬等大幅度肢体动作，从而满足幼儿锻炼身体的要求；软质材料使用的同时也应注意耐磨、耐腐蚀和防静电，保证足够的使用耐久性和舒适性。

2. 材料的防滑与减震

幼儿在园内经常会进行跑、跳、翻越等活动，因此其地面材料须具有防滑减震功能。如果建筑室内空间为水泥地面等硬质材料，在有水时会变得很滑，幼儿在进行跑、跳时很容易滑倒摔伤；同时过于坚硬的地面对于幼儿跳跃等活动没有缓冲作用，也容易造成损伤，且幼儿来园时所穿的鞋子鞋底材料多样，因此地面材料宜选择适应性强、防滑、减震且耐磨的材料，常见的有木地板、PVC塑胶地板等材料（图4-14）。

3. 材料的吸声与降噪

幼儿园的地板材料应在满足上述要求的同时考虑适当的吸声降噪性能。幼儿在园内进行大幅度的肢体活动的同时，会对楼板产生较为频繁且强烈的撞击声，因此地板材料应该具有一定的吸声功能，减少因幼儿活动对其他楼层或其他空间的噪声干扰；与此同时，幼儿在活动时会伴随经常性的嬉笑打闹，地板的吸声降噪性能可以让其他幼儿活动空间不受噪声干扰。

4. 材料的环保性

幼儿正处在身体生长发育的关键时期，地板材料的环保健康属性对幼儿身体健康至关重要。在选择地面材料时应该了解其环保检测的具体结果，关注是否存在有毒有害气体释放和辐射影响，是否会掉粉掉色被幼儿吸食入体内等情况。在选择材料时，其安全性应参考专业机构出具的检测报告，同时也应选择市场上相应较为成熟的产品，不建议使用还在实验阶段的新材料或各方面属性尚不明确的材料。

4.3.2 幼儿园墙面材料

墙面是幼儿在幼儿园内活动时最容易观察到的位置，同时也起到保护幼儿日常活动安全的作用。因此，在选择墙面材料时，需要考虑满足幼儿活动的视线要求，并选择适当的材料来保护幼儿的身体健康。本小节将从墙面材料的室内和室外两个方面进行简要解读。

1. 室外墙面材料

幼儿园外墙在材料选择时应同时满足材料安全和材料的视觉效果要求。在安全要求方面，首先不应选择容易脱落的外饰面材料，幼儿室外活动会经常性地与墙面产生摩擦和碰撞，脱落的墙面材料会对幼儿造成非常危险的伤害。其次，外墙不建议使用镜面及高反光性的材料，在白天容易产生眩光和局部过热，对幼儿的眼睛和身体均会造成伤害。与此同时，幼儿园建筑室外活动区外墙在 1.2m 以下不宜使用尖锐棱角的金属板材，能够保护幼儿在运动时免受伤害。在外墙材料的视觉设计方面，因为幼儿在此阶段富于探索和观察，应尽量避免过于冰冷的外墙质感，应适当增加外墙的色彩和丰富的材料质感；同时外墙的设计也应避免过于杂乱的色彩布置，应当形成局部的色彩视觉中心，同时也应避免大面积

图 4—14 广州狮子国际幼儿园地面材料为木地板
资料来源：深圳圆道品牌顾问有限公司（VMDPE 圆道设计）

145

的深色墙面。如图 4-15 所示华东师范大学附属双语幼儿园，建筑外部材料的使用相对简洁，由白色外墙材料及仿木栏杆格栅组成，在白色墙面的基础上木色格栅成为视觉中心，横向贯穿整个建筑体量，将不同的单元串连成整体。

2. 室内墙面材料

幼儿园室内墙面应满足视觉、安全两方面的要求。

1）在视觉层面，首先应保证墙面色彩的亮度及材料的质感，通过室内光线的漫反射营造舒适的室内光环境，避免大面积使用光滑、深色的材料；与此同时，内墙材料在选择或装饰时可添加色彩，满足幼儿对周围环境的探索与观察；另外在内墙面的设计中，可以适当增加视觉中心和适量的信息传递，满足幼儿在观察墙面时的好奇心和专注力；最后在材料色彩的选择中，还应适当考虑不同的室内功能，色彩的搭配应当根据不同的功能属性做出调整，例如学习、绘画、阅读或手工模型空间中墙面材料的色彩避免过于鲜艳，应以低饱和度的材料进行搭配提升幼儿在阅读或动手实验时的专注力。如图 4-16 所示上海金山区金蔷薇幼儿园，绘画空间中材料采用淡色木板，房间中的装饰材料均使用低饱和度色彩的板材，为幼儿提供安静、专注的学习空间。同时大面积的木材质增加了室内环境的亲和度，使幼儿能够更易放松和安静。

2）在材料安全层面，由于室内空间相对封闭，内墙材料首先应避免释放有毒有害气体，健康安全的内墙材料是材料选择首要考虑的要素；其次在幼儿活动可触及的范围内，应适当考虑布置软质材料，保障幼儿运动免受伤害；与此同时内墙材料应该易于清洁和打理，避免生霉积灰对幼儿身体造成危害；最后材料应经久耐用，避免被幼儿轻易破坏以及自然脱落后砸伤幼儿。

图 4-15　白色外墙面的基础上木色格栅成为视觉中心（华东师范大学附属双语幼儿园）
资料来源：上海山水秀建筑事务所

图 4-16　绘画空间装饰材料的低饱和度色彩（上海金山区金蔷薇幼儿园）
资料来源：曼景建筑设计事务所

4.3.3　幼儿园室内屋顶材料

幼儿园建筑室内顶面材料在幼儿活动的上空，其设计应满足安全及视觉两个方面的要求，其安全属性应被重点考虑。

1. 材料的安全性

幼儿园室内顶面材料不宜选择耐久性差且过于复杂的构件，为避免因为材料脱落砸伤幼儿，应选择结实耐久的材料。同时，因为顶面材料与电线、灯具相接触且日常不易维护，材料应选择耐火、隔热、阻燃等防火性能好的材料。顶面材料还应避免使用易掉粉掉色的装饰材料，且要通过专业检测避免释放毒害气体，保障幼儿的健康。

2. 材料的视觉要求

顶面材料应充分考虑室内层高，在层高较低时应尽量使用较为明快的颜色，避免对幼儿造成压抑和紧张的感受；在层高较大的空间，应更多使用透明材质引入自然光线，让活动空间地面尽可能实现自然采光，避免选择深色材质使空间过度暗沉消极，同时可以悬挂适量的装饰材料，营造亲切的室内氛围及视觉焦点。在室内进深较大或者需要长时间用眼的活动空间，应尽量使用能够有效漫反射室外光线的材料，以改善室内的光照环境，从而保护幼儿眼睛的健康发育。如图 4-17 黄陵县新区幼儿园，中庭活动空间相对较高，在天花板处采用屋顶天窗为中庭空间带来足够的自然采光，同时采用亮色饰面板进行装饰，并悬挂装饰性物体形成空间视觉焦点，打破高大空间带来的空旷及疏远的感受。

3. 材料选择的一般性要求

在选择幼儿园建筑材料时，有些重要因素应得到满足：①材料应符合国家相关标准，无毒无害、不易生霉生菌；②应满足耐久性使用要求，安装及更换简单，不易被儿童轻易损坏；③应具有防火能力，满足国家相关防火规范要求；④应根据空间特点具有隔热、隔声、防水、防撞、防滑等性能特点；⑤简洁美观，适合幼儿的心理及审美特征。

图 4-17　高大空间天花板装饰材料及色彩（黄陵县新区幼儿园）
资料来源：北京 BIAD 第六建筑设计院

第5章 幼儿园室外空间环境

　　合理的幼儿园选址和总平面布置，既是保证幼儿园室外空间环境安全、卫生并符合幼教需求的物质条件，也是促进幼儿身心健康发展的重要前提。幼儿园室外空间环境设计要充分利用自然与人工环境资源，结合幼儿生理、心理、行为特征及保教活动的需要，为幼儿创设开展室外活动必不可少的物质环境和身心发展所需的精神环境。

5.1 基地选择

5.1.1 基地选择的原则与要求

1. 布点便捷

幼儿园布点应满足就近入园、方便接送的要求，幼儿园布点应均匀，应根据幼儿步行时间不宜过长的原则，确定幼儿园服务半径。

城镇幼儿园的服务半径，宜为 300～500m；城镇居住小区应按居住区规划设计配建幼儿园。

幼儿园不得建在高层建筑内。3 班及以下规模幼儿园可设在多层公共建筑内的一至三层，应有独立院落和出入口，室外游戏场地应有防护设施，3 班以上规模幼儿园不应设在多层公共建筑内。

2. 地段安全

1）基地范围内地势应平坦，不可有易引发人身伤害的障碍物和沟坎；

2）不应置于易发生自然地质灾害的地段，必须避开地震危险地段、可能发生地质灾害和洪水灾害的区域等不安全地带；

3）与易发生危险的建筑物、仓库、储罐、可燃物品和材料堆场等之间的距离应符合国家现行有关标准的规定；

4）园内不应有高压输电线、燃气、输油管道主干道等穿过；

5）必须与铁路、高速公路、机场及飞机起降航线等之间有足够的安全、卫生防护距离；

6）应避开主要交通干道、建筑的阴影区等，见图 5-1。

3. 场地充足

幼儿园的选址，不仅要能容纳下总建筑面积，以保证幼儿园教学、管理、生活的正常开展，而且要保证有足够的室外活动场地和绿化面积，以使幼儿在室外能充分享受阳光、空气和水以及开展各种室外活动。

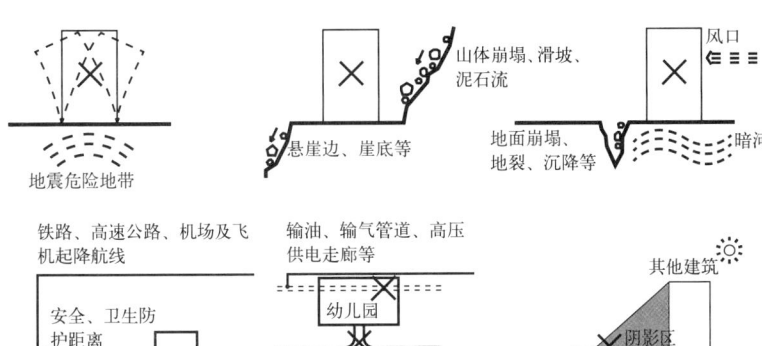

图 5-1 地段安全原则
资料来源：中国建筑标准设计研究院.幼儿园标准设计样图：19J823[S].北京：中国计划出版社，2019.

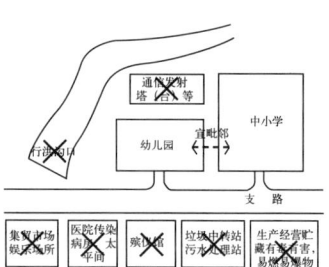

图 5-2 环境适宜原则
资料来源：中国建筑标准设计研究院. 幼儿园标准设计样图：19J823[S]. 北京：中国计划出版社，2019.

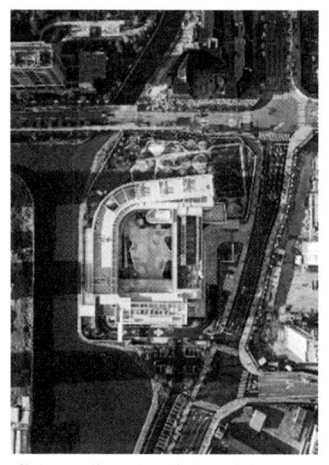

图 5-3 位于城、镇独立地段
（舟山绿城育华幼儿园）
资料来源：大象建筑设计有限公司（goa 大象设计）

4. 环境适宜

1）不应与大型公共娱乐场所、商场、批发市场等人流密集、喧闹脏乱、不利于幼儿身心健康的场所相毗邻；

2）必须远离噪声源大的工厂、实验室，不应与通信发射塔（台）等有较强电磁波辐射的场所毗邻；

3）应远离各种污染源，并应符合国家现行有关卫生、防护标准的要求；在无法避免时，应置于污染源处常年主导风向的上风向，并有足够的防护距离或可靠的隔离措施；

4）农村幼儿园宜设在集镇或毗邻乡村中小学，应避开养殖场、屠宰场、垃圾填埋场及水面等不良环境，见图 5-2。

5.1.2 基地位置类型

根据居住区的规模与规划设计，幼儿园的位置选择有如下方式：

1. 城、镇独立地段

特点为服务半径大、服务对象居住较分散，适用于省、市级大中型幼儿园。如图 5-3 为舟山绿城育华幼儿园，场地三面临居住小区，一面近河道，整体环境优良，地势平坦开阔、空气清新、阳光充足、排水通畅、环境适宜，公用设施比较完善、远离污染源地段，适宜作为学校用地。

2. 小区入口处

当住宅小区规模基本在服务半径之内，只设一个幼儿园时，宜选址于小区出入口附近。因小区出入口是必经之地，便于家长接送。但出入口交通复杂，幼儿园布点应考虑后退缓冲距离，如图 5-4 所示。

3. 小区中心

幼儿园位于居住小区中心，服务半径适中，便于家长接送。幼儿园宜与小区中心的公共绿地结合在一起，创造良好的外部环境，并多与小区内公建、文教建筑一起形成小区中心建筑组群，如图 5-5。

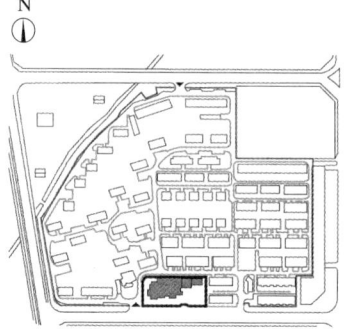

图 5-4 位于居住小区入口
（稚荟树幼儿园）
资料来源：门觉建筑设计事务所

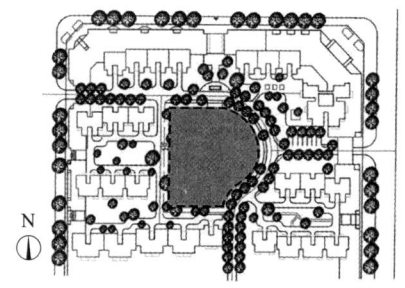

图 5-5 位于居住小区中心
资料来源：西安市某小区—教研组任务书

4. 住宅组团之间

若居住规模由相邻的组团构成，除配置相应的商店、公共活动中心等外，也需在住宅组团之间布置托幼机构。此类幼儿园布点适中，与各住宅组团距离均等，环境清静安全，不受城市交通干扰。建筑群体高低错落，可丰富住宅组团的空间层次，如图5-6所示。

5. 住宅小区内

当幼儿园位于住宅小区内，服务半径更小，相应办班规模可更小，同时小区内一般环境安静、无外界交通干扰，家长接送幼儿更安全、便捷。

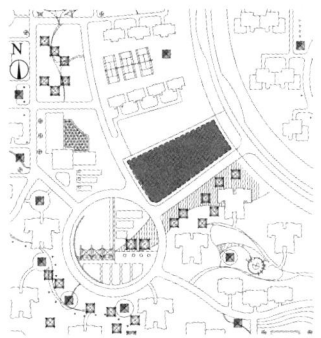

图5-6 基地位于住宅小区之间
资料来源：西安市某小区—教研组任务书

5.2 总平面布置

5.2.1 总平面布置的构成内容与要求

1. 总平面布置的构成内容

幼儿园总平面布置应包括建筑物、室外活动场地、绿化、道路布置等内容。

1）建筑物

幼儿园建筑应由生活用房、服务管理用房、供应用房等部分组成。

（1）幼儿生活用房：各幼儿生活单元（集体活动空间、睡眠空间、区域活动空间、衣帽储藏空间、卫生间）、多功能活动室、专用活动空间（科学发现空间、图书阅览空间、美工空间、建构空间、角色游戏空间、烹饪空间等）；

（2）服务管理用房：晨检室（厅）、保健观察室、教师值班室、警卫室、值班室、储藏室、园长室、财务室、教师办公室、会议室、教具制作室等；

（3）供应用房：厨房、洗涤消毒室、开水间、洗衣房等。供应用房旁边宜设杂物院。

2）室外活动场地

（1）班级活动场地；

（2）公共活动场地：运动类活动场地（集体运动区、大型器械活动区、生态野趣区）、主题游戏类活动场地（沙水泥巴游戏区、角色游戏区、表演游戏区、建构游戏区等）和科学探索类活动场地（种植园地、饲养园地、手工坊）等。

3）绿化与景观

（1）环境绿化；

（2）室外小品：入口大门、围墙、宣传栏、亭、室外座椅、雕塑、观赏水池、地面铺装等。

4）道路与出入口

（1）道路：交通联系道路、活动游戏道路等；

（2）出入口：主要出入口、次要出入口。

2.总平面布置的原则与要求

1）满足保教要求

幼儿园将室内外空间环境均视为重要的教育资源，与教育相适应的室内空间环境可以让幼儿更好地学习和生活，良好的户外空间环境可以让幼儿享受自然和游戏并得到健康发展。作为室内、外保教场所的幼儿生活用房与室外活动场地，总平面布置应为其使用功能的满足创造良好的条件。

2）功能布局合理

①作为幼儿学习和生活的幼儿生活用房，应位于幼儿园用地中具有良好朝向和通风条件的最佳位置，其他各构成内容均应与之有方便的联系；②服务管理用房宜靠近主要出入口，便于管理；③供应用房应位于幼儿园中较为隐蔽的边缘地带，并处于幼儿生活用房的下风侧，杂物院应有单独的对外出入口，便于货物和垃圾出入；④作为室外保教场所的室外活动场地，应位于具有充足阳光的地段，提供能进行各类室外活动的足够空间，并根据活动类型与幼儿生活用房在视觉和行为上建立不同程度的联系；⑤绿化与景观应结合建筑布置、空间组合设置。幼儿园总平面功能关系如图5-7所示。

3）满足建筑物的使用要求

建筑物的布置，应根据基地及周围环境的具体条件、建筑物各构成要素的功能关系进行合理的设计，并满足以下使用要求：

（1）要有良好的建筑朝向

充足的阳光是幼儿健康成长的重要条件，一方面幼儿的生活和发育需要一定时间的阳光，另一方面阳光中的紫外线可以消毒杀菌，有利于室内环境的清洁卫生。因此朝向对于幼儿园建筑比其他任何类型建筑更为重要，尤其是幼儿生活用房中的活动与睡眠空间等幼儿经常生活的场所，应布置在基地最好的地段和当地最好的日照方位上。

虽然我国幅员辽阔，地理纬度不同，日照角度不同，各地区适宜的朝向有所不同（表5-1），但从总体的日照条件看，在我国大部分地区，南向都是较理想的日照朝向。

（2）满足建筑物日照间距的要求

为保证幼儿生活用房中活动与睡眠空间日照充足，除应将其布置于当地最好的朝向外，还应使前后栋建筑具有足够的日照间距，根据《托儿所、幼儿园建筑设计规范》JGJ 39—2016（2019版）的规定，应满足冬至日底层满窗日照不少于3h的要求。

（3）满足防火间距的要求

为安全起见，幼儿园与周边建筑之间应符合现行国家标准《建筑防火通用规范》GB 50037—2022的规定。

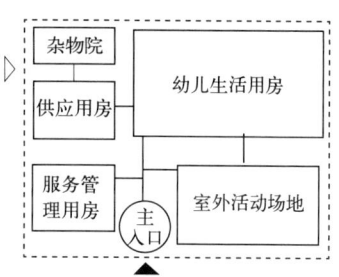

图5-7　幼儿园总平面功能关系图
资料来源：改绘自建筑设计资料集编委会.建筑设计资料集：第4分册 [M].北京：中国建筑工业出版社，2017.

表 5-1　我国各地区适宜朝向表

地区	最佳朝向	适宜朝向	不利朝向
北京地区	南至南偏东 30°	南偏东 45° 范围内 南偏西 35° 范围内	北偏西 30° ~ 60°
上海地区	南至南偏东 15°	南偏东 30°，南偏西 15°	北、西北
石家庄地区	南偏东 15°	南至南偏东 30°	西
太原地区	南偏东 15°	南偏东至东	西北
呼和浩特地区	南至南偏东南至南偏西	东南、西南	北、西北
哈尔滨地区	南偏东 15° ~ 20°	南至南偏东 15° 南至南偏西 15°	西北、北
长春地区	南偏东 30° 南偏西 10°	南偏东 45° 南偏西 45°	北、东北、西北
沈阳地区	南、南偏东 20°	南偏东至东 南偏西至西	东北东至西北西
济南地区	南、南偏东 10° ~ 15°	南偏东 30°	西偏北 5° ~ 10°
南京地区	南、南偏东 15°	南偏东 25° 南偏西 10°	西、北
合肥地区	南偏东 5° ~ 15°	南偏东 15° 南偏西 5°	西
杭州地区	南偏东 10° ~ 15	南、南偏东 30°	北、西
郑州地区	南偏东 15°	南偏东 25°	西北
武汉地区	南、南偏西 15°	南偏东 15°	西、西北
长沙地区	南偏东 9% 左右	南	西、西北
重庆地区	南偏东 30° 至南偏西 30° 范围内	南偏东 45° 至南偏西 45° 范围内	西、西北
福州地区	南、南偏东 5° ~ 10°	南偏东 20° 以内	西
深圳地区	南偏东 15° 至南偏西 15° 范围内	南偏东 45° 至南偏西 30° 范围内	西、西北

资料来源：中国建筑科学研究院等. 民用建筑绿色设计规范：JGJ/T 229—2010[S]. 北京：中国建筑工业出版社，2011.

（4）建筑层数适宜

幼儿体力、活动能力较差，上下楼梯动作缓慢，为保护幼儿身体健康，有利于开展各类保教活动，保障紧急疏散时的安全，根据《托儿所、幼儿园建筑设计规范》JGJ 39—2016（2019 版）的规定，幼儿生活用房应布置在三层及以下。

4）室外活动场地应满足各类室外活动的要求

幼儿园室外活动场地是幼儿户外游戏活动以及开展室外教学活动的重要场所，是促进幼儿生理、心理、智力以及情感发展必不可少的前提条件。为保证幼儿园各项室外游戏、活动的开展，室外活动场地应有布置班级活动场地和公共活动场地所需的足够的面积和用地条件，公共活动场地应规整、开阔，有利于布置各类室外活动所需的 30m 长的直跑道、大型活动器械、沙坑、戏水池等。

5）创设有利于幼儿身心发展的绿化与景观环境

绿化与景观小品不仅可以美化幼儿园环境，还可使幼儿认识花草树木、进行科学探究，对幼儿具有陶冶情操、引发联想、拓展思维的作用。室外空间环境中的绿化、小品等设计要素的配置应与建筑形象有机协调，共同创造有利于幼儿身心发展，反映幼儿园空间环境特色的乐园。

6）合理组织园内道路与出入口

园内交通与出入口的设置，既要保证幼儿园与外界道路系统有方便、安全的衔接，又要保证幼儿流线、管理与供应流线组织的合理性，同时还应尽量减少对幼儿生活用房和室外活动场地的干扰。

（1）出入口

幼儿园的出入口一般宜设两个，即主出入口、次出入口。若地形或条件限制可设一个出入口。

主要出入口供幼儿出入（一般由家长伴送）和对外联系用，其位置应设在方便家长接送幼儿的主要路线上。出入口不应直接设置在城市干道一侧；如果设在次要道路一侧，应退道路红线，并应留有一定的人员停留和停车的场地，防止影响城市道路交通。主出入口的宽度应保证流线的通畅，满足运输和消防车的通行，一般大于4m；受条件限制，只能设一个出入口时，应注意人流与车流在大门出入口处的分流，避免交叉、迂回。出入口处应设大门和警卫室，警卫室对外应有良好的视野。出入口大门与建筑主体间应有适宜的距离以保证家长接送、幼儿集散、教职工电动自行车停放等。建筑出入口及室外活动场地范围内应采取防止物体坠落措施。

次要出入口为生活、供应等后勤出入口，位置应隐蔽，道路可直接通向杂物院、厨房或与厨房、杂物院有较方便联系的场所，机动车与供应区出入口宜合并独立设置。

（2）道路

幼儿园内的交通联系道路是幼儿园各组成部分的主要联系通道，应便捷通畅。沿建筑物四周的道路可兼作消防通道用。

活动游戏道路是供幼儿游戏、活动及联系各活动场地的通道，该部分道路宜曲折、幽静，与用地地形相适应，应多从园景的视觉构图上考虑，但要利于幼儿开展游戏、活动，如散步、小跑、嬉戏等。庭院小径多可采用木材、石材、土等天然材质，利于幼儿身心健康，亦可与园内景观、小品灵活搭配，相映成趣。

幼儿园总平面布置示意见图5-8。

5.2.2 总平面布置的类型

创设与教育相适应的良好环境是幼儿园规划、设计的宗旨，由于幼儿园将室内外空间环境均视为重要的教育资源，幼儿园室外空间环境（尤其是室外活动场地）与室内空间一样具有较强的功能性，因此，幼儿园总平面布置的关键是要处理好主体建筑与室外活动场地的关系。根据主体建筑与室外活动场地的相对位置关系，幼儿园总平面布置可分为以下几种类型：

1. 以主体建筑为中心，室外活动场地围绕主体建筑布置

根据幼儿园场地形态、建筑空间组织方式，这种总平面布置类型又分为以下两种布置方式：

1）当主体建筑空间组织方式为廊式或厅式时，室外活动场地围绕主体建筑较为连续地集中布置，分为单侧布置（图5-9）、偏侧布置（图5-10）、环绕布置（图5-11）三种形式。

单侧布置的室外活动场地与建筑的一侧连接，建筑与室外活动场地接触面少，室外活动场地集中，尽管便于灵活划分功能分区，但室外空间类型较为单一。偏侧布置（图5-12）的室外活动场地与建筑两个侧面连接，较单侧布置室外活动场地的可变性增加。环绕式布置（图5-13）则在满足班级活动尺度要求的前提下，环绕建筑四周将室外空间划分成多个区域，便于开展不同类型的活动。

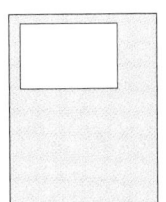

图5-9 单侧布置

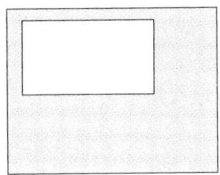

图5-10 偏侧布置

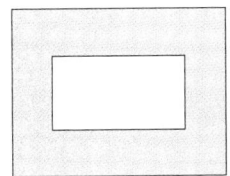

图5-11 环绕布置

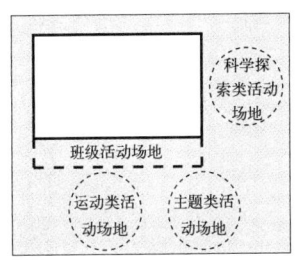

图5-12 偏侧布置利于划分外部空间

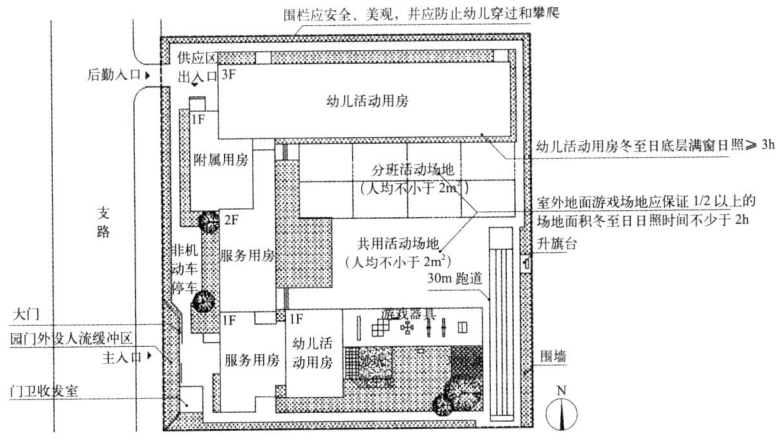

图5-8 幼儿园总平面布置示意图
资料来源：改绘自：中国建筑标准设计研究院. 幼儿园标准设计样图：19J823[S]. 北京：中国计划出版社，2019.

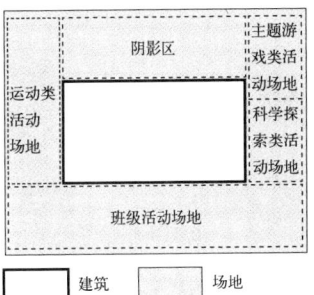

图5-13 环绕布置可将室外空间划分成多个区域

如图5-14，广都幼儿园室外活动场地与建筑大致呈单侧布置，兼顾了良好朝向、日照时数与场地贴合率等多项需求，保证了活动场地空间的完整性。

总体来说，这种总平面布置方式，室外活动场地与建筑互动较少，空间类型较为单一，但室外活动场地较为集中、开敞，空间利用率较高。同时一般能够满足良好的日照和通风要求。

2）当主体建筑空间组织方式为树枝形或分散式时，室外活动场地被主体建筑分割成若干不同功能的部分，结合主体建筑空间布局形成多点、分散的布置方式。

这种布置方式，通常用建筑将用地划分成若干互不干扰的室外活动场地，幼儿生活用房可获得良好的日照，班级活动场地与各幼儿生活单元可就近布置，实现室外空间环境与建筑各部分多个面的接触，室外空间与室内空间结合更为紧密，使用方便。但这种布置方式建筑占地大，室外空间会被分割为多个场地，活动场地部分区域的日照会被其南侧建筑遮挡，故应注意尽可能保留阳光较充足的较大地块作为公共活动场地。

苏州太湖新城吴郡幼儿园（图5-15），室外活动场地结合主体建筑树枝形布局的特点划分为不同区域，增加了场地的活力，充分利用了场地条件，绿色植物点缀其间，缩小了尺度感。图5-16为北沙幼儿园，分散式布局分解了建筑体量，营造了室内外密切衔接、高度混合的空间关系。

图5-14 室外活动场地与建筑大致呈单侧布置（广都幼儿园）
资料来源：成都本末建筑设计公司

图5-15 树枝形主体建筑将场地分割成若干区域（苏州太湖新城吴郡幼儿园）
资料来源：启迪设计集团股份有限公司

图5-16 室内外联系密切的分散式布局（北沙幼儿园）
资料来源：Crossboundaries建筑事务所

2. 以室外活动场地为中心，主体建筑围绕室外活动场地布置

在用地有限的情况下，可将室外活动场地置于用地的中心位置，主体建筑围绕室外活动场地呈"L"形、"U"形或"口"形布置。这种布置方式，通常将幼儿生活用房布置在能够获得充足南向日照的位置，服务管理用房和供应用房布置在建筑的东西两侧。为保证室外活动场地获得充足的日照，主体建筑围绕室外活动场地呈"L"形布置时，主体建筑"L"形的两个体块通常沿用地的西北（或东北）两边布置，室外活动场地则布置于用地的东南（或西南）部；主体建筑围绕室外活动场地呈"U"形布置时，宜将"U"形的开口朝南，若"U"形的开口朝向其他方向，或主体建筑围绕室外活动场地呈"口"形布置时，则应注意保证室外活动场地 1/2 以上的面积在建筑日照阴影线之外。

图 5-17 为杭州浦乐幼儿园杨家墩分园，建筑以六边形类蜂巢的模块组合围绕室外活动场地大致成"U"形布局，"U"形开口朝南，既争取了更多的南向建筑空间用于布置幼儿生活用房，又保证了位于"U"形环抱中的室外活动场地有充足的日照，同时幼儿生活用房与室外活动场地联系较为紧密。

图 5-18 为灵宝儿童成长中心，建筑主体建筑围绕室外活动场地呈"L"形布局，为保证室外活动场地获得充足的日照，主体建筑"L"形的两个体块沿用地的西北两边布置，室外活动场地则布置于用地的东南部，也保证了幼儿生活用房与室外活动场地的紧密联系。

图 5-19 舟山绿城育华幼儿园，主体建筑呈"口"形围合式布局，在尽可能保证建筑房间采光与朝向的情况下，营造大面积的完整活动场地，在基地中央形成小操场，成为全园师生集合与社交的场所。

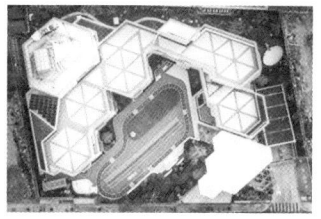

图 5-17　主体建筑围绕室外活动场地呈"U"形布置（杭州浦乐幼儿园杨家墩分园）
资料来源：大象建筑设计有限公司（goa 大象设计）

图 5-18　主体建筑围绕室外活动场地呈"L"形布置（灵宝儿童成长中心）
资料来源：unarchitecte 张赫天建筑师事务所

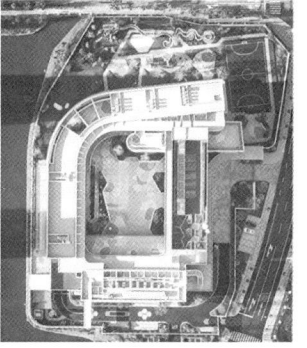

图 5-19　主体建筑围绕小操场呈"口"形布置（舟山绿城育华幼儿园）
资料来源：大象建筑设计有限公司（goa 大象设计）

3. 班级活动场地与主体建筑相结合布置，公共活动场地与主体建筑呈南北向或东西向布置

这种布置方式适用于用地较充裕的情况。班级活动场地紧邻各幼儿生活单元布置，方便各班级使用，而将室外公共活动场地适当脱离主体建筑，以减少幼儿室外公共活动时对主体建筑的干扰。根据主体建筑与室外公共活动场地的位置关系，大致可分为以下两种布置方式：

1）主体建筑与室外公共活动场地呈南北向布置

这种布置方式多用于东西向较窄、南北向较长或近方形的用地。主体建筑通常布置在用地的北部，室外公共活动场地布置在用地的南部，幼儿生活用房面向公共活动场地布置，既可保证幼儿生活用房和室外活动场地充足的日照和良好的通风，又可使公共活动场地空间完整，幼儿生活用房南向视野开阔。但幼儿在公共活动场地游戏、活动时，会对幼儿生活用房有一定的干扰。此种布置方式不宜将主要出入口设在用地南面，以免入园、离园人流穿越室外活动场地使流线过长或对场地造成破坏。

嘉定新城幼儿园（图5-20）建筑由两个大的体量南北并置而成，北侧的体量是主交通空间，南侧体量则是主要的功能空间——幼儿生活用房，由15个班级的幼儿生活单元与专用活动空间和多功能活动室聚合而成，并与不同高度的户外活动平台相互穿插。大面积的室外公共活动场地布置在基地的南部。

2）主体建筑与室外公共活动场地呈东西向布置

这种布置方式是将主体建筑与室外公共活动场地分设于用地的东部和西部，适用于东西向较长、南北向较短的用地。幼儿生活用房与室外活动场地均可获得良好的日照和通风条件，公共活动场地对幼儿生活用房干扰少。

义乌佛堂倍磊幼儿园（图5-21），基地东部接近方形，西部

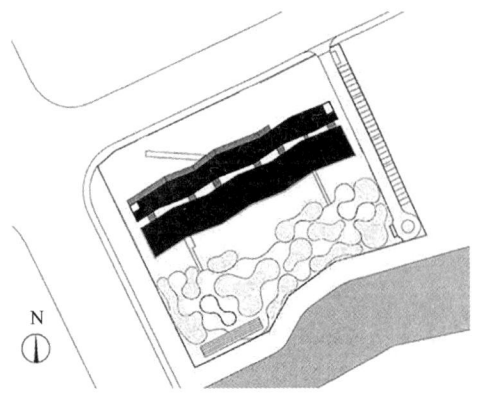

图5-20　主体建筑与室外公共活动场地呈南北向布置（嘉定新城幼儿园）
资料来源：大舍建筑设计事务所

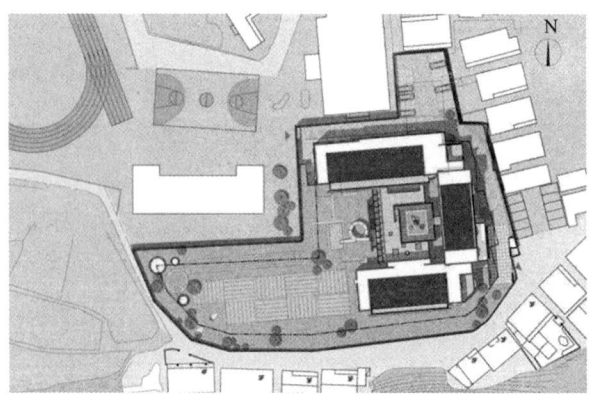

图5-21　主体建筑与室外公共活动场地呈东西向布置（义乌佛堂倍磊幼儿园）
资料来源：上海思序建筑规划设计有限公司

南北方向较窄，利用地形将建筑布置在东部近方形的用地内，而西部较窄长的用地则作为室外活动场地，建筑与室外活动场地大致成东西向布置。

4. 室外活动场地借助建筑屋顶立体布置

利用屋顶空间进行室外活动场地布置，可实现室外活动场地在立体维度上的拓展。这样的布置方式既可有效利用屋顶空间，还可提高楼上幼儿生活用房中幼儿进行室外活动的便捷性，并改善园内环境，提升整体品质。尤其对于有地形高差的场地，可利用地形条件形成不同类型室外活动场地的立体布置；平缓地面上依靠建筑形体的变化形成屋顶活动空间，在用地紧张的情况下，则可以有效拓展幼儿室外活动的面积和类型，以弥补缺乏室外活动场地的不足。

屋顶作为室外活动场地，是地面室外活动场地向上的一种延伸，可以提供沙池、水池、草坪、跑道、器械等，让幼儿远离马路上的噪声和汽车尾气，享受阳光，进行各种游戏、活动。还可将绿化景观融入其中，创设富有童趣韵味的空中花园。屋顶空间以开敞性空间为主，也可结合使用需求进行部分遮蔽，形成半开敞空间。

黄陵县新区幼儿园（图5-22）屋面的空间亦是整个幼儿园空间构建的重要内容，这里是建筑与环境对话最直接的区域。设计希望为孩子们提供尽可能多、亦尽可能便捷到达的洒满阳光的室外活动场地。二层的室外活动空间利用一层公共学习区域的屋顶自然形成，这部分空间通过东侧的游戏坡道与首层的活动场地衔接在一起，孩子们可以自由地穿行于首层与二层之间；三层的室外活动空间通过西侧的退台形成，这里一方面成为三层的孩子们最便利的户外场地，另一方面，亦与室内共享中庭有着视线上的连接。

图5-22 室外活动场地借助建筑屋顶立体布置（黄陵县新区幼儿园）
资料来源：BIAD第六建筑设计院

5.3　室外活动场地设计

《幼儿园工作规程》规定，在正常情况下，幼儿户外活动时间每天不得少于 2h，因此室外活动场地是幼儿园中重要的活动场所。在户外，幼儿可以沐浴大自然的阳光、空气、水，可以自由奔跑、跳跃、攀爬，通过与自然接触可以促进幼儿感知觉、注意、记忆、想象、思维、语言等方面的发展，促进幼儿的兴趣、愿望以及情感的发展，培养丰富的情操，以及使幼儿在集体活动中逐渐培养起良好的道德品质和行为习惯。于是，创造一个良好的室外活动场地是幼儿身心健康发展的重要物质保障。

当前随着教育理念的不断发展完善，幼儿园室外活动场地设计从单一的"运动场"逐渐向"游戏场"发展转变。游戏，特别是幼儿在室外通过身体运动的游戏，是幼儿生活中的基本活动，是进行体、智、德、美全面发展教育的重要手段，并为幼儿身心健康发展提供良好的条件。因此为幼儿提供高品质的游戏场所是当前幼儿园室外活动场地设计的重点。室外活动场地设计时既要考虑各年龄段幼儿的发展特点、需要和兴趣，也应综合考虑教育目标的实现，创设能促进幼儿全面发展的各种类型活动的良好环境。

5.3.1　室外活动场地类型及设计原则和要求

1. 室外活动场地的类型

按照场地的服务属性，幼儿园的室外活动场地可分为两种：

1）为各班独自开展活动的班级活动场地；

2）供全园使用的公共活动场地。

2. 室外活动场地设计的基本原则

幼儿园室外活动场地设计不是简单地进行场地的功能划分，而是需要融合学前教育学、儿童发展心理学、建筑学、风景园林学等多学科领域的知识，对幼儿园的室外空间进行有机的整合规划和设计，应遵循以下基本的设计原则：

1）安全性与适宜性

（1）安全性：保障幼儿在室外活动的安全是首要原则。室外活动场地设计应对地面材质、设施设备、玩具材料等方面进行安全性的设计考虑。6 岁以下的幼儿普遍具有爱跑爱动、动作发育不完善、自控能力差等特点，为保障幼儿摔倒时不被坚硬的地面弄伤，应对室外地面尽可能软化处理，同时避免大面积铺设塑胶等人工合成材料，避免化学添加剂等对幼儿产生"有毒"伤害，建议多采用自然材料，比如土质地面、沙土混合地面、自然草地等。设施设备与玩具材料应符合国家要求，及时检修，保障活动安全有效地开展。

（2）适宜性：考虑幼儿身心发展水平和特点，以及不同年龄段幼儿身体机能、动作发展水平、心理需求存在的巨大差异，室外活动场地设计要兼顾各年龄段幼儿的特点，提供适宜的场地环境，布置适宜的活动设施。

2）自然性与开放性

（1）自然性：亲近自然是幼儿的天性，室外活动场地应尽可能地保留自然风貌，让花草树木和小动物陪伴幼儿的成长，让幼儿感受自然界内生命更替繁衍的变化，为幼儿提供一个亲近自然、感受自然变化、健康成长的自然性室外空间，对于城市化进程快速推进的今天尤为重要。

（2）开放性：开放的室外活动场地是幼儿户外活动自由、自主的前提之一，同时也便于保教人员的日常照料和监管。室外活动场地应考虑幼儿自由选择和游戏的可能性，保持良好的流通性和开放性，为幼儿营造轻松自由的活动氛围。

3）教育性与挑战性

（1）教育性：所谓"寓教于乐"，幼儿园室外活动场地设计中应考虑学前教育的需求，结合幼儿园课程的实施和生成，体现园本课程的理念和特色。尽可能创设多元环境，既满足幼儿户外运动锻炼和游戏活动的需求，同时满足幼儿科学认知和探究活动的需求。

（2）挑战性：在有安全保障的前提下，为幼儿提供富有冒险性、挑战性的设施设备也十分必要，幼儿园室外活动场地应为幼儿提供一些富有变化、充满创意、有一定冒险性和挑战性的室外环境。设计时，不提倡超越幼儿发展水平的挑战以及盲目追求冒险的刺激性环境。

4）多样性与艺术性

（1）多样性：多样性包含了场地功能、空间组织、景观环境以及设施设备等层面的多元。多样的室外活动场地既是幼儿园课程目标实现的需要，也是为了满足幼儿多种多样室外活动的需求，为幼儿创造丰富、有趣的场地环境。

（2）艺术性：美育是学前教育的重要内容之一，幼儿园的室外活动场地设计要注重艺术美和童趣美。艺术性不等于造价高，质朴、自然的环境同样可以充满美感，承载幼儿美学启蒙的功能。

5）经济性与在地性

（1）经济性：经济性不等于简陋、低效，而是指在幼儿园室外活动场地设计时应充分利用现有资源创设适宜、高效的室外环境，避免空间浪费，倡导就地取材、废物利用、一物多用。尤其是对于资金有限的广大农村幼儿园,兼顾实用性、趣味性和经济性尤为重要。

（2）在地性：在我国，东部与西部之间、农村和城市之间在自然条件、经济条件、人文风貌等方面有显著的差异，而不同幼儿园场地条件、办园理念、园舍规模也有所差异，在室外场地规划设计时要充分考虑这些影响因素，因地制宜、各园结合自身实际情况进行统一部署，避免"千园一面"、缺乏特色。

3. 室外活动场地设计的基本要求

幼儿园室外活动场地，应根据用地条件和幼儿园规模大小进行统一规划设计，使得各类型的活动场地能灵活高效地使用。总体来说，幼儿园室外活动场地设计要满足基本的功能使用、面积指标以及日照需要：

1）幼儿园室外活动场地人均面积不应小于 4m²[7]，城市人口密集地区改、扩建幼儿园设置室外活动场地确有困难时，室外活动场地人均面积不应小于 2m²[9]。

2）室外活动场地应有 1/2 以上的面积在标准建筑日照阴影线之外。[9]

3）地面应平整、防滑、无障碍、无尖锐突出物，并宜采用软质地坪。不同功能活动区内配置适宜于幼儿游戏、教学开展的功能区域，配置相应的游戏器具。

5.3.2 班级活动场地

班级活动场地是幼儿园各班进行小型户外游戏、作业、体操及幼儿自由活动的专用场地。

1. 班级活动场地的设计要求

1）应有独立的区域，各班活动场地之间宜采取分隔措施，避免幼儿疾病的交叉感染和不同年龄幼儿进行多种活动时的相互干扰。当用地比较紧张或用地条件不允许独立设置班级活动场地时，可考虑 2～3 班合设，或者与园区公共活动场地共用，可通过协调各班使用时间实现场地的轮换利用。

2）班级活动场地面积大小与使用人数、活动内容、玩具设置等因素有关，人均面积不小于 2m²[9]，按每班 30 名幼儿计算，以 60～80m² 为宜。

3）为方便幼儿游戏、活动，班级活动场地宜与相应幼儿生活单元的活动空间相毗邻，设置在活动空间的南面或端部，保证班级活动场地有良好的日照和通风条件，并满足一定的环境质量要求。

4）班级活动场地应以铺面为主，以保持场地的干燥和清洁，便于活动。

5）班级活动场地上应配置小型玩具活动区及适量的绿化，有条件的还可设置夏季遮阳的设施，如：花架、小型凉棚等，也可以在场地角落设置凉亭、花架等小品，以丰富空间形态，增添趣味。

2. 班级活动场地的布置形式及特点

班级活动场地宜毗邻相应幼儿生活单元的活动空间布置，但同时可结合建筑的布局方式进行灵活的布置，比如可利用各班邻近的室外庭院、幼儿生活单元活动空间周边小块零星空地以及屋顶平台等室外空间。具体布置形式一般有集中式、分散式、并列式三种（如表 5-2）。

1）集中式，是指班级活动场地集中分布在建筑的一侧，场地与幼儿生活单元的活动空间没有直接的联系。这种布置方式应注意交通流线的合理分布，避免交叉和相互干扰，场地要有间隔和独立性。

2）分散式，是指班级活动场地结合各幼儿生活单元的活动空间分散布置在场地上。一般来讲，当幼儿生活单元的活动空间呈单元分散布局时较常采用这一方式。这种布局场地的独立性较强，避免了相互干扰，使用方便，安静、避风且互不干扰。但到了冬季建筑形成阴影较多，班级活动场地内应有充分的日照和良好的通风条件。

3）并列式，是指班级活动场地是幼儿生活单元活动空间的对外延伸，使用比较方便，具有很好的独立性，场地之间可以利用绿植、景观小品、玩具设施等进行分隔，便于管理。

表 5-2 班级活动区布置形式表

布局形式	示意图	案例
集中式		天津和美婴童幼儿园 资料来源：迪卡建筑设计中心
分散式		上海夏雨幼儿园 资料来源：大舍建筑设计事务所
并列式		新场乡中心幼儿园 （四川省雅安市天全县） 资料来源：大舍建筑设计事务所

5.3.3　公共活动场地

公共活动场地是供全园幼儿进行集体游戏及大型活动之用的室外活动场地。按照其功能属性可分为运动类活动场地、主题游戏类活动场地、科学探索类活动场地。这几种类型的场地在使用上尽管有所侧重，但也没有严格的使用区分，对于幼儿来说都是游戏、活动的场所。在做公共活动场地设计时，既要关注各类型场地特有的功能需求，同时也要注重室外场地环境的整体性和连续性，在保障整体环境质量的同时，促进各类型场地空间的混合、高效使用。为保障众多活动的顺利开展，幼儿园室外公共活动场地必须要保证足够的场地面积，其人均面积不应小于 $2m^2$ [9]。

1. 运动类活动场地

运动类活动场地主要开展赛跑、体操、体育课以及大型器械游戏等体育活动，也可开展班级运动比赛、年级组合游戏及全园性集会，以及节假日文娱演出等活动。运动类活动多以集体活动形式开展，目的在于促进幼儿身体机能和动作的发展，同时增强幼儿的身体素质和适应能力。包含集体运动区、大型器械活动区、生态野趣区等。

1）集体运动区

集体运动区一般位于幼儿园室外活动场地的中心位置，地段应独立，地势开阔平坦，具有良好的日照和通风条件，在场地中不应有树木，不被道路穿行，排水应通畅，与秋千等大型活动器械保持适当的距离，以免活动时发生冲撞。

集体运动区是开展赛跑、体操、体育课等传统体育活动的场地，也可作为拉圈游戏、球类、车类、中小型运动器械和玩具的游戏场地，是培养幼儿跑动能力、灵敏性和判断力以及集体游戏的习惯和能力的综合性活动场地，见图5-23、图5-24。集体运动区的设计应满足上述活动的要求，为幼儿身心发展创造良好的室外空间环境。

图5-23　九寨沟启航幼儿园嵌入社区的集中活动场
资料来源：东意建筑工作室

图5-24　杭州浦乐幼儿园杨家墩分园集体运动区
资料来源：大象建筑设计有限公司（goa大象设计）

（1）面积

集体运动区的面积至少应满足含有一个直线跑道的面积和一个能围合成圆形进行集体游戏的面积。

直线跑道长不应小于 30m，前后缓冲最少分别为 2.50m，总长为 35m。应设 4 条宽 1m 的跑道，跑道两侧缓冲各宽 1m，总宽 6m（图 5-25）。直线跑道所需面积为：$[30+（2.5×2）]×（4+2）=210m^2$

圆形集体游戏场应能容纳一个班 35 名幼儿两臂平伸（平均为 1.1m，手指间距 0.1m）所围合的圆形，直径为 13m，外侧应有 2m 缓冲（图 5-26），该圆形外切的正方形面积为：$[13+（2+2）]^2 = 289m^2$

集体运动区所需要面积应为：$210+289=499m^2$

如果幼儿园用地面积偏紧，可把两者重叠设计（图 5-26 右图），但重叠部分不能同时使用，所需面积为：$（17×17）+（18×6）=397m^2$

幼儿园规模大于 6 个班时，至少应设一个直线跑道和 2 个圆形的面积（图 5-27），所需面积为：$（17×17）×2=578m^2$

（2）形状

集体运动区的用地应完整，理想的形状为矩形或椭圆形（图 5-28），即场地的长轴为 35m，短轴为 17m，面积分别为 $595m^2$ 和 $467.31m^2$。

集体运动区地面应平整、防滑、无障碍、无尖锐突出物，宜为软质地面，跑道部分宜采用既美观又具有弹性的环保塑胶材质，以减少幼儿跑动中摔倒造成的伤害；其他部分应根据室外空间环境整体规划设计的需要，选择适宜的地面铺装材料，如草地、塑胶地等。

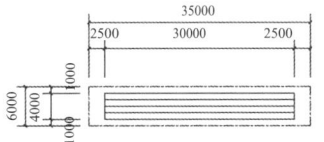

图 5-25 直线跑道所需尺寸（mm）
资料来源：改绘自黎志涛. 幼儿园建筑设计 [M]. 北京：中国建筑工业出版社，2006.

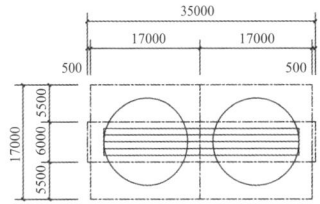

图 5-27 两个圆形场地所需尺寸（mm）
资料来源：改绘自黎志涛. 幼儿园建筑设计 [M]. 北京：中国建筑工业出版社，2006.

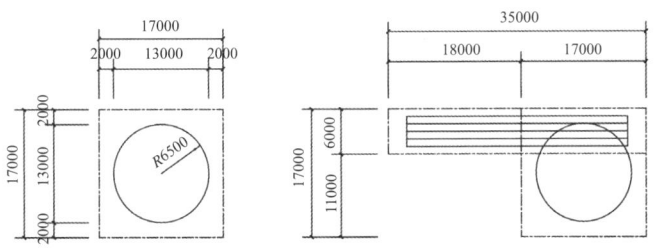

图 5-26 圆形场地所需尺寸及集体游戏场地最少需要尺寸（mm）
资料来源：改绘自黎志涛. 幼儿园建筑设计 [M]. 北京：中国建筑工业出版社，2006.

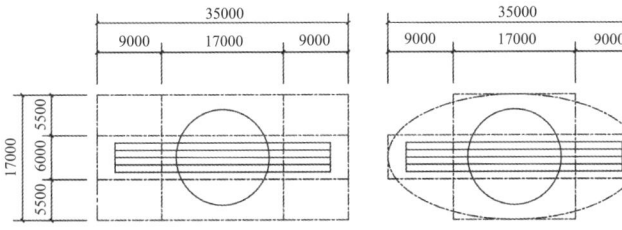

图 5-28 集体游戏场地的理想形状（mm）
资料来源：改绘自黎志涛. 幼儿园建筑设计 [M]. 北京：中国建筑工业出版社，2006.

2）大型器械活动区

大型器械活动是幼儿比较喜爱的活动，可促进幼儿空间感、速度感、节奏感、平衡感和运动能力的发展。根据幼儿动作发育特点和心理需求，需配置促进幼儿大动作发展的攀爬区、平衡区、投掷区、旋转区等场地，以及固定滑梯、攀爬架、钻爬网、软梯、爬绳、肋木、平衡木、秋千、荡船、转椅、吊床、投球架等运动器械，见图5-29、图5-30。

（1）设计要求

① 器械活动区应位于公共活动场地的边缘地带，自成一区，并避免人流穿行。

② 器械活动区应设软质地面，不应为硬质地面，以减少幼儿活动时受伤的几率。根据办园条件和气候特点，可将器械活动区设在草坪上或土地上、沙地上。地面应有良好的渗水性，不应有易积水的凹陷，排水应通畅。

③ 器械应适合幼儿尺度，以小巧为宜；造型应尽量采用幼儿喜爱的艺术形象，或能引起幼儿想象与思考的形象；色彩宜鲜艳夺目，使幼儿在游戏中能逐步识别各种颜色；考虑到安全问题，所有构件的边缘都应做光滑，并注意防止幼儿从1m以上高度坠落到堆砌物上的一切可能性。

④ 在器械活动区宜种植高大落叶乔木，夏天树冠可遮阴，避免器械被太阳晒得过烫；冬天乔木叶落，阳光仍可照射到器械活动区。

图5-29　西安建筑科大学附属幼儿园大型器械活动区

图5-30　海口山高幼儿园大型器械活动区
资料来源：西安迪卡建筑设计中心

（2）器械分类

① 探索性器械。多为大型游戏设施、野生或人工痕迹较少的自然器械，由于其自身的多样性和不确定性更容易吸引幼儿进行长时间的反复探索、采集活动，可以锻炼幼儿的大肌肉群活动。如图5-31，湖北十堰A+自然幼儿园探索性器械与地形相结合，游戏空间富于趣味。

② 活动性器械。活动性器械的利用能促进幼儿的思维能力和体能发展，如跷跷板、平衡木、秋千等平衡式器械（图5-32）能够锻炼幼儿的协调能力；攀爬架、攀岩墙等钻爬式器械（图5-33）能够锻炼幼儿的灵活性；滑梯等滑行式器械（图5-34）能够锻炼幼儿的胆识等。如果幼儿园户外场地足够，可以考虑将固定器械与植物、地形、水池、沙坑等元素相结合，使活动内容更加丰富，体验性更强。

③ 结构性器械。以教师引导或以玩教具器械为核心的结构性教学活动，使用到的器械有手持式镜头、放大镜、捕虫网和捕虫器、挖掘工具、观察和记录材料（铅笔、照相机、蜡笔、日记、纸）。

④ 个人性器械。如进行园艺活动的园艺工具、幼儿手推车和浇水设备等户外游戏器具。

幼儿园的运动器械尽量采用生态、环保的材料，既可避免一些铁制器械存在的安全隐患，还可以更加贴近自然。比如用木构件搭建的各种支架，用旧轮胎做成的秋千，用麻绳编织成的吊篮等，此外，也可以运用一些乡土元素，如土包、土坎等对活动器械进行设计，使活动器械与自然交织融合，营造出田园式的景观效果。

凡此种种大型活动器械不一而足，在现代幼儿园里器械的种类日益增多，式样愈加翻新，如海洋球、攀岩、蹦床、滚筒等，不但给幼儿带来更多的欢乐，而且增添了幼儿园环境的新景象。

图5-31　十堰A+自然幼儿园探索性器械
资料来源：西安迪卡建筑设计中心

图5-32　三门健跳大孚双语幼儿园平衡式器械
资料来源：上海思序建筑规划设计有限公司

图5-33　广州狮子国际幼儿园攀爬式器械
资料来源：VMDPE圆道设计公司

图5-34　天津好朋友森林幼儿园滑行式器具
资料来源：西安迪卡建筑设计中心

3）生态野趣区

生态野趣区为幼儿提供贴近自然、生态环保、充满野趣的运动和游戏区域，以大面积草坪为主，配置大量的树木，同时会有小山坡、山洞、小溪流、池塘、小桥等自然景观要素，区内没有太多固定的游乐设施，以模拟自然景观为主，幼儿可在场地内奔跑、追逐、攀爬进行各种创造性自主游戏，激发幼儿自由探索、亲近自然的天性，空间富有趣味性及开放性，见图5-35。

具体设计应满足以下要求：

（1）一般围绕集中运动场地布置，亦可结合院落空间以及幼儿园建筑周边零散空间灵活设置；

（2）面积不宜太小，形态自由，保持空间的开敞和连续性；

（3）地面以草坪、泥地、沙地等软质的自然材质为主，避免使用硬质铺地；

（4）以自然景观和材质为主，避免布置过多商业化游乐设施；

（5）区内水池、溪流深度不超过30cm。

2. 主题游戏类活动场地

主题游戏类活动场地以创造性游戏活动为主，主要开展沙水泥巴游戏、角色游戏、表演游戏、建构游戏等，具有明显自由自主性、趣味性、创造性的游戏种类，一般分区域布置。

1）沙水泥巴游戏区

玩沙、玩水、玩泥巴是幼儿最喜欢的游戏，沙水泥巴游戏通过刺激幼儿触觉、知觉，促进幼儿感官发展，有助于开发幼儿的想象力和创造力。沙水泥巴区主要包括沙坑（场）、戏水池、泥巴区。这三个区域一般分设，也可以结合起来综合设置，沙、水、泥巴和起来更好玩。

图5-35 天津好朋友森林幼儿园生态野趣区
资料来源：西安迪卡建筑设计中心

（1）沙坑（场）

沙坑、沙场是幼儿玩沙的主要活动场地，在场地中幼儿可独立或三五一组玩沙或"艺术"创造，或揉沙塑形，或堆沙造山，或挖沙藏物。沙坑（场）既是幼儿游戏的场所，也是培养幼儿手眼协调、团队协作以及空间造型能力的重要媒介。设计时应满足以下设计要求：

① 沙坑（场）选址宜向阳背风，充足的阳光直射有利于幼儿身体健康，同时又能给沙坑（场）进行日光消毒。沙深一般为0.30 ~ 0.50m，沙坑（场）边缘应高出沙面，以免沙砾流失。沙应经过筛选清洗才能放入沙坑中，且应加强日常管理，以保持沙的松软和清洁。为了改善沙坑的排水性能，在沙坑底部以大粒沙砾或焦炭衬底，并设排水沟。

② 沙坑（场）根据园区内整体场地布置可与其他的游乐设施进行一体化设计，如图5-36所示，沙坑结合游戏攀爬设施设置，既保证了幼儿落地的安全性，又增加了沙坑的游戏性。 幼儿园中将玩沙活动与玩水活动结合起来（图5-37），更增添了幼儿玩沙游戏的快乐。沙坑（场）的边缘形状较为自由，符合园区环境主题和整体风格即可，同时避免采用锋利的围合物，以防安全隐患。

③ 没有条件做沙坑、沙场的幼儿园，可以用沙箱代替，其优点是移动方便，可保持沙的清洁，但缺少置身其中的趣味性。

图5-37　天津好朋友幼儿园沙场与水结合
资料来源：西安迪卡建筑设计中心

图5-36　义乌佛堂倍磊幼儿园沙场与游戏设施结合
资料来源：上海思序建筑规划设计有限公司

（2）戏水池、游泳池

幼儿天性喜水，水自身柔和、多变、自然的属性为游戏增加了更多的趣味和活力，戏水池、游泳池是幼儿亲水、戏水的主要场所，设计时应满足以下设计要求：

①戏水池面积不宜超过 50m²，水深不超过 0.3m，形状可活泼多样，并可结合建筑布局以及景观进行整体规划。D1 托幼一体园（图 5-38）利用中庭空间，在雨天时，中庭蓄水后成为孩子们自由嬉戏的戏水池。没有条件做戏水池或仅在夏季使用戏水池的幼儿园，可设置可拆卸的戏水池。

②游泳池水深应控制在 0.5 ~ 0.8m，并设方便幼儿上下池的踏步。游泳池形状自由，宜采用曲线减少池内的阴角区域。池内可设水滑梯等游戏设施，以增加泳池的趣味性。为提高泳池的利用率，除夏季外的其他季节可把水放干进行其他游戏。

③戏水池、游泳池池底应平整，池边缘要倒角呈圆弧状，不应有棱角或其他突出物。

④若同时设置戏水池和游泳池，两者可结合设置，高低错落，并适当设置池中平台、小品增加幼儿戏水的乐趣。

（3）泥巴区

除了沙、水之外，泥巴区的设置也非常必要。对于生长在城市中的幼儿来说，泥巴较为稀缺。泥巴的触感和沙不同，更为细腻，造型能力强，更具有可塑性。泥巴区内既要有泥巴还要有水，同时应配置一个较为光滑的平台，方便幼儿进行创意泥工活动。泥巴区周边也要配置洗手池、洗脚池，方便活动结束后清洁手脚。如图 5-39，KFB 托幼一体园的建筑和户外采用立体性思维，在建筑四周分布有绳网游戏设施、攀岩石墙、小山包、滑索、沙坑、泥潭等丰富的游戏元素，构造了能够上下运动的空间，促进幼儿自发进行创造性游戏。

图 5-38　D1 托幼一体园中庭
资料来源：株式会社日比野设计

图 5-39　KFB 托幼一体园生态泥巴区
资料来源：株式会社日比野设计

2）角色游戏区

角色游戏是指幼儿根据自己的意愿创造性地反映现实社会生活的游戏，如娃娃家、小医院、小餐厅、小交警等。角色游戏区对场地要求较为灵活，不同的游戏主题，对场地有不同的要求，开敞草坪的角落、树木之下、园区道路、小木屋均可成为幼儿的游戏场所。总体来说，建议选择依靠围墙、树木等边界的较为僻静且有安全感的地方。

3）表演游戏区

表演游戏是指幼儿根据文学或艺术作品的内容和情节，通过自己的动作、表情、声音等进行角色扮演的游戏活动。比如故事表演、音乐歌舞表演等，满足幼儿自我表达和展示的需要，这类游戏有助于幼儿语言动作发展以及培养幼儿的思维水平。

表演游戏区既可设置在室内，也可以设置在室外。设置在室外的表演游戏区不拘泥于一定要有正式的舞台，可以在小树林里，或利用室外台阶，有一块相对宽敞的地面，配合表演所需道具方便幼儿表演即可。

4）建构游戏区

建构游戏是利用各种建构材料，通过想象和各种造型活动构造物体形象的活动。通常选用的材料有木质积木、木板、PVC管、纸盒等。建构游戏可促进幼儿感知、动作、想象、审美等方面的发展，并帮助幼儿获得空间概念和数量概念，发展幼儿的认知能力。建构游戏区可以在室内，也可以设置在室外。设置在室外的建构游戏空间一般比较宽敞，有助于幼儿进行较为宏大的建构主题。

建构游戏区需要平坦宽敞的场地，可以是硬质地面，也可以铺设地垫、地毯（图5-40）。可利用活动室外的檐下过渡空间，也可在集中运动区进行。建构游戏区夏天应设有遮阳设施，同时场地周边应设置积木等玩具设施存放的空间。

图5-40　杭州浦乐幼儿园杨家墩分园室外建构游戏区
资料来源：大象建筑设计有限公司（goa 大象设计）

3. 科学探索类活动场地

幼儿具有强烈的好奇心，他们会不断地探索周围的环境，认识周围的物体和现象。善于发现和保护幼儿的好奇心，利用自然和实际生活中发生的事物，引导幼儿通过观察、比较、操作、实验等方法，培养幼儿发现问题、分析问题和解决问题的能力，帮助幼儿不断累积经验和感性认知，是科学探索类活动场地的设置目的。科学探索类活动场地与运动类活动场地以及特色主题活动场地，尽管对幼儿的能力培养有所侧重，但对于幼儿来说都是游戏、活动的不同表现形式，三者相融共存。按照场地的功能属性，科学探索类活动场地主要包括种植园地、饲养园地、手工作坊等。

1）种植园地

种植园地既是培养幼儿热爱劳动的场所，也是幼儿认识大自然的课堂。一方面，幼儿通过观察一粒种子的播种、发芽到开花、结果，观察植物的成长及变化过程，感受生命的神奇；另一方面，栽培植物还可以招来一些如蝴蝶、蜜蜂之类的昆虫，使幼儿慢慢开始注意到这些植物与昆虫之间的关系，引导幼儿感知自然的奇妙变化。尽管当前幼儿园室外场地面积有限，凡有条件的幼儿园都应在幼儿园内设置种植园地（图 5-41、图 5-42）。

设计时满足以下要求：

（1）种植园要满足植物的生长条件，应设置在阳光充足、取水方便之地。

（2）有条件的幼儿园应每个班级设置一块种植园地，便于幼儿自主选择种植的植物种类，观察植物的生长情况。园内可设置菜园、花圃。菜园土地宜分成小块，畦宽宜小些，便于幼儿在畦间小路上栽植、管理，一般畦宽为 0.6 ~ 0.8m，小路宽约 500mm。

（3）根据幼儿园场地条件，种植园地可集中设置，也可分块设置。分块设置时，可选择靠近幼儿生活单元活动空间的边角处零星小地块，也可与相邻的庭院相结合。

（4）种植园地内的栽培植物应选择低矮的植物为主，便于幼儿观赏和栽培。此外，栽培的植物应考虑既不费工，又富有效果，并能四季开花、结果不断，但应避免种植易使幼儿皮肤发炎过敏和有毒性的植物。

（5）对于室外场地条件有限的幼儿园，可以利用种植箱、盆盆罐罐等进行种植活动。

2）饲养园地

幼儿对温顺的小动物有天然的亲近感，饲养活动可以培养幼儿爱护动物的责任心和爱心，让幼儿观察、了解小动物的生长过程，积累生命科学的经验。但小动物房舍需要成人更多的料理，如喂食，打扫卫生等，并处理卫生防疫的问题。在保证卫生安全

图 5-41 西安国际陆港第一幼儿园开展种植活动

图 5-42 西安建筑科技大学附属幼儿园种植园

的前提下，开展适宜的饲养活动是幼儿科学探索的重要内容。

设计时满足以下要求：

（1）饲养园地可集中设置也可分开设置，可根据饲养动物的种类和生活习性进行场地的分配。可利用水缸、石槽、水池等来饲养水生动物（比如乌龟、蝌蚪、小鱼等），并结合场地的景观配置进行合理的布置。对于兔子、鸡、鸭、小仓鼠等性情温顺的小动物，可专门设置小动物房舍，让幼儿有近距离观察小动物的外形特征、生长过程和生活习惯的机会，并参与喂食、清理等饲养过程。

（2）从卫生防疫考虑，小动物房舍又不宜太接近各幼儿生活单元，一般设置在较为僻静又便于到达处。在地段上也需考虑向阳背风的地方，四周宜栽植低矮的乔木和灌木。

（3）小动物房舍的设计应符合小动物的活动尺寸并做成幼儿喜爱的形式。

3）手工坊

手工坊是幼儿制作手工工艺作品的地方，主要培养幼儿动手能力以及创作能力，让幼儿在动手制作的过程中感知材料、学习使用工具，同时进行设计、测量、计算、制作等科学探索活动。根据使用材质的不同，可以是陶泥工坊、木工坊等。如图5-43所示西安建筑科技大学附属幼儿园将陶泥工坊结合小花园设计，置身于自然之中更能激发幼儿的创作热情。

设计时应满足以下要求：

（1）手工坊可以设置在室内，也可以放在室外。室外的手工坊可以设置成独立的木板房或者玻璃房，也可以设置为开敞的灰空间，以更好地与周边自然环境相融合，为幼儿提供优美的创作环境。

（2）手工坊通常设置操作台、材料存放架、作品展示架（台）等（图5-44）。其中操作台高度结合幼儿身体尺度，设置成适宜幼儿坐姿和站姿两种高度。

图5-43　西安建筑科技大学附属幼儿园陶泥工坊

图5-44　西安航天第四幼儿园手工坊

5.4 绿化与景观

5.4.1 环境绿化

环境绿化是幼儿园总平面设计的重要内容之一。良好的绿化不仅能改善园区的小气候环境，如防止炎热暴晒，减少辐射热，减少环境噪声等，同时还是组织室外活动场地以及美化园区环境的有效方式。通过合理的绿化配置，运用植物的姿态、体形、高度、花期、花色、叶色等变化，创造一个舒适、优美的乐园，对幼儿身心健康发展起着积极的促进作用。园区绿化、美化应结合建筑布置、空间组合统一规划和建设，幼儿园绿地率不宜低于30%，人均面积不应低于 $2m^2$ [9]，有条件的幼儿园还应尽量扩大绿化面积。

1. 绿化配置原则

幼儿园环境绿化要考虑安全性、功能性、景观性、游戏性、科普性等多样的功能需求，进行绿化设计时，要遵循因地制宜选择适宜的植物配置原则。

1）园区内禁止栽种有毒植物，不宜栽种有刺激、有异味或容易引起过敏的植物。

环境植物配置要考虑幼儿的活动安全，黄蝉、夹竹桃、凌霄等有毒植物也不能种植；漆树、法国梧桐等汁液、花粉易引起幼儿过敏的植物不宜栽种；月季、黄刺玫、枸杞、凤尾兰等长有勾刺的植物应尽量少种或不种；易发生病虫害的植物，如榆树、柳树等也应尽量少种。

2）花草为主，乔灌木为辅，多种植物兼顾，实现四季常青、三季有花的景观效果。

植物选择根据园内气候环境、功能配置、土壤条件，日照情况选择适宜的植物配置。乔木应选择树冠大、遮阴效果好、耐修剪的，如国槐、龙爪槐楸树、合欢等，可种植在活动场地的边界或建筑的东西两侧，起到遮阳防晒的作用。灌木可选择不同季节开花的植物种类，如春天开花的迎春花、夏天开花的石榴、秋季开花的紫薇等。灌木作为绿篱时，选择四季常青的植物，起到划分场地，隔离空间的作用；草本花卉可根据不同颜色和花期选择，如鸢尾花、凤仙花、紫茉莉等；草坪是儿童嬉戏的乐园，故应选择抗寒性和耐践踏性比较强的草种。

除了观赏性植物外，还可种植一些抗性强、病虫害少、耐粗放管理的果树，如苹果树、枣树、山楂树、海棠树等。结合教学内容，可组织幼儿给果树施肥、浇水、拔草，果实成熟时一起采摘，让其体验劳动的乐趣，享受自己劳动的成果，培养幼儿热爱植物、热爱大自然的意识。

3）乔木应与建筑物和地下管线设施保持适当距离，以免影响乔木自身的生长或影响建筑室内采光。一些根系较浅的树种如法桐等同样应少栽种，因其树根经常会将地砖拱起，儿童在玩耍或行走时容易被绊倒，造成伤害。

2. 绿化配置方法

1）结合场地功能进行绿化配置

针对不同功能的公共活动场地，应进行适宜的绿化配置。集体运动区可选择性地种植大面积的草坪，幼儿在其上奔跑游戏既安全又不起尘。场地边界及各器械空档可穿插点缀高大落叶乔木，夏季树荫浓密可为器械游戏遮阴、防晒，冬季树叶掉落不遮挡阳光。生态野趣区则强调生态自然的景观环境，绿化配置避免过于几何化的、行列式等布置手法。沙坑、水池等主题游戏类活动场地可穿插布置在草坪中间，也可集中布置在花园的一隅。种植园地作为绿化景观的组成部分，因要保证植物生长的日照需求，周边不宜种植过高的乔木和灌木，避免遮挡阳光照射。如图5-45所示西安建筑科技大学附属幼儿园大型器械区设置在高大的银杏树下，夏季防晒，冬季不影响阳光照射。同时在集体活动场地旁设置小花园，将种植园地、沙坑、水池、陶泥工坊等场地功能融合其中，既美观又具自然野趣，深受幼儿喜爱。

2）以绿化分隔各活动场地空间

绿化作为软质界面是室外场地环境空间分隔的有效手段，利用不同的绿化形式对幼儿园中班级活动场地、公共活动场地、杂物院、小广场等进行空间限定和划分，既能满足各场地间的分隔需求，同时也能美化环境，提升场地环境质量。比如在幼儿园用地边界种植乔木，使其成为幼儿园隔绝外界视线、噪声的屏障。

图5-45 西安建筑科技大学附属幼儿园大型器械区设置高大乔木

在不同属性的活动场地之间种植适宜灌木，可形成自然的绿化边界。图 5-46 中西安建筑科技大学附属幼儿园的运动类活动场地与沙坑、水池、种植园地等主题及探索类活动场地间通过高低错落的灌木、花卉配置形成自然的绿化边界，不同类型的公共场地空间既得到有效的区分，又能通过树木间隙进行一定的视线交流，增加了趣味性。

3）增加垂直绿化

城市中的幼儿园土地资源紧缺，室外场地用地有限甚至狭小，绿化面积常常不足，可通过增加垂直绿化的方式改善绿化环境。如结合平台活动内容设置屋顶花园，一方面起到美化环境的作用，另一方面屋顶绿化起到良好的保温隔热作用，减少屋顶在酷热季节的热辐射，调节建筑室内的温度。在建筑西侧可设置爬山虎等藤蔓植物，防止西晒的同时还能装饰建筑立面。此外，也可结合建筑造型风格，进行垂直绿化复合表皮设计，实现建筑表皮与垂直绿化的一体化设计。

4）设置绿化小品

绿化小品是重要的绿化要素之一，可以为幼儿园室外环境增添丰富的美化内容，其形式多样，主要包括花架、种植槽（箱）、花坛等。花架是将爬藤植物覆盖在廊架上形成可纳凉的空间，既可位于墙角的边缘地带，也可作为交通廊道成为主体的游戏场地的组成部分；种植槽（箱）内可种植花草或小型的灌木，可以用混凝土预制也可用 PVC 材料一体成型，外表皮可用木材或金属进行表皮装饰。种植槽（箱）布置方式灵活，可布置在栏杆外侧，外墙面、窗台、阳台等处，内部培土种花草，起到点缀美化的效果。

图 5-46　西安建筑科技大学附属幼儿园用绿化带分隔活动场地

5.4.2　室外建筑小品

建筑小品是幼儿园室外环境中不可或缺的组成部分，结合建筑功能空间布局，适宜地进行建筑小品的布施，具有点缀空间、美化环境、启迪思想、增添情趣等作用。当前幼儿园中，建筑小品种类丰富，造型新颖，色彩明亮，根据其功能属性，包含大门、亭、宣传栏、雕塑、座椅、观赏水池、围墙等不同的类型。

1. 建筑小品的设计原则

（1）适宜幼儿尺度

幼儿生理发育特征决定了其身体尺度。与成人不同，相较于成人尺度，幼儿身材矮小、视点低，因此，室外建筑小品的设计首先要考虑幼儿的尺度，以幼儿的观赏视角为依据，体量小巧一些。

（2）造型生动富有童趣

结合幼儿的兴趣和理解力，室外建筑小品的造型要生动且富于童趣，在吸引幼儿兴趣的同时，要能激发幼儿的想象力和活力，集观赏与启智于一体。

（3）色彩鲜明配色协调

3～6岁是幼儿色彩认知的关键阶段，随着年龄的增长其色彩认知能力逐渐完善和深入。这一阶段幼儿对色彩的认知有限，喜爱鲜明艳丽的颜色。因此室外建筑小品色彩宜采用鲜明简单的颜色，从而刺激感官发育，加深对颜色的辨识和记忆。但需要注意的是，色彩鲜明不代表就是艳俗和繁杂，室外小品色彩要结合建筑和环境的设计风格，避免颜色过多且缺乏整体统筹，配色要高级协调，引导幼儿色彩认知的良性发展。

2. 室外建筑小品的设置内容与要求

1）幼儿园入口大门

幼儿园入口大门既是幼儿园的管理边界，也是场地边界的组成部分，通常结合门卫、收发室设计，可避免外来人员随意进出幼儿园，以确保幼儿园的安全、安静，满足卫生防疫要求。入口大门可以和建筑入口合并设置，也可在场地边界处单独设置。当单独设置时，可采用木质或金属栅栏门，也可采用电动伸缩门，设计时要考虑园区内外视线的通透性，尺度适宜，门头造型和建筑造型统一设计，突出幼儿园的特点。

2）幼儿园围墙

围墙是隔离幼儿园与周边环境的边界，隔离并不意味着完全的隔绝，应根据幼儿园周围环境的具体情况采用不同的形式。一般来说，围墙应考虑视线的通透性，不宜完全封闭为实墙面，多采用美观而通透的金属或木质的栏杆进行围挡，并可适当进行装饰。但当幼儿园与有一定视线或噪声干扰的场地毗邻且距离较近时，则应以隔离为主要目的，可采用上透下实的围墙。围墙的高度不宜太高，以 1.5 ~ 1.8m 为宜。

3）宣传栏

宣传栏一般设置在幼儿园大门入口附近，是展示幼儿园办学、幼教工作以及幼儿美工作品的宣传窗口。宣传栏可独立设置也可结合场地界面设置。考虑到露天的原因，宣传栏的材质要考虑防水问题，保护展示内容，宣传栏造型应小巧活泼、色彩丰富，符合幼儿的审美。

4）亭

幼儿园室外可结合场地功能在地面或者屋顶平台上设置亭，以供幼儿休憩及活动使用。亭的造型灵活多样，以轻巧、活泼、形式简洁为原则。材质以天然材质为佳，如竹、木等，或以藤蔓植物进行遮阳，亭下可设置座椅或者其他游戏场地。如图 5-47 中采用竹钢材料在幼儿园入口设置亭，既起到入口雨棚的作用，又限定入口空间突出了入口的标志性。

5）室外座椅

幼儿园室外座椅多结合各个游戏场地灵活设置，可设于树荫、亭廊下，水池、沙场边，也可设在草地上，造型应新颖，形象生动。座椅的材料表面应平整，阳角应圆滑，且不怕日晒、雨淋。

图 5-47 杭州浦乐幼儿园杨家墩分园入口雨棚
资料来源：大象建筑设计有限公司（goa 大象设计）

6）雕塑

幼儿园中的雕塑既可以作为室外场地上的装饰物，又可以作为幼儿游戏的道具。雕塑多以幼儿熟悉的小动物、植物为造型主题，其形体应适合幼儿尺度，以小巧、亲切为佳，并富有童趣，便于幼儿作为游戏的道具，多用途使用。雕塑的设置要与周围环境有机协调、颜色鲜亮，环境背景简洁。雕塑的选材要考虑安全性，采用生态环保的材料，避免有毒材料和尖锐的突出物，形成安全隐患。如图5-48中三组白色的大象雕塑置于草坪之中，尺度适宜，造型生动活泼，成为幼儿驻足游戏的场所。

7）观赏水池

幼儿园观赏水池可为静水也可为循环流动的动态水流，池中可设涌泉、山石，可养睡莲、金鱼等。观赏水池一般结合建筑的总体布局设置在较为开阔的活动场地或者较为僻静的庭院，既可美化室外环境，同时也是幼儿观赏游戏的场所。池水深不宜超过0.3m，池底可放卵石，水池形状宜采用自由曲线，池边缘可用卵石砌筑，池上可架设木质小桥，自然有趣。

8）地面铺装

室外地面的处理对于室外空间环境的构建也非常重要，适宜的地面铺装是幼儿顺利开展室外活动的基本保障。室外活动场地的地面铺装，应根据具体活动的功能需求选择适宜的地面铺装材料，为减少幼儿活动时受伤的几率，以软质地面为宜，如塑胶地、草地、沙地等。幼儿园出入口处是家长接送幼儿的集散区域，地面宜采用硬质铺地，可用地砖或者预制混凝土装饰砌块进行铺装。地面铺装材料可适当考虑带有颜色并进行组合，地面分块、分格不宜太大，材料表面颗粒粗细掌握应适度。

图5-48 玉溪一幼桂山园动物形象的雕塑
资料来源：上海思序建筑规划设计有限公司

179

第**6**章 建筑实例解析

如何从单一空间建筑设计到重复空间组合建筑设计的过程对学生来说是一次大的挑战，而优秀的案例作品可以在学习的最初阶段便树立起一个共同的对"好"作品的语境。尤其是在建立自己的建筑设计理念和素材库之前，如何学会"站在巨人的肩膀上"探索，更有利于我们在知识的宇宙遨游，因此学习好的作品本身就是在提高技术和思维训练过程中提高眼界和审美。本章节的幼儿园建筑设计的优秀作品分为两部分：国内篇和国外篇。其中幼儿园建筑设计的特征比较鲜明，从空间组合方式上看，有代表廊式的上海嘉定新城幼儿园（图6-1），分散式的北沙幼儿园（图6-2）、上海华东师范大学附属双语幼儿园以及厅式的厦门心蒙·蒙特梭利幼儿园（图6-3）。从建筑方案概念上看，有强调游戏空间的日本 KO 幼儿园（图6-4）以及与周边环境呼应的德国巴本豪森 Kunterbunt 幼儿园。

1	2
3	4

图 6-1 上海嘉定新城幼儿园
图 6-2 北沙幼儿园
图 6-3 厦门心蒙·蒙特梭利幼儿园
图 6-4 日本 KO 幼儿园
资料来源：来源标注于本章后续各节

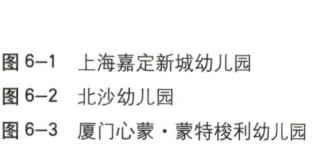

6.1 国内案例分析

6.1.1 上海嘉定新城幼儿园

1. 项目简介

嘉定新城幼儿园项目由大舍建筑设计事务所设计，项目位于上海北郊的嘉定新城，处于城市与乡村之间的模糊地带。当建筑被这样的模糊环境所包围时，建筑师没有选择分散体量的操作方式，而是以一种整体的方式直接介入场地（图6-5），更加强调内在完善，从而与场地周边的环境形成鲜明的对比。

2. 功能与空间

建筑的体量关系与功能分区保持一致，都由两个部分组成：建筑的一侧为教学区域，有15个幼儿生活单元和一些灵活的专用活动室；另一侧则是开放的交通空间，可以连接不同高差的室外活动空间，庭院也自由地分布在建筑的垂直方向上。这里的孩子和老师们每天都在两个分离的建筑间穿行，感受着室内外之间的变化，体验着动与静的平衡（图6-6～图6-11）。

项目地点
上海嘉定新城区洪德路
建筑面积
6600m²
设计公司
大舍建筑设计事务所
建筑师
柳亦春，陈屹峰
设计小组
陈屹峰，柳亦春，王舒轶，刘谦，高林
摄影
舒赫

图6-6 室外实景

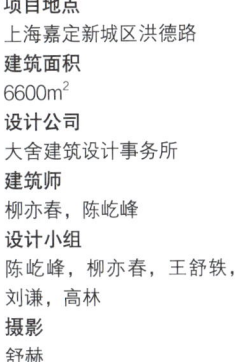

图6-5 总平面图

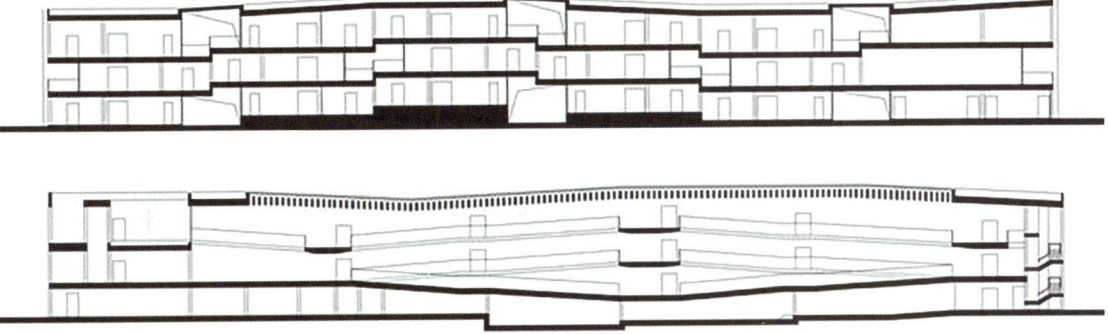

图6-7 剖面图
资料来源：大舍建筑设计事务所

1 卧室
2 活动室
3 专用活动室
4 种植庭院
5 庭院
6 门厅
7 办公
8 会议接待
9 总务仓库
10 教工餐厅
11 主入口

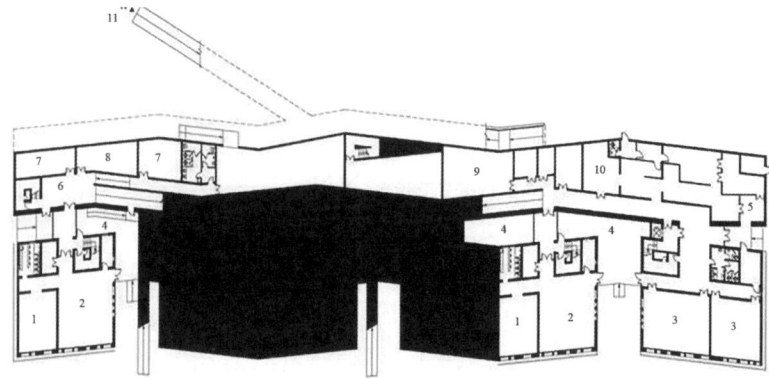

图6-8　负一层平面图

1 主入口
2 门厅
3 中庭
4 庭院
5 厨房
6 坡道
7 办公
8 活动室
9 卧室
10 餐厅

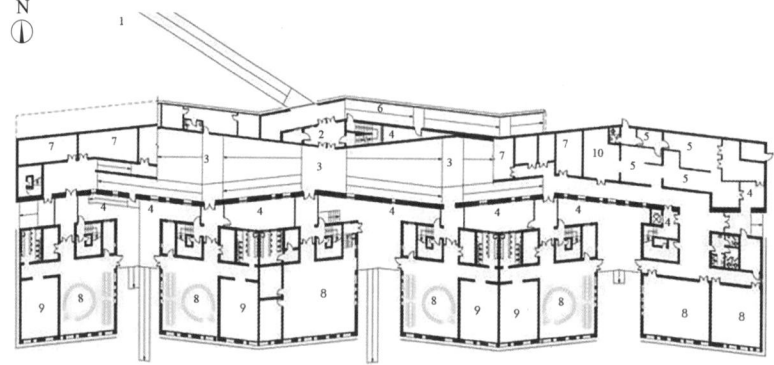

图6-9　一层平面图

1 中庭
2 上空
3 屋面
4 室外活动平台
5 教玩具陈列
6 图书
7 办公
8 活动室
9 卧室

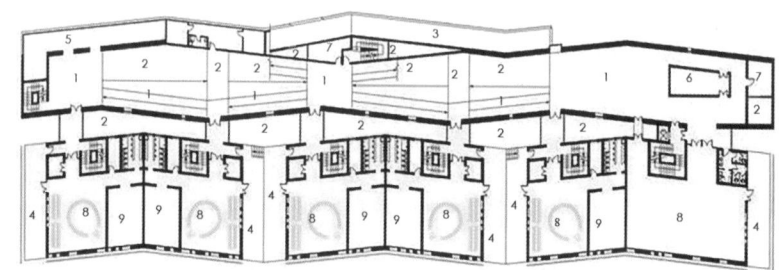

图6-10　二层平面图

1 中庭
2 庭院
3 上空
4 屋面
5 室外活动平台
6 活动室
7 卧室

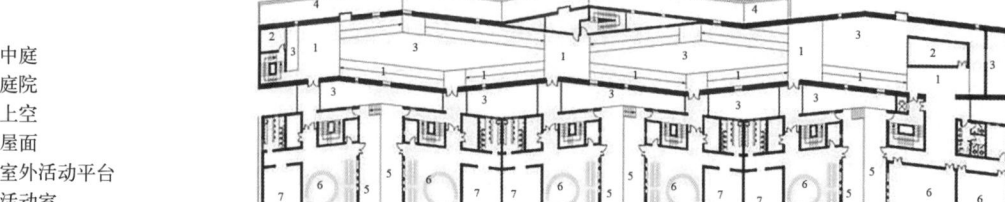

图6-11　三层平面图
资料来源：大舍建筑设计事务所

3. 中庭

除了承载交通空间的功能（图6-12），中庭的模糊性和不确定性让孩子们得以在日常活动中自然地体验到丰富的空间互动和极致的乐趣（图6-13）。以坡道为主要交通联系的中庭是一个有活力、想象力、体验感的趣味空间。它让每个进入到这个空间的儿童，获取了超越日常经验的空间体验，孩子们从这里经过到达各自的教室，看似有着明确的目的地，但是在行进过程中却有着无限可能，显然这里是一个被建筑师专门强调出来的空间，而这也正是它与众不同的原因。

4. 丰富的立面

建筑的立面与内部的空间有相互的关联（图6-14），不同楼层间高差的模糊关系被明显地反映在立面上，这自由的错动使得建筑充满了律动感，"庭院"以及活动平台使得丰富的虚实关系得以呈现（图6-15）。活动单元虽然是一个相对静止的空间，但是阳光在外表皮穿孔板的过滤下，柔和的光线不但可以给孩子们提供良好的光环境，也可以同时配合局部彩色玻璃的使用，让光影随着光线的变化而美妙地变化着。

图6-12　交通空间

图6-13　通高空间

图6-14　室内效果图

图6-15　表皮与光影

资料来源：大舍建筑设计事务所

项目地点
上海市嘉定区安亭镇
建筑面积
6600m²
设计公司
山水秀建筑事务所
设计主创
祝晓峰
设计团队
李启同，丁鹏华，杨宏，杜洁，
石延安，蔡勉，杜士刚，江萌，
胡启明，郭瑛
摄影
苏圣亮

6.1.2 上海华东师范大学附属双语幼儿园

1. 项目简介

上海华东师范大学附属双语幼儿园由山水秀建筑事务所负责设计建造，项目地处上海市西北和苏州花桥交界的区域内，坐落在11号线安亭站点以南。建筑用地面积共计约7400m²，相较于15班的设计要求而言，用地十分紧张。尽管如此，通过这个项目，建筑师仍希望将庭院生活的情感与记忆，带给现代都市里的孩子们，同时利用院子帮助孩子了解自然、理解世界、建构自我（图6-16）。

2. 功能与空间

庭院的营造必然需要建筑单元的围合，因此建筑师在顺应场地西侧的斜向边界的基础上，将整个建筑群的平面格局规划为"W"形，再加上南北退台的设计，尽可能地获取西、南、东三方向的日光（图6-17～图6-20）。通过深入研究，六边形单元是最好的选择。蜂窝状的组合结构能够更好地满足斜边的转折，空间也更灵动且有活力，还可以消解传统合院式建筑中正交轴线所形成的空间压力。

最终形成的单体是包含三条等长边的不规则六边形，这样的形式可以使得建筑做出更为灵活的组合关系，更好地满足日照和功能的要求。从单元出发，向外通过路径的组织形成聚落，向内通过材质的变化感知空间（图6-21、图6-22）。

图6-16 室外实景图
资料来源：山水秀建筑事务所

3. 庭院与路径

庭院，是中国传统建筑中非常重要的元素，它是家庭聚集和联系的空间，也为家庭带来新鲜空气和充足的光线。人们借助庭院产生连接与羁绊，用一种触手可及的方法和世界、自然相通。对于今天生活在城市中的我们而言，这已然成为一个妄想。幼儿园的廊道顺应六边形的单体设计，步入园所大门，幼儿和教师通过曲折蜿蜒的廊道，穿过入口处的院子，再经历小路的分岔与汇合，最后穿过邻班的生活单元和重重院落的绿植花卉，就到达了孩子们所在的班级。通过生活单元和活力庭院的有机结合，这个"蜂巢庭院"能够帮助生活在城市里的孩子们在庭院生活中更好地认识社会与自然。

通过这样的设计，把室内外空间通过路径串联在一起，使孩子们的每一次"外出"都能够借助庭院空间获得更多与"自然"和"社会"接触的机会。相信这些发现、观察与交流的经历，都会一点一滴地融入他们儿时的记忆（图6-23～图6-27）。

图6-17　总平面图

图6-18　手工模型

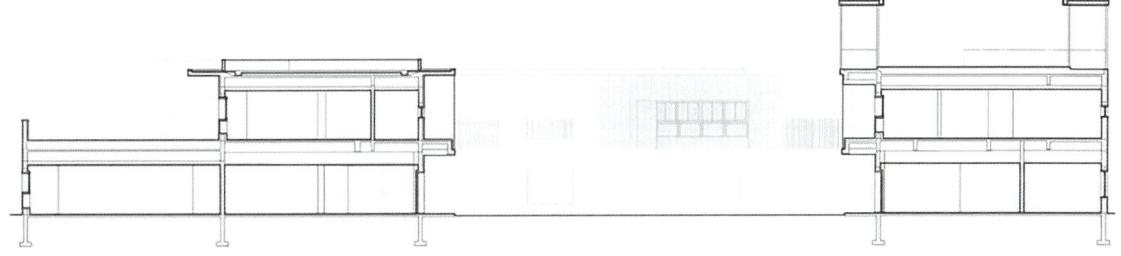

图6-19　剖面图

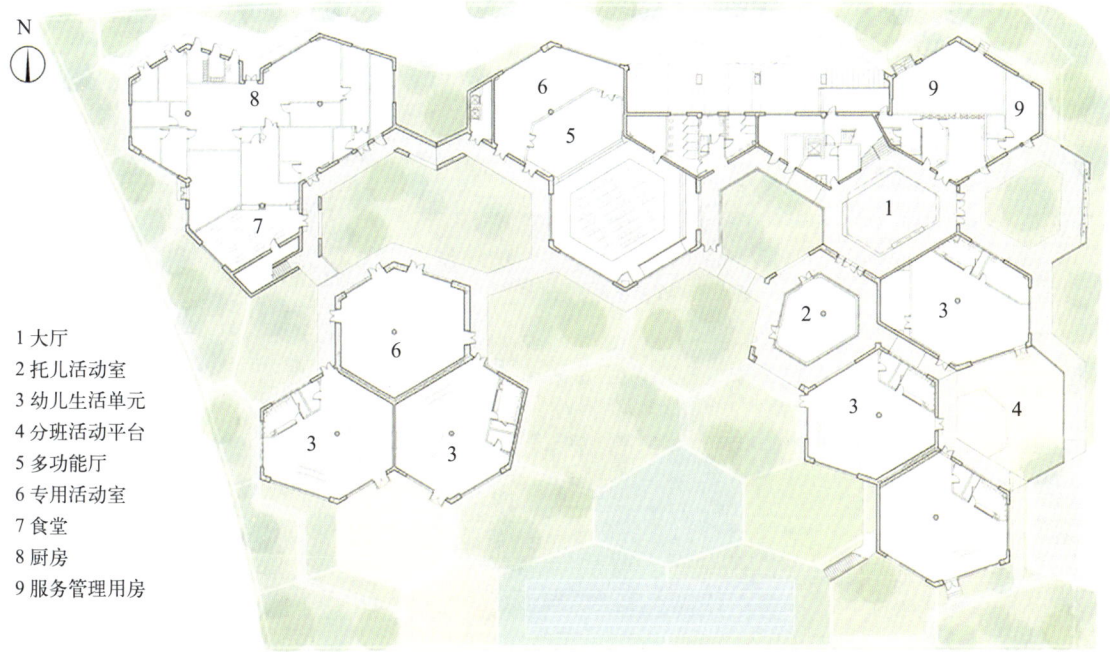

1 大厅
2 托儿活动室
3 幼儿生活单元
4 分班活动平台
5 多功能厅
6 专用活动室
7 食堂
8 厨房
9 服务管理用房

图6-20　一层平面图
资料来源：山水秀建筑事务所

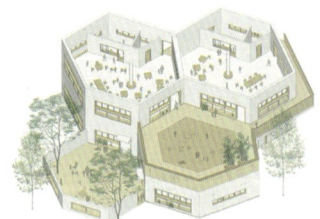

图 6-21　二层单元轴测图

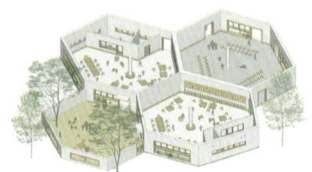

图 6-22　一层单元轴测图

图 6-23　檐下空间

图 6-24　中庭空间

图 6-25　连接不同走廊空间

26 | 27

图 6-26　廊道空间侧视角
图 6-27　廊道空间正视角
资料来源：山水秀建筑事务所

6.1.3 北沙幼儿园

1. 项目简介

2015 年，阜宁县人民政府委托 Crossboundaries 建筑事务所，在北沙村设计一所中心幼儿园。阜宁县位于苏中和苏北的交界处，有着浓厚的耕读文化，时至今日农业仍是当地人的生产生活方式之一，在广阔的平原上散布着农田与村落。

2. 功能与空间

在乡村中进行公共建筑设计，对于建筑尺度的推敲十分关键。方案采用分散式的建筑布局，幼儿园所需的总建筑体量被若干栋小体量建筑消解，户外活动场地的巧妙设置又将小建筑们联系起来（图 6-28 ～ 图 6-30）。这种室内外紧密相连的空间关系，不但回应了当地民居的原生肌理，也为当地幼儿教育提供了极佳的场所氛围。正如"中国现代幼教之父"陈鹤琴所言："大自然、大社会都是活教材"，孩子们应该通过直接接触自然和社会，获取经验和知识。这种与自然融洽相处的环境正是设计者的目标。

这座幼儿园与周边的村落完美地契合在一起，其本身就仿佛是一个微缩的村落，小尺度的建筑仿佛将幼儿带回了熟悉的生活环境中；精心设计的建筑空间又给幼儿带来前所未有的全新体验。走进幼儿园，首先中央的主活动场地吸引着幼儿的目光；接下来，当幼儿漫步在一个个小体量建筑之间时，就会发现房前屋后处处都是与自然相融的活动空间，可以自由地学习或玩耍，就像在熟悉的村庄里一般（图 6-31 ～ 图 6-33）。

项目地点
江苏省盐城市阜宁县北沙村
建筑面积
2815.4m²
设计公司
北京 Crossboundaries 建筑事务所
项目负责人
Binke Lenhardt（蓝冰可）董灏
设计团队
Tracey Loontjens，Alan Chou（周业伦），Andra Ciocoiu，郝洪漪
摄影
吴清山，郝洪漪，刘敏玲

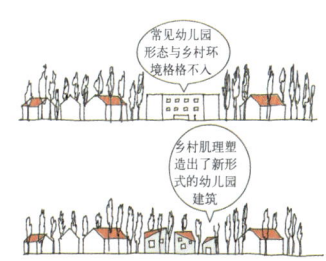

图6-29 设计理念

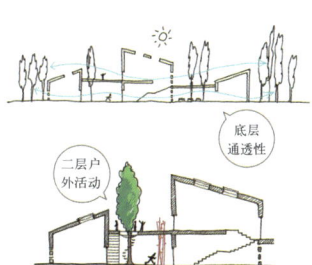

图6-30 组团空间概念

图6-28 室外实景
资料来源：北京 Crossboundaries 建筑事务所

1 教室
2 特殊教室
3 多功能厅
4 大厅
5 教师办公室
6 体检室 & 医务室
7 餐厅 & 厨房
8 室内交通
9 室外交通

图 6-31 一层平面图

1 教室
3 多功能室
5 教师办公室
7 餐厅 & 厨房
9 室外交通

图 6-32 二层平面图
资料来源：北京 Crossboundaries 建筑事务所

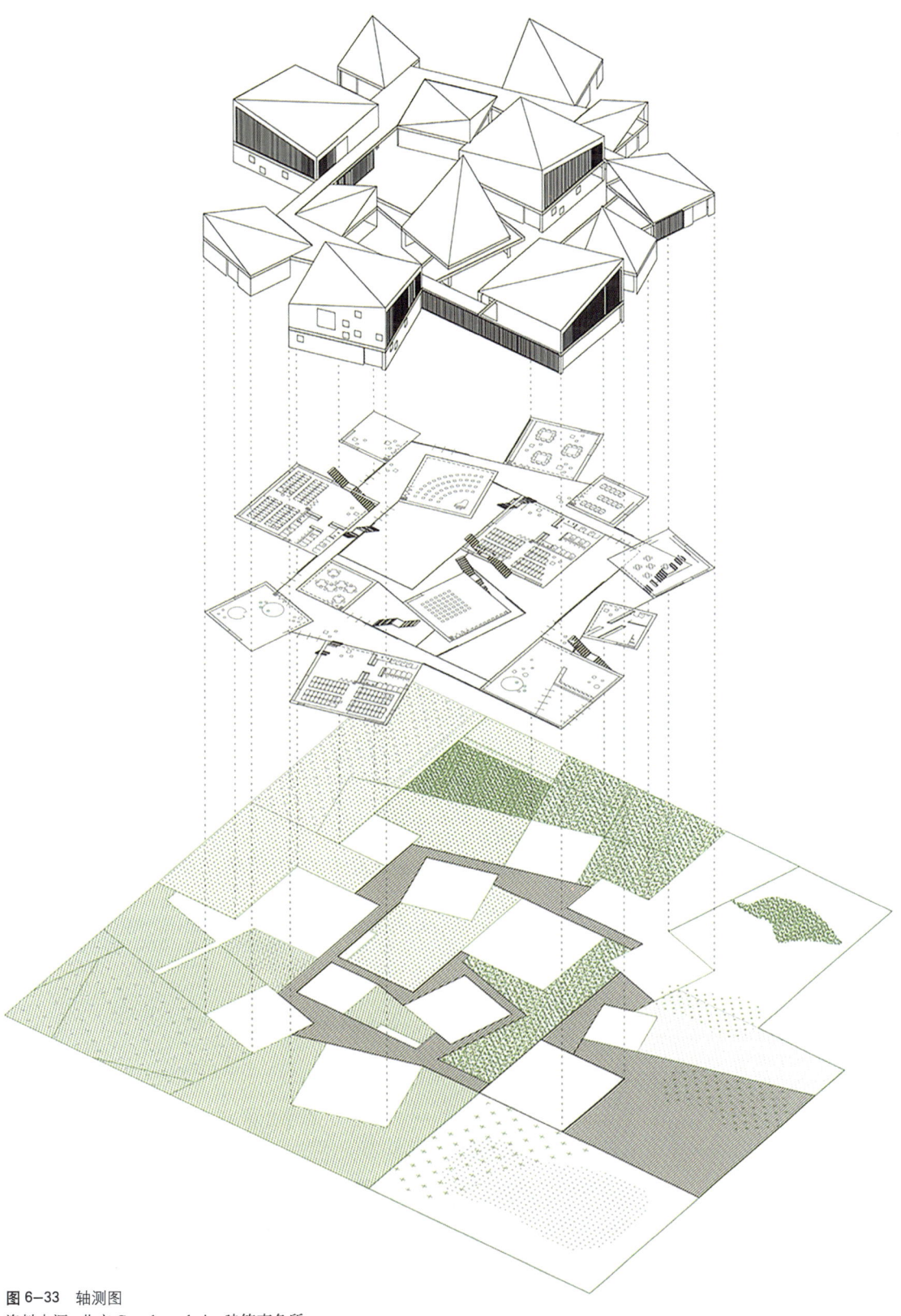

图 6-33　轴测图
资料来源：北京 Crossboundaries 建筑事务所

3. 移步换景

幼儿园的外立面选用白色灰泥和青砖，与当地建筑色彩保持
一致。每栋建筑的外部形式既统一又不尽相同。在首层设计了多
个互相对望的方窗，让有趣的视觉关系充满了每栋建筑与每处院
落之间，同时将室外的活动带到眼前，建立了通透、富有趣味性
的空间关系。二层走道的设计，不仅连接着各个功能区域，也是
小朋友们的游戏活动平台。走进二层室外平台，起伏的坡屋顶吸
引着小朋友们的视线，犹如置身于山谷，树冠也变得触手可及。
从一层到二层，孩子们能够从不同的视角去观察自己身边的事物，
丰富日常的空间体验（图6-34～图6-37）。

34 | 35
36 |

图6-34　屋顶平台
图6-35　建筑室外庭院
图6-36　夜景鸟瞰图

图6-37　室外实景图
资料来源：北京 Crossboun- daries 建
筑事务所

6.1.4 北京乐成四合院幼儿园

1. 项目简介

北京乐成四合院幼儿园项目由 MAD 建筑事务所设计，选址在北京市一所养老社区周边，可以满足 390 位学生的使用需求。该项目以"一老一小"的"代际融合"为概念，用漂浮柔和的屋顶围绕着场地上原本的"L"形办公楼和一座有着近 300 年历史的古老四合院。从而使得几栋看似并无关联、甚至是相互冲突的建筑，在保持真实性的同时能够和谐共存，在场地内激发出了一种新的活力（图 6-38 ～图 6-40）。

2. 功能与空间

建筑师决定将场地上围绕在古老四合院外的仿古院落全部拆除，并置入了一个新空间，以亲和的姿态围绕着院落（图 6-41 ～图 6-43）。四合院严谨规整的布局与新建空间的流动形成了鲜明对比（图 6-44）。建筑一层采用开放式的空间布局，办公、图书阅览空间、小剧场、室内运动场等公共性的教育空间布置在入口处，而日常的教育空间则以一种自由、共融、无边界的方式环绕分布于古四合院外围。在这里不同混龄学习组间以一段起到支撑结构的弧墙作为分割，院落和廊道连通的四合院中置入了幼儿课余文化、艺术、以及办公室等功能（图 6-45 ～图 6-47）。孩子们室外运动的主要场所则是建筑的二层室外平台（图 6-42、图 6-43）。

项目地点
北京
建筑面积
10,778m²
设计公司
MAD 建筑事务所
主持建筑师
马岩松，党群，早野洋介
设计团队
何威，傅昌瑞，肖莹，傅晓毅，陈竑宾，尹建峰，赵孟，杨雪兵，Kazushi Miyamoto，Dmitry Seregin，张龙，贲禹强，曹溪，马悦，Hiroki Fujino
摄影
Hufton+Grow，存在建筑，Iuan Baan，田方方，CreatAR Images.

图 6-40　鸟瞰图
资料来源：MAD 建筑事务所

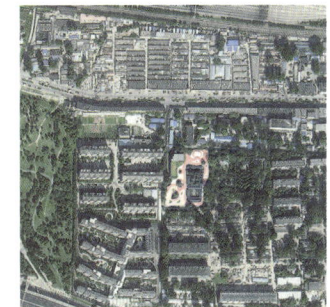

图 6-38　总平面图

图 6-39　建筑模型图

1 大厅
2 接待处
3 行政办公室
4 会客室
5 书店
6 剧院
7 室内游乐场
8 家长中心
9 员工办公室
10 校长办公室
11 艺术和舞蹈教室
12 艺术品陈列室
13 文化体验
14 创客空间
15 教室
16 厨房
17 午睡室
18 庭院

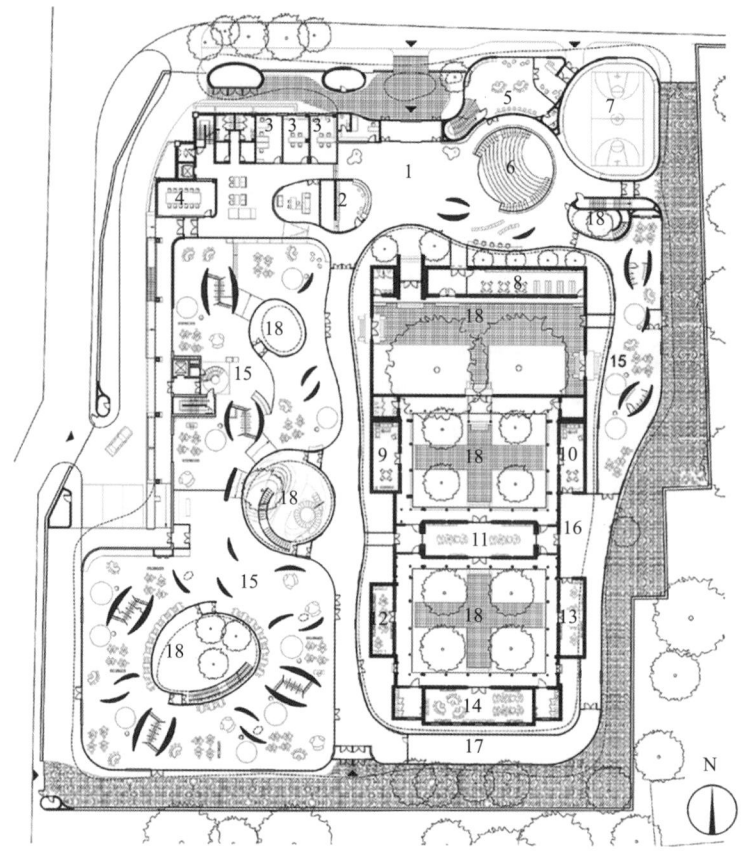

图 6-41　一层平面图

1 大厅
2 庭院
3 艺术教室

图 6-42　剖面图 1

1 教室
2 庭院
3 行政办公室
4 校长办公室
5 办公室

图 6-43　剖面图 2
资料来源：MAD 建筑事务所

3. 飘浮的屋顶

"飘浮的屋顶"将不同时代的场地要素整合在一起，屋顶仿佛成为大地的延伸，是孩子们自由童年的象征。在北京，除去皇城的红墙黄瓦，胡同巷里几乎都是青砖灰瓦，在这里，屋顶平台色彩明快、温暖，充满吸引力。这里连绵起伏的地形，吸引着孩子们在这里追逐嬉戏。面对眼前的屋顶、院落、树木、蓝天，孩子们在这里探索着无限可能性（图6-48、图6-49）。

44 | 45
46 | 47

图6-44　新老建筑关系
图6-45　庭院空间模型
图6-46　室内实景图
图6-47　剧院空间模型

48 | 49

图6-48　屋顶平台
图6-49　鸟瞰图
资料来源：MAD建筑事务所

4. 庭院

庭院的设计则围绕着原址上的几棵老树展开,滑梯与楼梯连通着一二层。庭院与四合院的院落空间呼应,为教学空间提供了户外的延展和采光通风。在建筑师看来,"院落"是代表着东方人对自然的观念。在这个项目中,自然成为主体,建筑围绕自然展开。院落里有自然,有天空,有树木,这些要素一起组成了建筑的氛围。四合院里的一砖一瓦带来了久远的历史氛围与自然气息(图 6-50 ~图 6-54)。

图 6-50　建筑新老关系

51	52
53	54

图 6-51　室外庭院
图 6-52　树木与楼梯
图 6-53　无边界学习空间
图 6-54　室内外景观渗透
资料来源:MAD 建筑事务所

6.1.5　厦门心蒙·蒙特梭利幼儿园

1. 项目简介

厦门心蒙·蒙特梭利幼儿园项目由立木设计研究室设计，选址位于厦门岛的海边，原始建筑为形似邮轮的高层裙房，室内空间主要依赖人工照明，同时也缺乏户外活动空间，而对于幼儿园的使用人群来说，阳光、泥土、草地几乎是成长过程中所需要的最重要的物理空间要素（图6-55、图6-56）。因此设计师以"林"间漫步为概念，对原有建筑保留结构打开中庭，为室内带来采光的同时，以柱为"树"，以梁为"桥"，创造了一个如丛林般的自然世界，其中连续的楼梯和滑梯围绕"树"盘旋而上，激活了各层功能空间（图6-57）。

2. 功能与空间

虽然原始建筑极为不理想，但是对于建筑师而言如何将这个形似"邮轮"的小黑楼改造成符合蒙特梭利教育理念的幼儿园空间，是一次挑战、也是一次机会（图6-58）。首先孩子们需要生活在大自然里，并参与生命的成长历程，因此通过中庭来组织建筑的主要功能空间，幼儿生活用房分布于建筑东侧，并可以享受到双面采光；中庭一层设置草皮和沙池，各层的公共空间也都围绕着中庭分布；三层成为室内外结合的整层活动场地，跑道从中庭衍生出来，利用连续自然的曲线划分出不同主题活动区域，并通过塑胶跑道串联起所有室内外的活动（图6-59、图6-60）。

项目地点
厦门

建筑面积
4500m²

设计公司
立木设计研究室

项目经理
郭岚

主创建筑师
刘津瑞，冯琼，邹明溪

摄影
胡义杰

图6-57　中庭空间
资料来源：立木设计研究室

图6-55　总平面图

图6-56　场地轴测图

图 6-58 改造前的场地

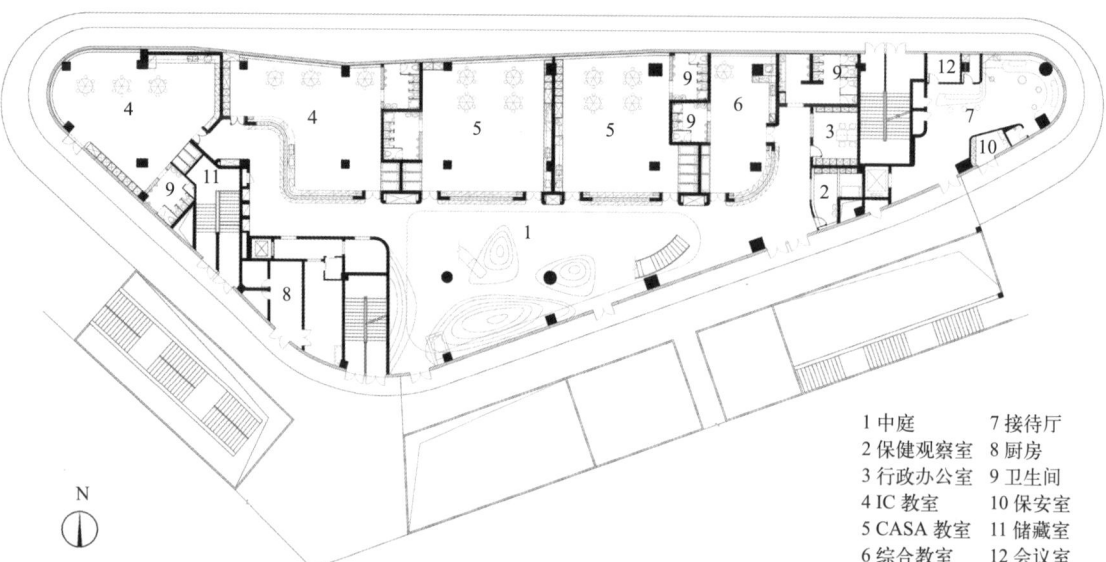

1 中庭　　　7 接待厅
2 保健观察室　8 厨房
3 行政办公室　9 卫生间
4 IC 教室　　10 保安室
5 CASA 教室　11 储藏室
6 综合教室　　12 会议室

图 6-59 一层平面图

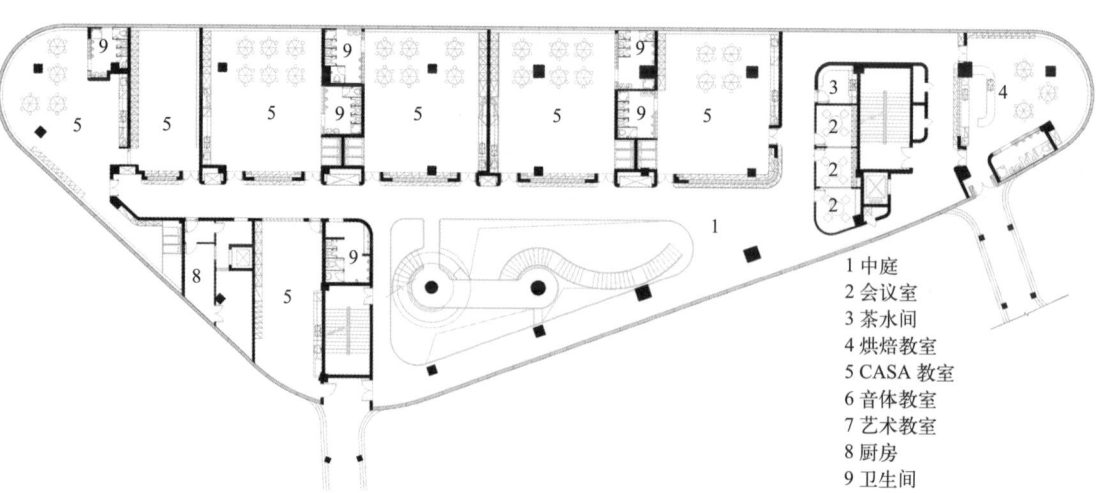

1 中庭
2 会议室
3 茶水间
4 烘焙教室
5 CASA 教室
6 音体教室
7 艺术教室
8 厨房
9 卫生间

图 6-60 二层平面图
资料来源：立木设计研究室

3. "林"间漫步

出于结构稳定和加固成本的考虑，建筑师在原始建筑体中央打开一个贯穿三层的中庭，并保留了原本的柱子和梁，连续的楼梯和滑梯围绕"树"盘旋而上，激活了各层功能空间，看上去像是"小树林"走进了"大邮轮"（图6-61～图6-63）。中庭空间不但确保了所有幼儿生活单元可以实现双面采光，孩子们更是可以在"树林"里自由上下，在桥上畅快奔跑，同时树屋平台作为阅读角和手工角，也给小朋友们提供了私密的个人空间（图6-64）。

4. 尺度

该幼儿园设计尺度是以2～6岁幼儿为基准，并细分出1.5～3岁、3～6岁不同的年龄段，充分考虑2～6岁幼儿在幼儿园生活与成长的所有细节。从入园、换鞋、洗手、更衣、活动、喝水、阅读、烘焙等都能够由幼儿独立自主完成。适合1.5～3岁幼儿的教室，以及3～6岁学龄前期的教室均考虑了不同年龄段的室内精细化设计。

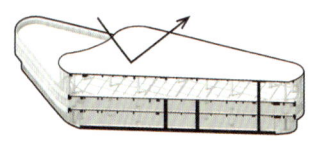

图6-61 保留结构打开中庭

图6-62 打开中庭

图6-64 中庭空间
资料来源：立木设计研究室

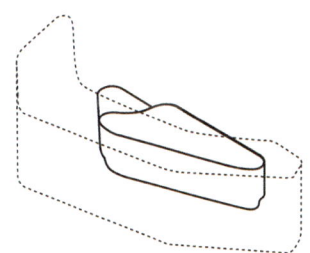

原有建筑遮挡阳光

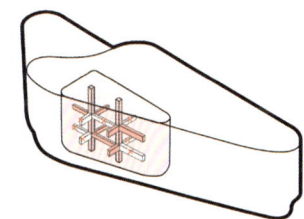

"去顶成院"改善采光

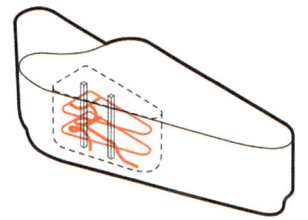

围绕梁柱"森林漫步"
图6-63 改造过程

5. 材质

整个幼儿园以白色为底色，浅木色为基调，大面积的超白透明夹胶安全玻璃为透明边界，营造出了纯净、温暖的空间氛围。在墙角的设计上选择圆弧形倒角，最大程度上避免了各类尖角，可以让孩子们恣意玩闹，不用担心磕碰。幼儿生活用房采用了柔和的色彩和材料，营造出如家一般温馨的环境，更有利于孩子们潜能的激发，从而在确保自然和安全的基础上，把童年最珍贵的自由还给孩子（图 6-65、图 6-66）。

图 6-65 教室空间

图 6-66 烘焙教室
资料来源：立木设计研究室

6.2　国外案例分析

6.2.1　德国 Kunterbunt 幼儿园

1. 项目简介

Kunterbunt 幼儿园由德国建筑事务所 Ecker Architekten 设计。该幼儿园坐落于历史悠久的巴本豪森，临靠在古老的城墙和碉塔边（图 6-67）。该建筑呈两翼布置，扭转的方形体块位于中央连接不同方向的侧翼，同时对周边历史建筑退让出了连续的室外空间，这里几乎所有的房间都设置了大面积的落地玻璃窗，从而可以让室外庭院的美景映入眼帘；战争在古老建筑上留下的痕迹依旧清晰可见，因此建筑选择了砖饰面作为外表皮，表达出对历史的尊重与对话；室内简洁大方的混凝土与跳跃的明黄色搭配，也让建筑在高雅中透着一丝俏皮活泼（图 6-68）。

2. 功能与空间

建筑由三个体量咬合组织，南侧的侧翼承载的是 1～3 岁的30 个小孩的日托空间，北侧的侧翼承载的是 4～7 岁100 个小孩的日托空间，建筑的高度是按照两层层高设置的，再加上大部分房间所设置的落地玻璃窗，整个空间开阔而明亮，与自然的关系亲密而舒适。中间连接的体量功能是多功能房和餐厅，与走廊空间共同构成了轻松愉悦的公共空间，长直的休息凳、旋转楼梯和直梯等节点设计，也是现代感十足。整个建筑的布局围合出了一个既私密又联通的室外活动空间，表达了与周边历史环境的关系（图 6-69～图 6-71）。

项目地点
Babenhausen，Hessen，Germany
建筑面积
1760m²
设计公司
Ecker Architekten，D-Heidelberg
主持建筑师
Dea Ecker，Architektin+Robert Piotrowski，Architekt+Innenarchitkt
灯光设计
LDE Belzner Hdmes，D-Stuttgart
景观设计
Planstant Senner，D-Überlirgen
摄影
Brigida González，D-Stuttgart

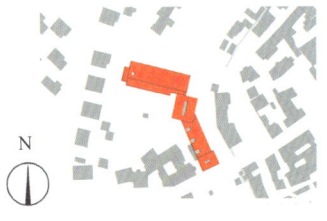

N

图 6-67　总平面图

图 6-68　室外实景
资料来源：Ecker Architekten

1 入口
2 门厅
3 换雨衣雨鞋的更衣室
4 带座位的游戏走廊
5 衣帽间
6 卫生设施和更衣室
7 3 岁以上儿童集体活动室
8 设备间
9 厨房
10 厨房贮藏室
11 带儿童厨房的食堂
12 坡道
13 运动室
14 运动设备储物室
15 家长会议室
16 走廊
17 卫生间
18 睡眠室
19 3 岁以下儿童集体活动室
20 设备间
21 水上游乐场所
22 门厅
23 入口

图 6-69　一层平面图

1 屋顶露台
2 桥梁
3 睡眠室
4 多功能厅
5 画廊
6 管理办公室
7 档案
8 休息室
9 走廊
10 员工会议室

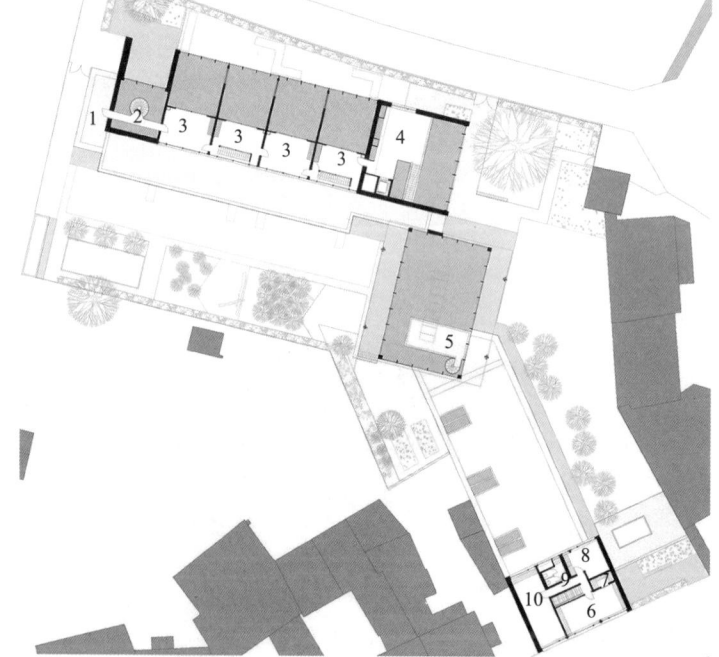

图 6-70　二层平面图

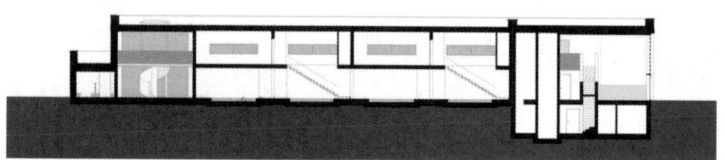

图 6-71　剖面图
资料来源：Ecker Architekten

3. 材料

　　由于建筑本身所处的场地是在历史厚重的环境中，因此建筑材料的选择就尤其重要。整个建筑的外饰面采用的是砖，与古老的建筑有一种呼应关系，同时主要的玻璃幕墙外立面与混凝土结构低调而内敛。室内更是直接采用了清水混凝土，体现了工艺的精良，因为是幼儿园建筑，局部明黄色的出现，让空间充满活力（图6-72～图6-77）。

图6-72　从食堂望向古墙

图6-73　古墙下3岁以下儿童的户外活动空间

资料来源：Ecker Architekten

74	75
76	77

图6-74　体育馆

图6-75　食堂

图6-76　体育馆到3岁以下儿童教室的通道

图6-77　3岁以下儿童教室前的走廊

项目地点
爱媛县松山市
建筑面积
2220.36m²
设计公司
株式会社日比野设计
摄影
Ryuji Inoue（studio BAUHAUS）

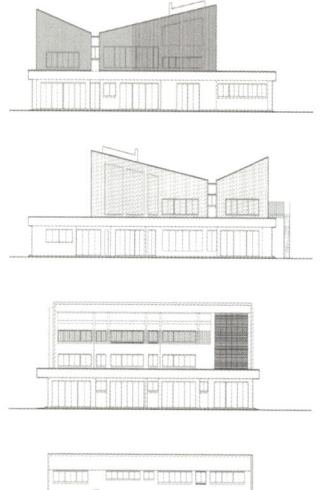

图6-79　立面图

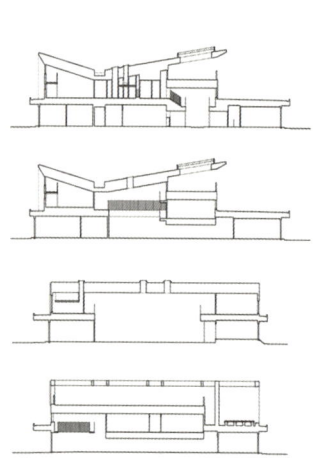

图6-80　剖面图

6.2.2　日本KO幼儿园

1. 项目简介

KO幼儿园由株式会社日比野设计负责设计完成，园舍位于日本爱媛县松山市。近年来汽车代步普及，孩子们上学车接车送，日常生活的运动量大大减少，加上手机和电子游戏的吸引，孩子们在室外尽情奔跑创造游戏的机会减少。在这样的社会背景下，设计师希望创造出一个通过日常生活中的游戏培养孩子们强健身体的园舍，以此为概念对幼儿园进行了提升改造（图6-78）。

2. 功能与空间

该项目与常规的功能组织不同，是以办公室和活动单元等空间自由分布的方式创造出更多的新空间。并在园舍中设置了14个游戏场所提供给孩子，孩子们在这些游戏空间中活动可锻炼到跑、跳、堆、端等在幼儿期需要习得的36个基本动作。孩子们的身体在游戏的过程中自然而然得到锻炼（图6-79～图6-83）。

3. 游戏场所

新校舍的游戏场所比原有的校舍有了非常大的改进，其中福井大学的西本雅人老师就新旧园舍中孩子们的运动进行了对比研究。实验证明新校舍上学的3～5岁孩子平均步数增加了两成。旧园舍平坦的庭院限制了许多活动和游戏的可能性，在拥有天然草坪和起伏山丘的新园舍庭院，实现了许多旧园舍难以实现的一系列动作，比如骑、攀爬、钻、抛掷、翻滚，也因为花鸟昆虫的出现，孩子们的好奇心被激发，创造出更多游戏（图6-84～图6-89）。

图6-78　室外实景图
资料来源：株式会社日比野设计

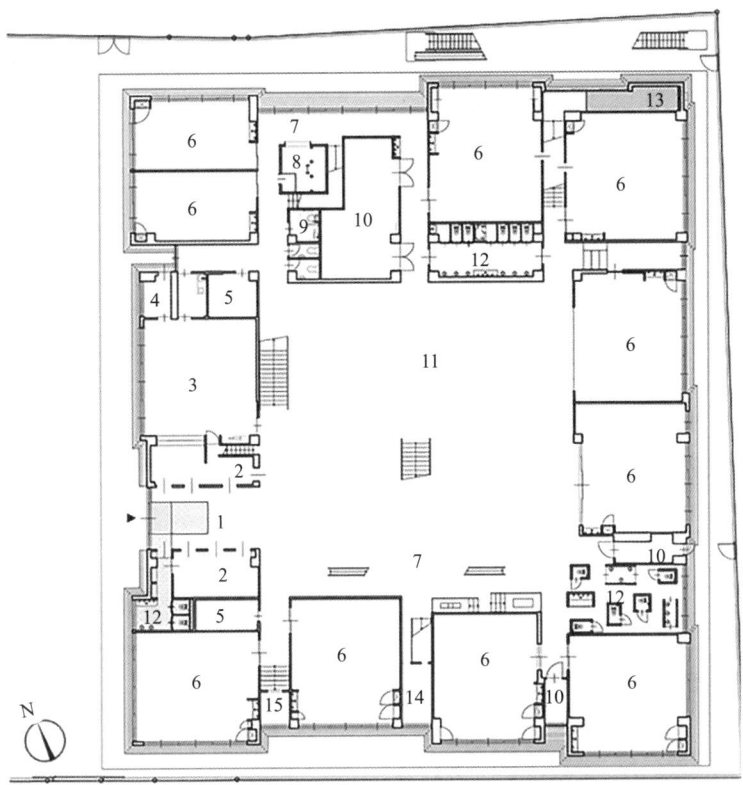

1 入口处
2 鞋柜室
3 工作人员办公室
4 护士间
5 更衣室
6 育婴室
7 走廊
8 游戏室
9 厕所
10 储物间
11 游戏大厅
12 儿童卫生间
13 球池
14 攀爬迷藏空间
15 涂鸦空间

图 6-81　一层平面图

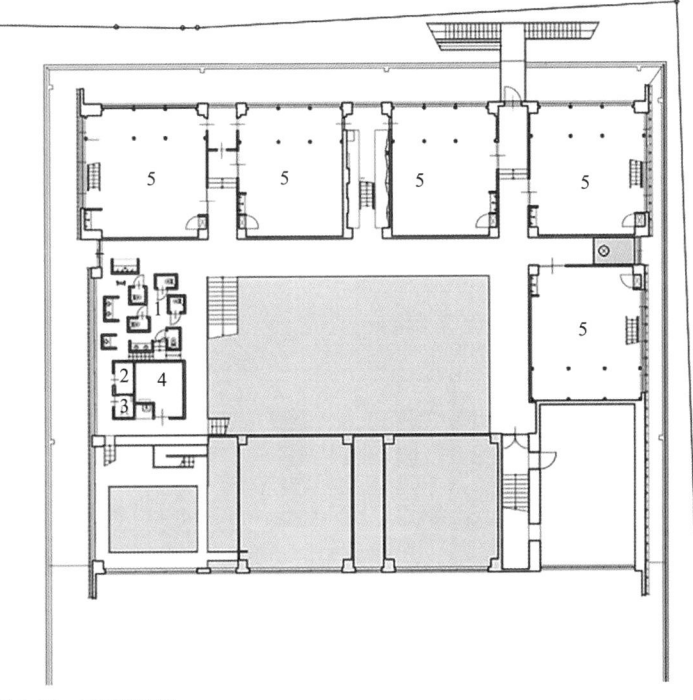

1 儿童卫生间
2 更衣室
3 卫生间
4 储物间
5 保育室

1 屋顶露台
2 育婴室阁楼

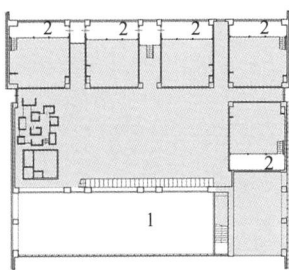

图 6-82　二层平面图
资料来源：株式会社日比野设计

图 6-83　三层平面图

85	84
	86
87	88

图 6-84　不同几何造型的门洞
图 6-85　爬杆装置
图 6-86　室内游戏实景
图 6-87　攀爬网设施
图 6-88　室内游戏实景

图 6-89　室内迷你游戏 / 迷藏空间
资料来源：株式会社日比野设计

本书案例提供单位

上海思序建筑规划设计有限公司
项目名称：义乌市佛堂镇倍磊幼儿园
主创建筑师：王涛
设计团队：戴庆辉，黄才，高釜，高畅，卢琴，司迪，李京捷，张亮，陈捷，王利尹，张中瑛
摄影：赵俊华·上海四茂影像
项目名称：台州三门大孚双语幼儿园
主持设计：王涛
设计团队：戴庆辉，陈立峰，黄才，高釜，高畅，卢琴，龚雨华，司迪，李京捷，王利尹，张中瑛
摄影：吴清山，余未旻
项目名称：台州三门健跳大孚双语幼儿园
主创：王涛
设计团队：戴庆辉，陈立峰，黄才，高釜，高畅，卢琴，龚雨华，司迪，李京捷，王利尹，张中瑛
摄影：吴清山·上海山间文化创意中心
项目名称：义乌大陈东塘幼儿园
主持设计：王涛
设计团队：戴庆辉，黄才，高釜，高畅，卢琴，龚雨华，李京捷，张亮，陈捷，王利尹，张中瑛
摄影：赵俊华·上海四茂影像
项目名称：云南玉溪一幼桂山园
主持设计：王涛
设计团队：陈立峰，曲海文，汤洁，施少玮，卢琴，龚雨华，李夔，虞苁，邵蕊，李秋实，凌捷
摄影：吴清山·上海山间文化创意中心

山水秀建筑事务所
项目名称：华东师范大学附属双语幼儿园
设计主创：祝晓峰
设计团队：李启同，丁鹏华，杨宏，杜洁，石延安，蔡勉，杜士刚，江萌，胡启明，郭瑛
摄影：苏圣亮

西安迪卡建筑设计中心

项目名称：**西安格林思谱双语幼儿园**

主持设计师：谭慧敏

设计团队：欧吉勇，傅会明，王亚光，杨茗，张策，刘子璇

摄影：leon，王思训

项目名称：**湖北十堰A+自然幼儿园**

主持设计师：王俊宝，陈健，刘蔚，张策，高鑫

摄影：侯博文

项目名称：**云南棒棒糖理想园**

总设计师：王俊宝

主持设计师：王俊宝，欧吉勇，谭慧敏，傅会明，陈健，常笑健，王永康，
赵崇廷，魏坤

摄影：侯博文

项目名称：**海口山高幼儿园**

主创团队：欧吉勇，王亚光，唐胜焰，马陆，王鹏，陶合欣，崔英楠，
王牡丹

摄影：leon

项目名称：**云南纸飞机幼儿园**

主持设计师：王俊宝

参与设计师：欧吉勇，谭慧敏，傅会明，张琪，陈健，常笑健，王永康，
KUN

摄影师：侯博文

项目名称：**南京牛首河幼儿园**

主创团队：欧吉勇，傅会明，田佳宾，王牡丹，梅佩文，谭慧敏，唐胜焰，
王鹏，马陆，陶合欣

摄影：leon

项目名称：**广州圣果（誉山国际）幼儿园**

主持建筑师：王俊宝

参与设计师：傅会明，田佳宾，欧吉勇，旷文胜，谭慧敏

摄影师：侯博文，王俊宝

项目名称：**天津和美婴童国际幼儿园**

主持设计师：王俊宝，傅会明，欧吉勇，陈健，旷文胜，KUN

摄影师：侯博文

项目名称：**天津好朋友森林幼儿园**

主持设计师：欧吉勇，田佳宾

参与设计师：王牡丹，梅佩文

摄影：王思训

大舍建筑设计事务所
项目名称：上海嘉定新城幼儿园
建筑师：大舍（柳亦春/陈屹峰）
设计小组：陈屹峰，柳亦春，王舒轶，刘谦，高林
摄影：舒赫
项目名称：上海夏雨幼儿园
建筑师：大舍（柳亦春/庄慎/陈屹峰）
项目团队：陈屹峰，柳亦春，庄慎，范敏姬，唐煜
摄影：Zhang Siye
项目名称：新场乡中心幼儿园（四川省雅安市天全县）
建筑设计：大舍建筑设计事务所
设计小组：陈屹峰，柳亦春，高林，高德
摄影：苏圣亮

福建国广一叶建筑装饰设计工程有限公司
项目名称：福建莆田金棕榈幼儿园
设计主创：陈文强，张先辉
摄影：柯洁

立木设计研究室
项目名称：厦门心蒙·蒙特梭利幼儿园
项目经理：郭岚
主创建筑师：刘津瑞，冯琼，邹明溪
摄影：胡义杰

大象建筑设计有限公司（goa 大象设计）
项目名称：杭州浦乐幼儿园杨家墩分园
主创设计师：王彦
建筑设计师：窦志国，赵书艺，李令捷
摄影：goa 大象设计
项目名称：舟山绿城育华幼儿园
主创设计师：张迅
建筑设计师：汪进，刘昱雪，童忠拓
摄影：goa 大象设计

BIAD 第六建筑设计院
项目名称：陕西黄陵县新区幼儿园
主创建筑师：石华
建筑设计团队：石华，杨帆，张广群，褚奕爽，张琳梓，王璐，梁辰，张祺
摄影：夏至，石华

上海成执建筑设计有限公司
项目名称：国科温州第一幼儿园
设计总监：徐小康
设计团队：吴迪，金磊，周鑫健，刘冉
摄影：行知影像

门觉建筑设计事务所
项目名称：台州稚荟树幼儿园
设计成员：黄满军，刘飞，汪娟，丁予然
摄影：陈铭

深圳圆道品牌顾问有限公司（VMDPE 圆道设计）
项目名称：深圳爱波比国际幼儿园
设计团队：程枫祺，周婵，贾梦灿
摄影：何远声，圆道设计
项目名称：广州狮子国际幼儿园
主持设计师：程枫祺
设计团队：张健，卢育纯
摄影：半拍摄影

曼景建筑设计事务所
项目名称：上海金山区金蔷薇幼儿园
主持建筑师：吴海龙
设计团队：吴海龙，赵林，李三见，陈柳均，唐程颖，苗梦娜，程孟雅，
郭思博，卫韡，苗梦娜，李诗慧，毛广知
摄影：苏圣亮

刘宇扬建筑事务所
项目名称：上海万科实验幼儿园
主持建筑师：刘宇扬
设计团队：吴亚萍，陈晗，杨柯，文天启，朱思宇
摄影：陈颢，朱思宇

北京 Crossboundaries 建筑事务所
项目名称：江苏硕集幼儿园
合伙人：Binke Lenhardt（蓝冰可），董灏
设计团队：Tracey Loontjens，Alan Chou（周业伦），Andra Ciocoiu，郝
洪漪
摄影：吴清山，郝洪漪，刘敏玲

项目名称：江苏北沙幼儿园

项目负责人：蓝冰可（Binke Lenhardt），董灏

设计团队：Tracey Loontjens，Alan Chou（周业伦），Andra Ciocoiu，郝洪漪

摄影：吴清山，郝洪漪，刘敏玲

unarchitecte 张赫天建筑师事务所

项目名称：河南灵宝儿童成长中心

主创建筑师：张赫天

设计团队：张赫天，范永刚，许烜，王金华，刘琪，张金显，孟祥涛，张玉龙，李斌，王爽，孙继华，刘静

摄影：一号公社

厦门合立道工程设计集团股份有限公司

项目名称：厦门新南幼儿园

主持建筑师：牛津

建筑设计团队：刘典典，林晓达，刘世怀

摄影：张超建筑摄影工作室

成都本末建筑设计咨询有限公司

项目名称：成都广都幼儿园

主创及设计团队：（建筑）刘博，史磊，（室内）谭德超，刘忠山

摄影：存在建筑

东意建筑工作室

项目名称：乌斯河镇中心幼儿园（四川省雅安市）

主创及设计团队：肖毅强，肖毅志，邹艳婷，殷实，詹峤圣，杨远景，郑泽旭，黄瑾，张宗鹏，邱天，黄力藜，黄飞亚，黎峥，郭方洁，海珊

摄影：SouthArch 南社·建筑

项目名称：九寨沟启航幼儿园

设计团队：邹艳婷，肖毅志，肖毅强，林瀚坤，杨远景，黄瑾，郑泽旭，何亚洁，杨宗祥，隋佳音，唐帅，马智超，李凯璇

摄影：SouthArch 南社·建筑

MAD 建筑事务所

项目名称：北京乐成四合院幼儿园

主持建筑师：马岩松，党群，早野洋介

设计团队：何威，傅昌瑞，傅晓毅，肖莹，陈玹宾，尹建峰，张龙，赵孟，杨雪兵，Kazushi Miyamoto，Dmitry Seregin，马悦，黄锦坤，陈璐曼，

贲禹强，曹溪，Hiroki Fujino

摄影：Hufton+Crow，存在建筑，Iwan Baan，田方方，CreatAR Images

启迪设计集团股份有限公司
项目名称：苏州太湖新城吴郡幼儿园

主创建筑师：李少锋

建筑设计：陈苏琳，方彪，吴洁，王翔，夏雨，张智俊

摄影：张超

株式会社日比野设计
OA Kindergarten / OA 幼儿园

摄影：studio BAUHAUS

KM Kindergarten and Nursery / KM 托幼一体园

摄影：studio BAUHAUS

IK Nursery / IK 保育园

摄影：Toshinari Soga（studio BAUHAUS）

OB Kindergarten and Nursery / OB 托幼一体园

摄影：studio BAUHAUS

ibg school

摄影：HIBINOSEKKEI

SM Nursery / SM 保育园

摄影：studio BAUHAUS

CO Kindergarten and Nursery / CO 托幼一体园

摄影：studio BAUHAUS

NFB Nursery / NFB 保育园

摄影：studio BAUHAUS

EZ Kindergarten and Nursery / EZ 托幼一体园

摄影：Toshinari Soga（studio BAUHAUS）

HZ Kindergarten and Nursery / HZ 托幼一体园

摄影：studio BAUHAUS

AN Kindergarten / AN 幼儿园

摄影：studio BAUHAUS

IZY Kindergarten and Nursery / IZY 托幼一体园

摄影：Toshinari Soga（studio BAUHAUS）

DS Nursery / DS 保育园

摄影：studio BAUHAUS

ST Nursery / ST 保育园

摄影：studio BAUHAUS

YM Nursery / YM 保育园

摄影：studio BAUHAUS

D1 Kindergarten and Nursery / D1 托幼一体园

摄影：studio BAUHAUS

KO Kindergarten / KO 幼儿园

摄影：studio BAUHAUS

KFB Kindergarten and Nursery / KFB 托幼一体园

摄影：studio BAUHAUS

KNO Nursery / KNO 保育园

摄影：studio BAUHAUS

FS Kindergarten and Nursery / FS 托幼一体园

摄影：studio BAUHAUS

Ecker Architekten，D-Heidel berg

项目名称：Kindergarten Kunterbunt，D-Babenhausen

摄影：Brigida González，D-Stuttgart

主要参考文献

[1] 中华人民共和国教育部 . 幼儿园教育指导纲要（试行）[M]. 北京：北京师范大学出版社，2001.

[2] 中共中央 国务院 . 国家中长期教育改革和发展规划纲要（2010—2020）[M]. 北京：人民出版社，2010.

[3] 中华人民共和国教育部 .3 ～ 6 岁儿童学习与发展指南 [M]. 北京：首都师范大学出版社，2012.

[4] 中华人民共和国教育部 . 幼儿园工作规程 [M]. 北京：首都师范大学出版社，2016.

[5] 中华人民共和国中央人民政府 . 中共中央 国务院关于学前教育深化改革规范发展的若干意见 [M]. 北京：人民出版社，2018.

[6] 中华人民共和国住房和城乡建设部 . 民用建筑绿色设计规范：JGJ/T229—2010[M]. 北京：中国建筑工业出版社，2011.

[7] 中华人民共和国住房和城乡建设部，中华人民共和国国家发展和改革委员会 . 幼儿园建设标准 建标：175—2016[S]. 北京：中国计划出版社，2016.

[8] 中华人民共和国住房和城乡建设部，中华人民共和国国家质量监督检验检疫总局 . 建筑防火通用规范：GB 50037—2022[S]. 北京：中国计划出版社，2022.

[9] 中华人民共和国住房和城乡建设部 . 托儿所、幼儿园建筑设计规范 JGJ 39—2016（2019 年版）[S]. 北京：中国建筑工业出版社，2019.

[10] 中华人民共和国教育部，中华人民共和国住房和城乡建设部，东南大学建筑设计研究院有限公司 . 幼儿园标准设计样图：19J823 [S]. 北京：中国计划出版社，2019.

[11] 中国建筑设计研究院，中国建筑标准设计研究院 . 民用建筑设计通则：GB 50352—2019 [S]. 北京：中国建筑工业出版社，2019.

[12] 刘宝仲 . 托儿所 幼儿园建筑设计 [M]. 北京：中国建筑工业出版社，1989.

[13] 张宗尧，赵秀兰 . 托幼、中小学校建筑设计 [M]. 北京：中国建筑工业出版社，1999.

[14] 陈帼眉 . 学前心理学 [M]. 北京：北京师范大学出版社，2000.

[15] [美]克里斯多弗·亚历山大 . 建筑模式语言 [M]. 王听度，周序鸿，译 . 北京：知识产权出版社，2002.

[16] 刘焱 . 儿童游戏通论 [M]. 北京：北京师范大学出版社，2004.

[17] 黎志涛 . 幼儿园建筑设计 [M]. 北京：中国建筑工业出版社，2006.

[18]　教育学名词审定委员会 . 教育学名词 [M]. 北京：高等教育出版社，
　　　2013.

[19]　杜成宪，郑金洲 . 大辞海·教育卷 [M]. 上海：上海辞书出版社，
　　　2014.

[20]　陈帼眉 . 学前心理学 [M]. 北京：人民教育出版社，2015.

[21]　傅建明，虞伟庚 . 学前教育原理 [M]. 上海：复旦大学出版社，2016.

[22]　建筑设计资料集编委会 . 建筑设计资料集：第 4 分册 [M]. 北京：中国
　　　建筑工业出版社，2017.

[23]　李京蕾，国云玲，张莉娜 . 学前心理学 [M]. 北京：清华大学出版社，
　　　2018.

[24]　董旭花，韩冰川，张海豫 . 幼儿园户外环境创设与活动指导 [M]. 北京：
　　　中国建筑工业出版社，2018.

[25]　上海市教育委员会教育技术装备中心 . 去哪儿玩：幼儿园专用活动室
　　　优秀案例集 [M]. 上海：少年儿童出版社，2019.

[26]　董旭花 . 幼儿园区域活动 68 问 [M]. 武汉：长江文艺出版社，2020.

[27]　王萍 . 学前儿童卫生学 [M]. 北京：中国人民大学出版社，2021.

[28]　赵虎 . 适应儿童全面发展的幼儿园建筑空间构成及其模式研究 [D].
　　　西安：西安建筑科技大学，2020.

[29]　周文正 . 整日制幼儿园的设计 [J]. 建筑学报，1957（7）：14-30.

[30]　蓝毓柱 . 武汉曙光幼儿园 [J]. 建筑学报，1957（7）：31-34.

[31]　大舍建筑 . 嘉定新城幼儿园，上海，中国 [J]. 世界建筑，2010（10）：
　　　64-69.

[32]　王黎，童梅玲 . 儿童视知觉发育的研究进展 [J]. 中国儿童保健杂志，
　　　2012，20（6）：519-521+524.

[33]　山水秀建筑事务所 . 华东师范大学附属双语幼儿园 [J]. 建筑学报，
　　　2016（4）：72-79.

[34]　雷芝 . 缩小版的村庄——江苏北沙幼儿园 [J]. 广西城镇建设，2019
　　　（11）：74-79.

[35]　庞凌波 . 心蒙·蒙特梭利幼儿园，厦门，中国 [J]. 世界建筑，2020（8）：
　　　88-93.

[36]　庞凌波 .KO 幼儿园，爱媛，日本 [J]. 世界建筑，2020（8）：82-87.

[37]　Tracey Loontjens，周业伦，Andra Ciocoiu，等 . 江苏省北沙幼儿园
　　　[J]. 建筑实践，2020（5）：76-81.

[38]　MAD 建筑事务所 . 乐成四合院幼儿园 [J]. 建筑学报，2021（11）：
　　　48-54.

[39]　姚璐，常琳 . 基于视觉理论的幼儿园室内空间色彩研究 [J]. 安徽建筑，
　　　2021，28（1）：24-25+45.

致谢

　　本书得以出版，首先要感谢西安建筑科技大学建筑学院建筑系参与建设幼儿园建筑设计课程的全体同事以及学院给予的资金支持。李志民教授基于他在基础教育建筑研究领域深厚的学术造诣，对本书进行了审稿并提出了宝贵的修改意见，同时为本书撰写了序言。另外，本书在立项申请、书稿审校、排版等方面得到了本书编辑陈桦、王惠女士的许多帮助与支持。

　　全书采用的案例和图片众多，除了部分由编著者自摄、自绘外，上海思序建筑规划设计有限公司、山水秀建筑事务所、西安迪卡建筑设计中心、大舍建筑设计事务所、福建国广一叶建筑装饰设计工程有限公司、立木设计研究室、大象建筑设计有限公司（goa大象设计）、BIAD第六建筑设计院、上海成执建筑设计有限公司、门觉建筑设计事务所、深圳圆道品牌顾问有限公司（VMDPE圆道设计）、曼景建筑设计事务所、刘宇扬建筑事务所、北京Crossboundaries建筑事务所、unarchitecte张赫天建筑师事务所、厦门合立道工程设计集团股份有限公司、成都本末建筑设计咨询有限公司、东意建筑工作室、MAD建筑事务所、启迪设计集团股份有限公司、株式会社日比野设计、Ecker Architekten、D-Heidelberg等为本书提供了优秀案例，同时也要感谢西安航天城第一幼儿园、第二幼儿园、第三幼儿园、第四幼儿园、第五幼儿园、第九幼儿园、第十四幼儿园、中心幼儿园、德惠幼儿园、西安建筑科技大学附属幼儿园等提供的调研机会。另外，以下研究生分别参与了本书的案例搜集，部分内容的收集、整理或排版，插图的整理、拍摄或绘制工作：党林、丹妮、闫继玉、邓居业、柳磊豪、王思敏、张彬宏，在此一并表示感谢。

王芙蓉

2024年6月5日于西安建筑科技大学